Schweineglück

Die Bibel der Schweine

Für Sven,
herzlich
Karl L. [illegible]
Weihnacht 2008.

ISBN 978-3-85068-785-0

Bücherbestellungen: Generalvertrieb Agentur am Kunsthaus,
Plabutscher Straße 63, 8051 Graz, Tel. 0699 / 110 161 94 und 0699 / 1130 3320
E-mail: imagine.publicrelations@aon.at
Oberösterreich: Bio Noah Farm, Karl und Nina Schardax, Tel. 0680 / 206 8791, E-Mail: bio.noah@aon.at

Grafik & Layout: TOP-Design/Spurej, Graz
Gesamtkonzept und Bildredaktion: Agentur am Kunsthaus, Peter Steffen, C. G. Schmitzberger
Druck und Bindung: KHT-Druck, Karlheinz Thaler, Hafnerstraße 122, A-8055 Graz
Verlag: Eigenverlag - Agentur am Kunsthaus
Printed in Austria 2008

Fotos Titelseite:
oben: Schwäbisch-Hällische Muttersau mit Ferkeln, Rudolf Bühler, Bäuerliche Erzeugergemeinschaft Schwäbisch Hall
unten links: Am Labonca-Biohof, Norbert Hackl
unten mitte: Spezialitäten vom Enzianhof mit Bad Ausseer Natursalz
unten rechts: Am Labonca-Biohof, Norbert Hackl

Rechte Seite:
Gemälde von Rudolf Bühler, Bäuerliche Erzeugergemeinschaft Schwäbisch Hall

Peter Steffen
Karl Schardax
Agrar-Ing. Gernot Kürzl

Peter Steffen

Der Fotograf, Autor und Journalist Peter Steffen setzt sich seit 29 Jahren mit seriöser Recherche, klaren Worten und unmissverständlicher Kritik für Natur, Umwelt und eine menschenwürdige, artgerechte Behandlung von "Nutztieren" ein.
Als Journalist und gelernter Fotograf, der den Beruf von der "Pike auf" erlernt hat und in 23 Ländern der Welt tätig war, galt der Schwerpunkt seiner Arbeit bisher vorwiegend den Themen Gesundheit, Natur, Ernährung, Landwirtschaft und Umwelt.
Mit vierzehn Jahren Osteuropa-Erfahrung in Tschechien, Ungarn, Russland, Rumänien, Slowenien, Kroatien und Bulgarien gilt er als Spezialist für Bild-Reportagen über diese Länder.

Seine Naturliebe und umweltfreundliche Gesinnung spiegeln sich auch in seinen bisher neun verlegten Büchern wieder, unzählige Beiträge in Tageszeitungen und Magazinen tragen die unverkennbare Handschrift des scharfen Kritikers Steffen.

Das Buch-Thema "Die Visionäre", das 2004 (unter dem Pseudonym "Robin Wood") erschien, ergab sich für ihn im Zusammenhang mit Fragen der Ernährung, Gesundheit, Gentechnik und Umwelt als logische Konsequenz der derzeitigen Besorgnis erregenden Entwicklungen in Bezug auf unsere Natur und Umwelt.

Die Recherchen zum Buch "Gefahr Gentechnik", das vor drei Jahren erschien, führten Peter Steffen durch alle fünf Kontinente, erstmals gelang es dabei über fünfzehn namhafte UNABHÄNGIGE Wissenschaftler und Gentechnikexperten als Mitautoren zu gewinnen. Das Buch, das die gesundheitlichen Risiken der "grünen Gentechnik" klar und ungeschminkt aufzeigt und endgültig mit dem "Märchen von der Koexistenz" aufräumt, wird mittlerweile als "Bibel der Gentechnik" gehandelt.

Sein 2005 erschienener Bildband: "Das Waldviertel" gleicht einer Hommage und Liebeserklärung an eine der letzten unberührten Landschaften Österreichs, die nicht zuletzt der "Regenwald Österreichs" genannt wird.

Als einziger Journalist hatte er Gelegenheit den weltweit bekannten Permakultur-Experten Sepp Holzer, auch "Agrar-Rebell" genannt, über zweieinhalb Jahre lang bei verschiedenen Großprojekten in aller Welt zu begleiten. Sepp Holzer, der als "Agrar.-Feuerwehr" immer wieder in Gebiete gerufen wird, wo eine vom Menschen vergewaltigte Natur in den letzten Zügen liegt, gilt mittlerweile als exzellenter Experte, um große Gebiete und Landschaften, die durch Chemieeinsatz verseucht und durch Monokulturen vergewaltigt wurden, wieder zu renaturieren und neu zum Leben zu erwecken. Daraus entstand der Bildband über Sepp Holzer und seine weltweiten Projekte in Bolivien, Argentinien, Russland, Norwegen, Spanien, Portugal, Griechenland, La Palma, Deutschland und der Schweiz.

Peter Steffens Bestrebungen, in allen Lebenslagen für eine Schonung von Natur und Umwelt sowie für die Verbesserung der Lebensbedingungen von Tieren einzutreten, die in Gefangenschaft gehalten werden oder als "Nutztiere" Verwendung finden, sind nicht nur Ausdruck seines beruflichen Schaffens, sondern auch sein ganz persönliches Anliegen. Das Buch: "Schweineglück - Die Bibel der Schweine" ist das derzeit umfassendste Druckwerk zu diesem Thema in Europa.

Karl Schardax

Karl Schardax, der heute als einer der kompetentesten Experten in Bezug auf Schweinezucht, speziell im Bereich der Turopolje gilt, führt seinen Arche- Betrieb, die "Noah-Farm" in Vöcklamarkt in Oberösterreich zusammen mit seiner Frau Nina in beeindruckender Weise. Seltene Rinderrassen wie Pustertaler Rinder, Ziegen, weiße Esel, Wasserbüffel und über 150 Schweine in Freilandhaltung weiden auf den Wiesen und Koppeln rund um seinen Hof. Artgerechte Haltung und der tägliche, unmittelbare Kontakt zu allen Tieren ist oberstes Gebot am Bio Noah-Hof von Karl Schardax, denn die Würde der Tiere ist unantastbar, auch wenn diese letztendlich als Nahrung für uns Menschen dienen sollen.

Alte, gefährdete Haustierrassen zu züchten, das hat sich das Ehepaar Schardax vor über zehn Jahren zum Ziel gemacht. So etwa die Mangalitza-Schweine, auch bekannt unter dem Namen Wollschweine und die Rasse "Turopolje", ein Weideschwein, das ursprünglich aus Kroatien stammt. Wie alle anderen Tiere am "Bio Noah"-Hof leben sie ganzjährig im Freien. "Das hält sie gesund", sagt Nina Schardax.

Gefährdet sind alte Haustierrassen wie z.B. Turopolje- oder Mangalitzaschweine deshalb, weil sie weniger Leistung erbringen und langsamer heranwachsen. Darin liegt aber auch ihr Vorteil. Mindestens eineinhalb Jahre leben die Tiere am "Bio Noah"-Hof in Freiheit bei reichlichem Angebot an gesundem natürlichem Futter. Die Tiere brauchen oft dreimal so lange bis zur Schlachtreife, deshalb wird das Fleisch auch nicht wässrig und "rinnt in der Pfanne nicht aus". Die Freilandschweine werden in verschiedene Spezialitäten, wie z.B. Kübelspeck veredelt. Für Schulklassen wird auf dem Bio Noah-Hof" die "Schule am Bauernhof" angeboten, die die Kinder immer wieder begeistert annehmen.

Viel hat die Familie Schardax bereits im Bereich der alternativen Tierzucht erreicht, dafür sprechen die zahlreichen Auszeichnungen und ihr Bekanntheitsgrad im In- und Ausland.
„Der eigene Betrieb wird verringert“, sagt Karl Schardax „zugunsten Projekten in Osteuropa, einer Erzeugergemeinschaft für Turopolje Schweine und den vielen Ideen, die auf ihre Umsetzung warten.“
www.bio-noah.at

Agrar-Ing. Gernot Kürzl

Nach dem Abschluss der Höheren Bundeslehranstalt in Klosterneuburg als Agrar-Ingenieur mündete der berufliche Lebensweg Gernot Kürzls in die Gastronomie, wo er über 25 Jahre alle Anforderungen und Probleme dieser Branche kennen lernte. Speziell die Qualität der zu verarbeitenden Lebensmittel, im Speziellen jene des Fleisches galt sein besonders Augenmerk. Der Problematik einer sich zunehmend vermindernden Fleischqualität, bedingt durch Massentierhaltung und Dumping-Preiskampf in der Branche begegnete er durch gezielten Einkauf bei Bauern mit Hofschlachtung und befreundeten Landwirten, die ihre Tiere artgerecht hielten und fütterten.

Seit über 15 Jahren betreibt er selbst einen Bauernhof in der Weststeiermark, wo viele verschiedene Tierrassen beim Weidegang im Freien zusammen gehalten werden. Die von ihm vor Jahren ins Leben gerufene Interessensgemeinschaft für Ernährungsbewusste Menschen erfreut sich regen Zulaufs, da sich immer mehr Menschen verstärkt Gedanken über die Qualität ihrer Nahrungsmittel machen.

In der Vernetzung von Konsumenten und den Erzeugern hochwertiger Lebensmittel, wie zum Beispiel Gemüse, Schweinefleisch und Rindfleisch von Bio-Bauern, sieht seine Interessensgemeinschaft die Hauptaufgabe.

Die von ihm initiierten, einmal im Jahr stattfindenden "Almtalgespräche" dienen Interessierten als Ideen-Plattform für "Mittel zum Leben"

Durch seine zahlreichen Verbindungen zu Züchtern und Tierhaltern in ganz Österreich gilt Gernot Kürzl auch immer wieder als eine der ersten Adressen, wenn es darum geht Verbindungen zwischen Interessenten und Anbietern herzustellen.

Die Bibel der Schweine

Waldschweinferkel-Idylle beim Jagawirt Werner Goach

sym-biotisch* - *Symbiose = Zusammenleben von Menschen, Tieren, Pflanzen, Boden und Wasser zum gegenseitigen Nutzen.

Prof. Dr. Bernd Gerken

An einem frühen Morgen im Weserbergland Mitteldeutschlands, es liegt überall gefrorener Tau auf den Gräsern und Kräuter und alsbald die Sonne aufgehen wird, stehen zwölf Studierende und ich an einem Waldrand und blicken über diese kühle Wiese, auf Vogelstimmen lauschend. Da bricht eine mächtige Sau aus dem Fichtendickicht – und eine ganze Kette kleinster Wildschwein-Ferkel saust hinterher. Die kinderreiche Familie zieht wie schlängelnd durchs Gras – und allen Morgenwanderen verschlägt es erstmal die Sprache. Beinahe urzeitliche Stille hüllt uns in diesem Moment ein, bis sich die Begeisterung über dieses liebenswürdige Schauspiel in reichlichen Aaaah´s und Ooooh´s Luft macht.

Diese Begebenheit aus meiner Zeit als Hochschullehrer für Tierökologie gehört zu den schönsten Erlebnissen auf unseren Vogelstimmenexkursionen, die den Studierenden der Landespflege resp. der Landschaftsarchitektur allwöchentlich mehrfach geboten wurden. Vor allem Kinder reagieren hier sehr sensibel, ihr natürlicher Instinkt veranlasst sie, die Kreatur schützen zu wollen.

Astrid Lindgren hat diesem Kinder-Empfinden mit ihrer Romanfigur "Michel" ein unübersehbares Denkmal gesetzt, in dem sie in der Geschichte vom "Knirpsschweinchen" – "Michel bringt die Welt in Ordnung" - den heftigen Kampf des kleinen Jungen mit seinem Vater um das Leben seines geliebten Ferkels beschreibt. Einen Kampf der schließlich zum Erhalt des Schweinchens führte, weil die Mutter ebenfalls für die Amnestie war. Aber es blieb eben auch dort noch eine Ausnahme, eine echte Pioniertat.

Schweine gibt es schon seit über vierzig Millionen Jahren. Sie haben eine lange Strecke der Evolution uns Menschen voraus und sie begleiten uns bis heute noch da und dort in Wäldern und Auen. Aus dem Solling (Mittelgebirge des Weserberglands in Niedersachsen, Deutschland) weiß man zu berichten, dass mal eine Zeitlang unter Fichten reihenweise junge Buchen in Monokultur gepflanzt wurden, um irgendwann aus dem Fichtenmonoforst einen Buchenmonoforst kreieren zu können. Das nahmen dort wilde Schweine zum Anlass diese Reihen sorgsam und systematisch wieder auszureißen!

Unsere modernen Schweine gehören aus der Sicht der Biologie zu den "Altweltschweinen". Sie haben uns, lange bevor an uns zu denken war, ihren Weg durch die Savanne Afrikas geebnet, und haben uns gewissermaßen auch hier in Europa schon "erwartet". Mit uns Menschen haben sie manches gemein. Sie sind wie wir recht unspezialisiert. So "jemand" hat in der Evolution immer ganz gute Chancen, zu einer langlebigen Lebensform zu werden, denn man ist dank Unspezialisierung ökologisch gesehen vielerorts zu gebrauchen! Man muss sich dann auch nicht unbedingt wesentlich verändern, wenn sich die Umwelt mal ändert.

Bemerkenswert auch, dass bei den Schweinen das weibliche Tier, die Sau den Kern der Rotte bildet. Vieles deutet darauf hin, dass in der Menschheitsgeschichte ursprünglich auch die Frauen den Kern der Gemeinschaft bildeten. Beweise und Relikte davon gibt es auf der ganzen Welt.

Wir leben heute in einer Welt, in der Fleisch in großen Mengen "produziert" und verspeist wird. Und die meisten Menschen, die dieses verzehren, denken wohl kaum darüber nach, ob es nicht durch seine, heute vielfach keinesfalls artgerechte Haltung aus ernährungsphysiologischer Sicht wertlos bis ungesund für unseren Organismus ist.

Wir Menschen des 21. Jahrhunderts sollten mit allem zu Gebote stehenden Ernst nicht nur über eine deutlich veränderte Einstellung in Bezug auf das kollabierende Klima vorausdenken sondern auch unser, zum Teil keinesfalls den Begriffen von Moral und Ethik entsprechendes Verhalten den Haustieren gegenüber grundlegend neu gestalten.

Denn genau an diesem Punkt fällt die Entscheidung darüber, ob uns das Fleisch von Tieren als wertvolles "Lebens-Mittel" dienen kann oder aber lediglich zur zwar bauchfüllenden, aber wertlosen Mahlzeit gereicht.

Prof. Dr. Bernd Gerken, im Oktober 2007
eh. Prof. der Fachhochschule Lippe und Höxter
Lehrgebiet Tierökologie
37671 Höxter
Seit 1. Oktober 2006 "Haliotis" – Zentrum für Ökologie und Gesundheit
Santana da Serra, Portugal/Alentejo
bgerken@gmx.net

Zukunft und Chancen der Bauern

Zukunft und Chancen der Bauern

Naturnah erzeugte Produkte wie z.B. Äpfel, Brot, Wurst, Milch und Käse konnte man vor zwei Jahrzehnten ausschließlich beim Biobauern kaufen, seither ist in der Bio-Branche kein Stein auf dem anderen geblieben. Bio-Supermärkte bieten heute eine umfassende Palette von Artikeln an, von der Bio-Extrawurst, der Zahnbürste mit Naturborsten, Ökofarbstifte, biologische Baumwollprodukte bis hin zum "Bio-Make-up".

Im Aufwind:

Noch vor einem halben Jahr (gegen Ende 2007) prophezeite man der Bio-Welle eine nicht endenwollende Wachstumsperiode, doch der "Hasenfuss" dabei, der Einkauf der Handelsketten im Ausland und nicht bei heimischen Bauern ließ jedoch bereits damals ein absehbares Ende des Aufwärtstrends befürchten: "Der Bio-Markt erlebt seit Jahren einen beispiellosen Boom, leider kann die heimische Landwirtschaft nicht ganz dasselbe von sich behaupten. So konnte der "Bio-Markt" in Deutschland und Österreich im Jahr 2006 durchschnittlich einen Zuwachs von 16 Prozent verbuchen. Kein Grund jedoch zum Jubel für Biobauern! Diese erzielten lediglich einen Zuwachs von mageren 2,3 Prozent (Anbauflächen für Öko-Produkte), was bedeutet, dass über 15 Prozent der Waren nicht aus heimatlichen Gefilden, sondern aus dem Ausland, vielfach aus Übersee stammen, was dem "Bio-Gedanken" der Regionalität in keinster Weise gerecht wird". (Quelle: Kraut & Rüben, Nr. 10/2007).

Hochlandrinder am Bio-Bauernhof Manfred Preiser im Waldviertel

Beim Jagawirt Werner Goach

Im Jahre 1970 gab es in Österreich ganze 25 Bio-Betriebe, heute sind es über 20.000 an der Zahl. In Österreich ließ sich damit 2007 ein Umsatz von 600 Millionen Euro erzielen, ein absoluter Rekord. Der Anteil an Bio-Produkten im Lebensmittelhandel liegt bei rund 6 Prozent, bei einigen Produkten auch wesentlich darüber (Milch 15%, Eier 22 %). So gut wie alle Diskonter haben mittlerweile eine Bio-Schiene aufgebaut, das Nachsehen haben die einheimischen Bio-Bauern, denn das

Sortiment wird zum Großteil vom Ausland bedient. Dass der Begriff "bio" vom Verständnis eines "biologischen, naturnah erzeugten Lebensmittels her auch Regionalität vorraussetzt, kümmert die Konzerne wenig. Dadurch findet eine Abwertung des Produkts einerseits beim Konsumenten statt, der das Elitäre der Marke "bio" im Supermarktregal nicht mehr nachempfinden kann, andererseits hat der Preis für die Erzeuger längst den Weg der Talfahrt begonnen, ein Schicksal das im Bereich konventionell erzeugter Landwirtschaftsprodukte (z.B. im Falle von Schweinefleisch) dazu geführt hat, dass Bauern teilweise höhere Gestehungskosten bei der Produktion haben, als sie für die von ihnen erzeugten Waren bezahlt bekommen.

Das Magazin "Der Spiegel" bringt die Bedenken gegen die, teilweise inzwischen nur mehr mit Vorbehalt zu genießenden Bioprodukte aus dem Ausland klar und schonungslos auf den Punkt: "Mit voller Wucht ist die Globalisierung in den Ökomarkt eingeschlagen und hat das Gesicht des einst so überschaubaren Mikrokosmos grundlegend verändert. Plötzlich präsentiert sich die Szene wie jene, gegen die sie einst antrat – mit Riesenanlagen für 30.000 Hühner, Landschaften unter Plastikgewächshäusern, Monokulturen in China und Shrimpsbecken in Vietnam, wo früher einmal Mangrovenwälder wuchsen". Alles bio, oder was? (Magazin "Der Spiegel" 36/2007)

Sollte es nicht in allernächster Zeit ein Umdenken bei den Handelsketten geben, wird der Begriff "bio" in wenigen Jahren verheizt worden sein und seine letzten Chancen für die Erzeuger im Inland einen neuen, profitablen Markt bedienen zu können, verspielt haben. Liebe Handelsunternehmen und Konzerne, die mit "bio" zu tun haben und damit handeln: Sollte das Urgedankengut der Bio-Philosophie im Kommerzdenken bei vielen mittlerweile verlorengegangen sein, erinnere ich hier nochmals eindringlich daran: Dem Konzept der Herstellung nachhaltig erzeugter, unverfälschter Lebensmittel – sogenannter "Bio-Lebensmittel"– liegt nicht nur das Prinzip zu Grunde, rein biologische und aus ernährungsphysiologischer Sicht hochwertige Lebensmittel zu erzeugen, sondern auch der Grundgedanke der Regionalität. Das heißt, diese Waren möglichst aus dem Umfeld heimischer, in der näheren und ferneren Umgebung des Verkaufsortes gelegener Lieferanten zu beziehen.

Waren, die endlose Transporte hinter sich haben, und per Schiff, Flugzeug oder LKW um den halben Erdball transportiert wurden (und dadurch den 50- bis 100-fachen Energieaufwand bis zum Endverbraucher erfordern), sind aus meiner Sicht keine Bio-Ware mehr, auch wenn es auf der Verpackung steht und durch ein Siegel dokumentiert wird. Biologisch hergestellte Lebensmittel sind Produkte, die "leben", wie der Name "Lebensmittel" besagt. Sie sind empfindlich und unterliegen bei langen Transporten, Lagerung und Temperaturunterschieden gewaltigen Qualitätseinbußen, was bedeutet, dass ein Lebensmittel, dass über mehrere

Tage und Wochen "auf Achse" war, im Prinzip den Namen "Bio" nicht mehr verdient. Die Salzburger Nachrichten schreiben in ihrem Artikel vom 12.Jänner 2008 dazu: "Der Biohonig aus Neuseeland mag biologisch erzeugt worden sein, zum Öko-Image passt der Transport vom anderen Ende der Welt bis in das österreichische Supermarktregal aber nicht".

Denn: Nicht wenn es draufsteht, ist Bio drin, sondern nur dann, wenn Bio auch wirklich drin ist. Im übrigen: Ich habe kein Zutrauen zu Bio-Produkten, die zu uns aus den USA, aus China oder anderen Erdteilen angeliefert werden. Wie schwierig es ist, Manipulationen "schwarzer Schafe" am heimischen Markt zu unterbinden, zeigen die jährlich wiederkehrenden Skandale in dieser Branche. Ich möchte mir nicht einmal ausmalen, wie seriös und wirksam Kontrollen im Bereich des biologischen Anbaus in den USA, in China oder sonst wo auf der Welt funktionieren, wo durch eine Vielzahl von Schalt- und Dispositionsstellen Manipulationen jeder Art Tür und Tor geöffnet scheinen. Oder, will mir jemand weismachen, dass es aus österreichischer Sicht möglich ist, eine diesbezügliche lückenlose Kontrolle in den USA oder Drittländern durchzuführen, um zu überprüfen wo, wann, welche Produkte wie, womit und durch wen produziert, geerntet und verarbeitet wurden?

Das Magazin "Der Spiegel" meint weiter dazu: Seit Bio in China zum Staatsziel erklärt wurde, hat sich die Anbaufläche im "Reich der Mitte" auf 3,5 Millionen Hektar vergrößert – mehr hat nur noch Australien. Kenner bezweifeln, dass dabei alles mit rechten Dingen zugeht". Zwei weitere Zitate des Spiegelmagazins aus dem Artikel: "Alles Bio, oder was?" sind ebenfalls nicht dazu angetan, das generelle Vertrauen in ausländische Bioprodukte anzuheben: " Die Glaubwürdigkeit leidet, wenn Bio vom Fließband kommt und über Ozeane herumgeschippert wird". Und etwas später im Bericht: "Mehrfach wurden in den vergangenen Jahren Einfuhren nach Japan und Europa gestoppt, wegen zu hoher Schadstoffbelastung, Antibiotika-Rückständen oder gar radioaktiver Kontamination". (Magazin "Der Spiegel" 36/2007)

Immer wieder argumentiert der Handel, den Bedarf teilweise im Ausland decken zu müssen, weil die Biobauern in Österreich nicht in der Lage wären, ausreichende Mengen biologisch hergestellter Lebensmitteln liefern zu können. Das Liefer-Vakuum betrifft vor allem Gänse, Fische, Schweine, Obst und Gemüse (SN 12.01.208). Wie so oft sind aber gerade die Kritiker die eigentlichen Verursacher des Desasters: Die Gründe für die Lieferengpässe der Bio-Bauern sind in der ständigen Gewinnmaximierung der Konzerne und dem Konkurrenzkampf der Ketten untereinander zu finden, was dazu geführt hat, dass mittlerweilen die Preise für den Erzeuger solcher Produkte so weit gedrückt wurden, dass sich die wesentlich höheren Erzeugungskosten für biologisch hergestelltes Fleisch, Obst und Gemüse einfach nicht mehr rechnen.

Und wiederum ist das Beispiel Schweinefleisch hervorragend dazu geeignet, die ganze Misere transparent zu machen: 2007 erhielten die Bauern für den Kilo Schweinefleisch aus konventioneller Haltung (Massentierhaltung) ungefähr 1,30 Euro, die Bio-

Hofladen Biohof Adam vulgo Holzschusterhof in Großklein

bauern, die ein wesentliches Mehr an Futteraufwand, Stallausstattung, Kontrollen und Gebühren zu tragen hatten, erhielten nur etwa um das doppelte mehr, was eine Farce ohnegleichen darstellt und natürlich die Gefahr von Manipulationen in sich birgt. Um eine Kostendeckung und einen Gewinn zu erzielen, der für eine gesicherte Existenz der Betriebe unerlässlich ist, müssten die Bauern für biologisch hergestelltes Schweinefleisch einen Kilopreis von mindestens 4,- Euro bis 5,- Euro erzielen, aber auch die konventionellen Züchter müssten mindestens das Doppelte des derzeitigen Preises erhalten. Das lächerliche Argument, der Konsument würde nicht mehr dafür bezahlen, ist aber weder stichhaltig noch überzeugend. Tatsache ist, dass es für die Gesundheit der Menschen unseres Landes wesentlich gesünder wäre, nur ein Drittel des derzeit konsumierten Schweinefleisches zu verzehren und dafür lieber das Dreifache zu berappen, als billiges "Industriefleisch" zu futtern, dem jede Lebensenergie entwichen ist.

Kein Grund mehr zum Jubeln:

Jetzt, im Juli 2008 ergibt sich bereits ein ganz anderes Bild der Bio-Branche als noch vor einem halben Jahr. Die enorm gestiegenen Preise bei Lebensmitteln, Saatgut und Futtermitteln (Futterkosten haben sich verdoppelt) sowie die horrenden Kosten für Treibstoffe haben die Bereitwilligkeit der Konsumenten, für Bio-Ware noch wesentlich mehr zu bezahlen als vor einem Jahr drastisch vermindert. Die Salzburger Nachrichten schreiben dazu: " Die Verteuerung der Lebensmittel bringt nun auch den bisher so klaglos schnurrenden Biomotor ins Stottern, der Preisabstand wird zum Problem. Der Auftrieb bei den Lebensmittelpreisen, der auch biologisch erzeugte Produkte deutlich verteuerte, macht nun auch der Biolandwirtschaft zunehmend zu schaffen. Immer mehr Konsumenten können oder wollen sich die hohen Preise nicht mehr leisten. Sie greifen lieber wieder zu konventionell erzeugten Produkten". (SN 11. Juli 2008)

Bio-Absturz hat System!

Was in den Medien nicht steht, die vielleicht aber wichtigste Aussage dieses Kapitels darstellt ist folgende: Der nun eingetretene Einbruch am Bio-Markt kommt nicht von ungefähr, sondern hat System und ist das Ergebnis einer gezielt angelegten Strategie Jener, denen die stark boomende Biobranche der letzten Jahre ein immer größer werdender Dorn im Auge war. Man darf nicht vergessen, dass ein immer größer wachsender Biomarkt einerseits gerade jenen multinationalen Konzernen ins "Millarden-Gewinne-Handwerk" pfuscht, die mit industriell hergestellten Lebensmitteln und konventioneller Ware Riesenprofite erzielen und andererseits die Strategie der Gentechnikkonzerne ein Land nach dem anderen mit gentechnisch verändertem Saatgut zu verseuchen, letztendlich zunichte machen würde, da Käufer biologischer Lebensmittel so gut wie immer zugleich auch Gentechnikgegner sind. Vor diesem Hintergrund wird das arglistige und gezielte Hinauflitzieren von Lebensmittelpreisen, Saatgut-, Futtermittel- und Treibstoffpreisen durchsichtig wie Glas und aus ethisch moralischer Sicht geradezu ein Verbrechen, da es einerseits die Biobranche ins Trudeln bringt und andererseits das Schaffen einer Zweiklassengesellschaft massiv beschleunigt.

Einer der Beweise für die oben angeführten Behauptungen stellt die Tatsache dar, dass gerade jetzt in Österreich und Deutschland Massentierställe trotz massiver Proteste von Anrainern gnadenlos bewilligt und gefördert werden, obwohl einerseits der bisherige Bio-Boom eigentlich das Gegenteil hätte bewirken müssen und andererseits heute wohl hinlänglich bekannt ist, welche Tierqual mit derartiger Haltung verbunden ist und welch minderwertige Fleischqualität (Angstfleisch) damit erreicht werden kann.

Des einen Leid…

Was bedeutet aber nun eine verminderte Quallität der Lebensmittel? Eine reduzierte Lebensqualität und in Folge das vermehrte Auftreten von Krankheiten und gesundheitlichen Problemen! Und wer verdient daran? Zum Teil genau jene, die unsere Umwelt mit Chemie und gentechnisch veränderten Organismen überschwemmen, multinationale Unternehmen, denen Profit vor Vernunft und Gewinne vor Menschlichkeit gehen.

Die einzige Chance der Bauern, vor allem jener, die mit der Produktion qualitativ hochwertigen Schweinefleisches und daraus erzeugten Produkten (Schinken, Würste, Speck, Pasteten, Aufstriche etc.) befasst sind, liegt einzig und allein darin, sich vom "Bio-Massenangebot" der Ketten abzuheben und ihre Nische zu suchen. Dabei wird in Zukunft das persönliche Gespräch, der Kontakt zum Kunden und die Transparenz bei der Erzeugung der Produkte wesentlich zum Aufbau eines Vertrauensverhältnisses beitragen.
Ein Liebäugeln mit den Handelsketten in Erwartung einer Änderung der Zustände ist sinn- und zwecklos. Im Gegenteil: Das massive Auftreten von Diskontern und Bio-Supermärkten hat, nicht zuletzt zum Schaden der Konsumenten, zu einem Verdrängungswettbewerb und einer ständig sinkenden Anzahl von bäuerlichen Direktvermarktern geführt. So hat der Einkaufswert laut einer Studie der Agrarmarkt Austria beim Ab-Hof-Verkauf seit 2002 um 22,5% abgenommen, auf Bauernmärkten um 21 Prozent. (Quelle SN 12.01.2008).

Der Bauer, der heute überleben will, muss sich auf die Werte ursprünglichen Bauerntums, auf Hausverstand, handwerkliches Können und Traditionen besinnen. Landwirte und Konsumenten müssen sich im Klaren sein, dass es letztzendlich Aufgabe der Bauern und nicht jene der Pharmaindustrie oder der Gentechnikkonzerne ist, die Ernährung der Menschen sicherzustellen. Weniger Abhängigkeit, mehr Selbstbewusstsein und Mut zur Eigeninitiative sowie der sorgsame Umgang mit der Natur und den uns anvertrauten Lebewesen werden die Grundlagen des Bauerntums von morgen sein. Denn – Bauer zu sein, ist der schönste Beruf der Welt!

In memoriam
Günther Nenning
Kronenzeitung
vom 12.08 2006

Liebe Schweine!

Ich schreibe direkt an euch, um euch meine Liebe und Solidarität zu bezeugen. Der EU-Agrarministerrat beschloss das Verbot von Kastenständen – so genannte "eiserne Jungfrauen", in denen Ihr euch nicht rühren könnt, nicht einmal umdrehen! -, aber erst ab dem Jahr 2013 und mit vielen grausamen Ausnahmen.

Weitere 12 Jahre Folter. Ein Kastenstand ist gerade so groß wie die trächtige Muttersau, die darin gehalten wird. Ein qualvolles Leben bis zum qualvollen Tod. Sechs Millionen Schweine werden in der EU auf diese Weise gequält.

Das Schwein ist ein hochintelligentes, bewegungslustiges Tier. In den Kastenständen hat es nicht die geringste Möglichkeit auch nur für ein winziges Stück seines natürlichen Lebens.

Es gibt eine Tierwürde! Und aus gerechtem Zorn beleidige ich jetzt gleich die Menschenwürde des EU-Agrarministerrates: Ich fordere, dass alle Agrarminister eine Woche lang in Kastenständen für Muttersauen gehalten werden.

Nur eine Woche – eine wahrhaft milde Strafe. Umfrage-Ergebnis: 84 Prozent der EU-Bürger in sieben Ländern sind für ein Verbot der Kastenstände – ob für Muttersauen oder Agrarminister. Diese große Mehrheit ist auch bereit, mehr für das Schweinefleisch zu zahlen, wenn dafür die Lage der Tiere verbessert wird.

In einer EU-weiten Kampagne mit dem gefühlvollen Motto "Ein Herz für Lucie" – aber die Agro-Konzerne haben ja statt Herz einen Geldsack – unterschrieben fast 700.000 Menschen für ein Verbot der Kastenstände. In Österreich waren daran maßgeblich der "Verein gegen Tierfabriken" beteiligt, mit dem mutigen Tierarzt Dr. Franz Josef Plank.

Mit dem Tierschutz und der Demokratie ist es eine seltsame Sache. Stets preisen wir laut, dass es eine blühende Demokratie nur gibt, wo es eine blühende Wirtschaft gibt – und das ist ja auch wahr. Andererseits: Noch so viele Unterschriften, Umfragen, Kampagnen bringen es nicht dahin, dass die Meinung der Leute obsiegt über die Geldinstinkte der Agrar-Lobby.

Natürlich darf man erst recht nicht aufhören, die demokratische Stimme zu erheben zugunsten unserer stummen Brüder und Schwestern Tiere. Es ist eine Mühe, deren sich jeder Mensch auf seine Weise unterziehen soll.

Ach ja, mühsam ist es schon. Nicht einmal ihre unmittelbarsten Interessen bringen die Leute dazu! Billiges Fleisch in riesigen Massen in sich hineinzuschlingen – das ist ja ganz offensichtlich gesundheitsschädlich. Um den Wohlstandsbauch am Schwabbeln zu halten – vergessen wir die Schrecknisse von BSE.

Tierfolter ist auch, den Tieren ihre natürliche, gottgegebene Nahrung zu entziehen und sie mit den Kadavern ihrer Artgenossen und gentechnischen Glumpert zu füttern. Und die gesundheitsschädlichen Folgen, wenn wir Fleisch von Tieren essen, die ihr Leben lang unter Qual, Angst, Stress gehalten werden – das zu untersuchen und zu enthüllen, auf diese sehr nahe liegende Idee kommt die vielgepriesene Wissenschaft überhaupt nicht.

Schweine Saga
Die Realität: Das Industrieschwein

Ing. Gernot Kürzl, Mitautor und Experte in Bezug auf Schweine, deren Züchtung und artgerechte Haltung regt mit den beiden nachstehenden Gedichten zum Nachdenken über das Verhalten an, das wir derzeit unseren Mitgeschöpfen den Schweinen vielfach angedeihen lassen.

Unser Herr sprach: Macht euch die Erde untertan.
Er hat aber nicht gesagt: Beutet sie aus, zerstört sie,
greift in die Schöpfung ein
und verliert jegliches Gefühl für eure Mitgeschöpfe!

Mein Name: Europ, das Industrieschwein
Mein Lebenslauf: Eine Schande für euch Menschen

Mit 12 Geschwistern kam ich zur Welt,
mein Bauer wollte nur eines: schnelles Geld.
Damit unsre Mutter keines von uns beschädigt, gar erdrückt,
wurde sie mit der "Eisernen Jungfrau" beglückt.

Schon nach zwei kurzen Wochen
unser Glück ward unterbrochen
Ihr müsst in einen andren Stall,
ihr seid nur "Ferkelmaterial".

Man zog uns auf – auf Spalten,
der Gestank war groß – nicht auszuhalten.
Kein Sonnenlicht, kein Gras, kein Stroh,
wir wurden unsres Lebens niemals froh.

Man nutzte zum x-ten Mal
unser Wachstumspotential.
Mit Futter aus der Dritten Welt,
gentechnisch verändert und billig hergestellt.

Unsre Nerven lagen blank,
wir waren traurig, wurden krank.
Wir konnten kaum liegen, auch nicht sitzen,
Medikamente gab's im Futter oder Spritzen.

Doch ihr Menschen – freut euch nicht zu früh,
wer unser Fleisch isst, der wird glücklich nie:
Denn unser Leid, das Elend und die Schmerzen
tragt ihr selber nun im Herzen.

Schweine Saga
Die Zukunft: Das Ura-Landschwein

Es gibt sie noch die schönen Dinge – wenn wir sie wollen!

Mein Name: Felix, das URA-Landschwein
Mein Lebenslauf: Ein glückliches Schweineleben

Im Nest aus Stroh mit 8 Geschwistern kam ich zur Welt,
unsre Mutter hat sich gleich nach der Geburt zu uns gesellt.
Wir hatten Platz zum Spielen, Muttermilch und Sonne,
ein herrliches Ferkelleben, oh welche Wonne.

Sechs Wochen waren wir bei unsrer Mutter,
stets umsorgt mit bestem Futter.
Wir wurden nicht verstümmelt, blieben ganz,
sind stolz auf unseren Ringelschwanz.

Zum Kuscheln hatten wir im Stall ein Nest aus Stroh
und draußen gingen wir aufs Klo.
Im Freien konnten den ganzen Tag wir wühlen
und im Schlammloch unsern Körper kühlen.

Wir wuchsen auf im Paradies –
dass so was heut noch möglich is'!
Unser Bauer sorgte sich um uns vom Frühling bis zum Winter
als wären wir seine eignen Kinder.

Wir dankten's ihm und blieben gesund,
wir wurden schwer und kugelrund.
Keine Medikamente, kein Futter aus der Dritten Welt,
so sparte unser Bauer Geld.

Doch eines Tages war's soweit,
wir waren für den letzten Schritt bereit.
Stressfrei am Hof, zum "Alten Schein"
zogen wir in den Schweinehimmel ein.

Möge euch der Schweinebraten
aus unserm Fleisch recht wohl geraten.
Denn ihr esst mit jedem Stück
etwas mit vom Schweineglück!

Wir Konsumenten entscheiden jeden Tag
beim Einkauf über Glück oder Leid der Schweine.

„Kleine Farm" Helmut Riedl

Einleitung

Einleitung

Die Zucht von Schweinen stellt im Bereich der "Nutztierhaltung" (nicht nur in Österreich) ein immer größer werdendes Problem im Hinblick auf deren großteils nicht ihren genetischen Bedürfnissen entsprechende Haltung dar. Kein anderes Haus- oder Nutztier außer Hühnern und Puten wird weltweit so widernatürlich und artfremd gehalten wie gerade das Schwein!

Und während sich Frau und Herr Österreicher genüsslich am Schweineschnitzel aus Massentierhaltung gütlich tun, denkt keiner von ihnen auch nur eine Sekunde daran, dass sie das Fleisch einer Tierart genießen, die zu den gequältesten Tierarten weltweit zählt. Gemeint ist – das Hausschwein!

Von der Gesetzgebung toleriert vollzieht sich vor unser aller Augen der legalisierte Prozess einer im wahrsten Sinne des Wortes mörderischen und in keinster Weise artgerechten Tierhaltung in Zehntausenden landwirtschaftlichen Betrieben in Österreich und Millionen von Betrieben in Europa und Übersee (50 Prozent aller Schweine leben unter katastrophalen Bedingungen in China)

Die derzeit in den meisten Ställen praktizierte Haltung des Hausschweins – mit dem uns übrigens eine rund 90-prozentige genetische Übereinstimmung verbindet – unterdrückt jeden Urinstinkt der Tiere und ist rein auf kommerzielle Schnellmast ausgerichtet. Lebenslang in ein viel zu kleines Geviert eingepfercht, auf Spaltenböden dahinvegetierend oder früher teilweise überhaupt fast bewegungsunfähig festgebunden, dämmern Millionen von Tieren in ganz Europa während eines wahrhaft unwürdigem Daseins ihrem qualvollen Abtransport und der anschließenden Massenschlachtung entgegen.

Der Platz, der Schweinen für ein Leben lang zugestanden wird - fälschlicherweise auch "Bewegungsfreiheit" genannt - beträgt pro Schwein in Österreich:

Tiergewicht	Mindestfläche
bis 20 kg	0,20 m²/Tier
bis 30 kg	0,30 m²/Tier
bis 50 kg	0,40 m²/Tier
bis 85 kg	0,55 m²/Tier
bis 110 kg	0,70 m²/Tier
über 110 kg	1,00 m²/Tier

Auf einen entsprechend schweren Menschen umgelegt würde dies bedeuten, dass dieser sein gesamtes Leben auf einer Wohnfläche von maximal vier Quadratmetern zubringen müsste, ohne diese jemals verlassen oder auslaufen zu können.

Unabhängig vom unzumutbaren Zustand bei den zugelassenen Mindestflächen würde eine artgerechte Haltung von Schweinen aber neben größerer Bewegungsfreiheit durch viel mehr Platz und großzügigem Auslauf ins Freie auch eine Suhle (Schlammloch) und ein Boden aus Erdreich, den Schweine mit ihrem Rüssel durchwühlen können. Dass dies durch einen Bretter- oder Betonboden nicht ersetzt werden kann, liegt auf der Hand.

Das Schwein ist zudem in erster Linie als soziales Wesen ein Herdentier, und fühlt sich nur in der sich frei bewegenden Gemeinschaft eines Rudels, das einer genauen Rangordnung unterliegt (ähnlich wie bei Wölfen), wohl. Es kann galoppieren wie ein Pferd (wenn man es lässt), ist äußerst intelligent und wird ganz zu unrecht als schmutzig eingestuft. Wälzt sich ein Schwein im Schlamm oder Morast dient dies als "Pflege seiner Haut, seines Fells und generell seiner Gesundheit".
Wir nehmen Moorbäder als Therapie und niemandem würde es deswegen einfallen, uns als unsauber zu bezeichnen. Der Unterschied besteht lediglich in dem Umstand, dass das Schwein nachher keine Möglichkeit hat sich zu duschen.

Suhle eines Freilandhalters

Seit einigen Jahren gibt es in Österreich mehr und mehr Betriebe, die auf Freilandhaltung bei Schweinen setzen und artgerechter Tierhaltung in vollem Umfang nachkommen.

Sollte es den Begriff: "fröhliche Schweine" geben, dann wird er in diesen Betrieben zur Realität. Ausgelassen und voller Elan weiden, wühlen, galoppieren und suhlen Schweine jeden Alters gemeinsam in freier Natur, wobei ihnen teilweise eine Auslauffläche von hundert und mehr Quadratmetern pro Schwein zur Verfügung steht. Alleine beim Anblick dieser Tiere versteht man die Not der unmenschlich gehaltenen Millionen von Artgenossen in ganz Europa. Was aber hat die Initiatoren dieses menschlichen und wahrhaft einer Pioniertat gleichkommenden Versuches artgerechter Tierhaltung dazu bewogen, den Schweinen ihre Freiheit wieder zurück zu geben? (siehe auch Kapitel: Die "Bioniere") Ist es reine Tierliebe, Mitleid oder auch ein kommerzieller Aspekt?

Wohl eine Mischung von alledem. Wenn die Tiere schon ausschließlich dazu gezüchtet werden, um dem Menschen als Nahrung zu dienen, sollten sie doch wenigstens ein schönes Leben in freier Natur haben, meinen die Besitzer. Was vorerst wie nicht ganz rentabel und zeitaufwändig aussieht, entpuppt sich bei näherer Betrachtung als wohlüberlegte und äußerst gesunde Entscheidung für Mensch und Tier. Denn diese, im wahrsten Sinne des Wortes "glücklichen Schweine", erweiden sich tagsüber ihr Futter großteils selbst und erhalten nur etwas zusätzliches Beifutter, wie zum Beispiel Kleie, Rüben, Kartoffeln, Leguminosen, Pferdebohnen, Topinambur, Getreide oder Mais.

Dadurch sind die Tiere in der Lage, ihre Ernährung selbst zu selektieren und suchen sich auf der Wiese instinktiv jene Gräser und Kräuter, die sie für ihre Gesundheit und ihr Wohlbefinden benötigen, ähnlich einer "Kräuterapotheke in der Natur". Das Ergebnis: Der Tierarzt kommt seltener, die Tiere verfügen über eine robustere, gesündere Natur. All diese Möglichkeiten hat ein "Stallschwein" aber nicht.

Die Kunde von gesunden, unproblematisch zu haltenden Schweinen ist mittlerweilen weit verbreitet, von weither kommen Kaufinteressenten zu Freilandhaltern (vorwiegend Klein- und Nebenerwerbsbauern) um sich eine gesunde Zuchtbasis zur Vermehrung ihres Schweinebestandes anzuschaffen oder das von Stresshormonen und Medikamentenrückständen unbelastete Fleisch gesunder Tiere zu erwerben.

Warum sich diese Art der Tierhaltung bei Schweinen trotzdem weiter im Minimalbereich abspielt? Die meisten Betriebe, vor allem Großschweinebauern haben ihre Betriebe in Bezug auf Stallung, Fütterung und Futtermittel bereits so dezidiert nach der konventionellen Methode ausgerichtet, dass für eine Umstrukturierung zu große Investitionen nötig wären. Außerdem reichen bei den meisten die Flächen für eine Freilandhaltung in keinster Weise aus, da viel zu viele Tiere gehalten werden. Hinzu kommt, dass in den meisten Fällen die Agro-Industrie bestimmt, wie viel Tiere auf welche Weise gehalten werden, was gefüttert wird, woher die Stalleinrichtung kommt, wie Ställe (leider) auszusehen haben und damit aber gleichzeitig auch, wie wenig auf die genetischen Bedürfnisse der Schweine Rücksicht genommen wird.

Die Bauern selbst trifft nur ein Teil der Schuld am Schweinedesaster. Was man ihnen aber vorhalten muss, ist, dass sie die Abwegigkeit der derzeit praktizierten Tierhaltung im Sinne von Artgerechtheit und Tierschutz bereits lange erkennen hätten müssen und bei den zuständigen Kammern, Verbänden und politischen Gremien diesbezüglich nicht vorstellig geworden sind. Mitverantwortlich für diesen Weg in eine falsche Richtung im Bereich der Nutztierhaltung war vor allem auch der Konsument, der durch sein Kaufverhalten, immer billigeres Fleisch zu erwerben, diese Entwicklung massiv gefördert und mitbestimmt hat. Wer aber schützt die Tiere vor derlei Willkür?

Rote Mangalitzaferkel am Bio-Noah-Hof Karl Schardax

Mitverantwortlich sind jene, die diese naturfeindliche Art der Schweinehaltung bei den Landwirten beworben, gut geheißen, verkauft, subventioniert, als landschaftliche Perspektive hingestellt und aus dieser Art von Tierhaltung ihren beträchtlichen Nutzen ziehen und gezogen haben und zwar auf Kosten der Schweine und auf unser aller Gesundheit. Zum Thema Schweinezucht und Schweinefleisch würde man meinen, gibt es eine Menge an Lektüre, handelt es sich dabei doch – wenn man die Mengen an verzehrtem Schweinefleisch weltweit betrachtet - um einen der bedeutendsten Bereiche im Gesamtspektrum unserer Nahrung. In Wahrheit gibt es nur weniges an Büchern darüber und darunter nur einige, die über artgerechte Haltung von Schweinen und die in der konventionellen Schweinehaltung auftretenden Probleme berichten.

Tatsache ist, dass ein riesengroßer Themenkomplex unserer Ernährung, der auf unsere Gesundheit unmittelbar einen großen Einfluss nimmt, einfach totgeschwiegen wird und nur deshalb konnte es auch dazu kommen, dass sich – vom Konsumenten kaum wahrgenommen - derart "schweinische Zustände" im Bereich der Schweinezucht und Schweinemast entwickeln konnten. Das Wenige darüber, das zeitweise durch die Medien geistert, (und dabei ist es beim Schweinefleisch nicht anders als im gesamten Lebensmittelbereich) wird schöngeredet oder durch irgendwelche "Nahrungsmittelexperten" für gesund und unbedenklich erklärt.

Bei den Medien wiederum ist das Thema Schweinezucht nicht gerade populär, vermutlich um damit der Lebensmittelindustrie, ihrem Inserentenklientell nicht nahe zu treten. Gesundheitliche Risken, die auf uns zukommen, gehören wie im Falle der Gentechnik in unseren Nahrungs- und Futtermitteln offen ausgesprochen. Sie unausgesprochen zu lassen oder unter den Tisch zu kehren, ist im Sinne einer Medienverantwortung uns, unserer Umwelt und unseren Kindern gegenüber verantwortungslos.

Turopolje-Ferkel beim „Frühstück", „Kleine Farm"

Die Rechte des Schweins!

Die grundlegenden – zwar nicht verbrieften – aber moralisch-ethischen Grundrechte des Schweins, die wir diesen Mitlebewesen als hochzivilisierte, mit Herz und Verstand behaftete Menschen zugestehen müssen, seien hier ein für alle mal ausdrücklich festgehalten:

Sonnenschweine Labonca Biohof Norbert Hackl

Das Recht auf freien Weidegang: (und zwar, wann immer es will!) Auch der Mensch drängt ins Freie, wenn es ihn danach gelüstet oder er das Bedürfnis verspürt).

Das Recht auf natürliches Futter: Gras, Heu, Getreide, Obst, Gemüse, Wurzeln, Würmer, Schnecken, Wild- und Heilpflanzen, Waldfrüchte etc.

Das Recht, im Erdboden zu wühlen: Erd- oder Waldboden eignet sich ideal zum Wühlen mit dem Rüssel, Spaltböden aus Beton dagegen nicht so sehr

Das Recht in der Rangordnung und Gemeinschaft einer Herde zu leben: Ist in Massentierstallungen nicht gegeben, da viele Tiere zusammengepfercht noch keine Herde ergibt.

Das Recht zu suhlen: Es ist die Körperpflege der Tiere und schützt vor Parasiten

Das Recht zu erkunden: Schweine sind neugierig und gehen beim Weidegang stets auf "Entdeckungsreise"

Das Recht zur Selektion beim Futter: Alle Tiere, so auch die Schweine sollten Zugang auch zu Wild- und Giftpflanzen haben, sie kurieren sich im Krankheitsfall in der "Apotheke der Natur" selbst (wenn man sie lässt)

Das Recht nicht verstümmelt zu werden (Schwänze, Zähne und Ohren)

Das Recht auf Ihren Spieltrieb: Vor allem junge Schweine tollen ausgelassen miteinander herum

Alle, bzw. die meisten dieser legitimen "Freiheiten" der Schweine sind nur in der Freilandhaltung, oder teilweise auch bei Stallhaltung mit jederzeit möglichem Auslauf ins Freie gewährleistet. Im Massentierstall werden diese "Gebote der Schweinehaltung" völlig ignoriert.

Mit welchem Recht?

Die Würde des Schweins ist unantastbar!

Lied von Reinhard Mey zum Thema Schweinehaltung
aus seiner LP "Alles geht" (Auszug)

In einer engen Box war es,
auf Beton, unstandesgemäß,
dass sie die Glühbirne der Welt entdeckte.
Sie war das Ferkel Nummer vier,
Drei andre lagen über ihr.

So ein Gedränge, dass sie fast erstickte!
Schon nach zwei Wochen Saugakkord,
Kam jemand und nahm Mutter fort,
Doch noch als die Erinn´rung schon verblasst war,
fielen manchmal dem jungen Schwein
Der Mutter Worte wieder ein:
"Die Würde des Schweins ist unantastbar!"

Der Kerker wurde ihr Zuhaus'.
An einem Fleck tagein, tagaus.
Und immer im eigenen Dreck rumsitzen.
Die feine Nase, der Gestank!
Sie wurde traurig, wurde krank,
Und als sie sehr krank wurde, gab es Spritzen.
Sie wurd' zum Decken kommandiert, -
Das hat sie niemals akzeptiert,
Dass Schweinesein nur Ferkelzucht und Mast war:

Und wenn man ihren Willen brach,
Dachte sie dran, wie Mutter sprach:
"Die Würde des Schweins ist unantastbar!"

Ich möchte nicht, du armes Schwein,
An deinem Leid mitschuldig sein,
Weil ich in diesem Restaurant zu Gast war.
Und ich bestell´ von nun an wohl
Den überback´nen Blumenkohl.
Die Würde des Schweins ist unantastbar!

Peter Rosegger

Die Botschaft an die Bauern

Er war nicht nur einer der größten und begnadetsten Heimatdichter, er war auch ein Seher, der vor mehr als 120 Jahren den Untergang von Bauerntum und Bauernkultur voraussah. Der "unstudierte" Waldbauernbub vom Kluppeneggerhof in Alpl hatte aber auch noch andere herausragende Eigenschaften, deren Verlust wir in Gesellschaft und Bauerntum heute großteils beklagen: Die Liebe zur Heimat und das Wissen um die Bedeutung des Bauernstandes, der heute entweder ausgerottet oder industriell totgefahren wird.

Wie weit hat sich Bauernstolz und Bauerntum in unserer Zeit von jenem Vers entfernt, den Rosegger seinem Buch "Erdsegen" vorangestellt hat : "Kein Erwerbszweig und kein Beruf erfüllt so den Menschen, keiner macht ihn so einheitlich geschlossen und bietet ihm so vielfältige Tätigkeit, keiner stärkt und adelt ihn so – wie die Landwirtschaft".

Heute, wo es geradezu zur Schande gereicht, händische Arbeit zu verrichten und möglichst alles maschinell angebaut, gedüngt, gespritzt, gemäht, gerodet und geerntet wird, hat sich der Bauernstand sehr weit von seinen ursprünglichen Aufgaben der Versorgung der Bevölkerung mit Lebensmitteln und der Pflege unserer Kulturlandschaft entfernt. Peter Rosegger würde sich im Grabe umdrehen, würde er sehen können, was aus dem einst von ihm so sehr geliebten Berufsstand in Bezug auf Anbaumethoden und Tierhaltung geworden ist.

Die hohe ethische Einstellung und die Ehrfurcht vor Gottes Schöpfung und den uns anvertrauten Tieren zieht sich wie ein roter Faden durch das Buch "Erdsegen", das für mich eines seiner emotionalsten Werke in Bezug auf die Verehrung seiner Heimat darstellt.

Stellvertretend dafür sei aus seinem Buch eine Stelle zitiert, die dazu angetan sein sollte, jene zum Nachdenken anzuregen, die heute vergessen zu haben scheinen, dass auch Tiere eine Seele haben, Leid verspüren und schützenswürdige Geschöpfe sind:

Am achtundzwanzigsten Sonntag

Immer reizt es mich, lieber Freund, dir meine Erfahrungen über das Leben der Haustiere zu schildern. Über das leibliche – und höre es! – auch über das seelische Leben der Rinder, Schafe Schweine, Hunde und Hühner!
Wollen aber diese Darstellungen doch auf günstigere Zeit aufheben, wenn die "Viecher" nicht unmittelbar über die Achseln aufs Blatt schauen. Wir verfassen dann ein Werk darüber: Das Seelenleben der Haustiere". Ich gebe die Empirik, du das System und die Philosophie.

Als Motto sage ich dir heute schon: Die Ochsen und Kühe sind auch Menschern, nur solche mit vier Füßen. Ihre Freuden und Leiden merkt man ihnen leicht an, ihre Liebe, ihren Hass bekommt man manchmal zu spüren. Ihr Glauben und ihre Zweifel beeinflusst ihr Wollen so gut wie bei uns. In ihren Träumen haben sie ein zweites Leben wie wir. Von ihren Gedanken würden unsere Philosophen sehr vieles lernen, wenn sie einstweilen so klug wären, ihre Sprache zu verstehen.
Es ist durchaus verständlich, dass diese Tiere im Bauernhofe wie traute Hausgenossen behandelt und geachtet werden.

Wie Lebensgenossen geliebt, wenn du willst! Nicht allein, dass sie eine Sprache für sich haben, verstehen sie auch die menschliche, soweit es sie angeht. Du musst einmal ein Rindergespann gesehen haben, auf der Straße oder am Pflug, du musst einmal ein Kuhmelken beobachtet haben oder das Herdelocken eines Hirten – und du wirst dir sagen: Da ist wesentlich mehr dahinter als unsere Gelchrten wahrhaben wollen!" (Erdsegen von Peter Rosegger, Seite 146, Verlag Staackmann)

Vergleicht man jene schicksalsträchtigen Worte, die einer Liebeserklärung an die Schöpfung darstellen mit der heute praktizierten konventionellen Agrarwirtschaft und "modernen Tierhaltung", wird deutlich klar, wie sehr wir derzeit in unserer, auf reines Profitdenken ausgerichteten Gesellschaft die Grundregeln von Menschenwürde und den Respekt vor der Natur und Kreatur missachten und mit Füßen treten. Denn wer würde allen Ernstes – nach Peter Roseggers Worten - seinen "Hausgenossen" ein Leben auf Spaltböden unter dem Gestank von Amoniak und Salpeter in den eigenen Exkrementen liegend zumuten?

Das Leid der Tiere manifestiert sich in deren Fleisch, es macht nicht nur die Tiere krank sondern auch uns und unsere Seele. Denn: Unser Gewissen schläft nicht, auch wenn wir es vorübergehend betäubt und abgeschaltet haben.

Prof. Dr. phil. Herbert J. Klima - Biophysiker
Biophotonen-Forschung

Strategien der Evolution

Die Evolution kämpft nicht - sie geht neue Wege

Kleine Schritte – große Ziele

Was die Strategie der Evolution anlangt, so geht es mir um einen kleinen, aber richtigen Schritt in Richtung auf autonome Ökotope bzw. ganzheitliche Holotope, in denen eine nachhaltige Kreislaufwirtschaft bzw. evolvierbare Permakultur betrieben wird und die gemeinsam mit dem hochgeordneten Sonnenlicht Verantwortung für die Erde, das Wasser, die Luft und das Leben in ihrer Region übernehmen sollten. Da nach unserer heutigen Kenntnis die Gesetze der Evolution und des Zusammenwirkens von Ganzheiten in jeder Region bzw. in jedem Holotop analog sind, übernehmen wir damit zugleich auch Verantwortung für unseren Planeten Erde.

Einstein hat einmal sinngemäß gesagt: "All die Ergebnisse und Erkenntnisse der Wissenschaft gelten mir nichts, wenn sie sich nicht an den Weisheiten großer Ethiker wie Moses, Buddha oder Jesus orientieren." Es sind aber nicht die Personen, an denen wir uns zu orientieren haben, sondern an naturgemäßen Weltbildern und erkennbaren Wahrheiten. So eine grundlegende Erkenntnis und tiefe Weisheit besagt, dass die Illusion von der unabhängigen, dauerhaften Existenz aller Dinge die Wurzel alles Übels und Leides ist, weil alle Dinge vergänglich sind.

Erst wenn wir erkennen, dass Steine, Wasser, Luft oder Leben zwar veränderlich, jedoch untrennbar miteinander verbunden sind und wir uns daher auch für das Andere sorgen müssen, werden wir vom Ego befreit und gelangen so zur Weisheit der Ganzheit, die man auch Holosophie nennen kann. Ein ähnliches Bewusstsein hatten auch Jesus, Franziskus oder Mutter Theresa erlangt, als sie von der Nächstenliebe, dem Bruder Baum oder der Schwester Sonne nicht nur sprachen, sondern auch danach handelten. Lasst uns daher auch vom Bruder Schwein oder Schwester Sau sprechen und sie in naturgemäßen Lebensräumen bzw. Holotopen ihrer natürlichen Lebensart entsprechend aufwachsen!

Eine der tiefsten Erkenntnisse über das Wesen von Ganzheiten wird uns auch durch Lady Ann Conway oder Gottfried Leibniz vermittelt, wonach jede Monade, d.h. jedes selbstähnliche, in sich selbst genügsame System - ob eine Pflanze, ein Tier, ein Mensch, ein Bauernhof, eine Dorfgemeinschaft, eine Region oder die ganze Erde - eine funktionale, ästhetische und ethische Ganzheit darstellt, die mit allen anderen nicht nur physisch, sondern auch metaphysisch in einer Art Resonanz verbunden ist - ähnlich wie verwandte Seelen, die gemeinsam schwingen oder singen. Sollte sich die von mir favorisierten Ökotope bzw. Holotope als kleine Abbilder eines funktionalen, ästhetischen und ethischen Ganzen, d.h. als Monaden organisieren, so könnten sie andere, sich ebenfalls nach Zusammenwirken sehnende Wesen zum gemeinsamen Mitklingen anregen und damit authentische, mit dem Wesen der Natur übereinstimmende Vorbilder für kommende Generationen sein.

In diesem Zusammenhang habe ich ein kleines Büchlein entdeckt, das eigentlich ein Juwel darstellt: Johanna Reinisch, die etwa gleich alt ist wie ich, erzählt darin Erlebnisse aus ihrer frühen Kindheit. In dieser Zeit erlebte sie die letzten Jahre der absoluten Selbstversorgung auf dem elterlichen weststeirischen, ca. 35 Hektar großen Bergbauernhof, dessen vollkommen autarkes Dasein in den frühen fünfziger Jahren nach und nach zu Ende ging. Eigentlich erregte der Titel des Büchleins "Nimm an

„Sternentod“

Milchstraße

Löffel und iss mit - bäuerliche Kost und vergessene Gerichte" meine Aufmerksamkeit, weil ich sehr gerne koche. Daher treibe ich mich auch viel auf Märkten herum und horte seit Jahren Kochbücher - ich glaube ich habe mehr als hundert. Was an dem Buch von Johanna Reinisch so faszinierend ist, sind nicht die Kochrezepte - nur etwa 20 Seiten von 250 werden dafür verwendet - , sondern die Beschreibung des Alltags in einem wahren Ökotop bzw. Holotop. Sie erzählt vom Ackern und Eggen, vom Säen und Ernten, vom Dreschen und Brotbacken, von der Tierhaltung und Butterrühren, vom Züchten und Schlachten, vom Zubereiten und Essen der Speisen, vom Konservieren der Nahrungsmittel über den Winter, vom Spinnen und Weben, vom Holzschlägern und Aufforsten, vom Bauen und Reparieren, vom Feiern und Beten, vom Heiraten und Kinderkriegen, vom Altwerden und vom Tod. So erzählt sie uns ihre Geschichte vom Sinn des Lebens, den sie im gemeinsamen Wirken für ihren Lebensbereich mit ihren Geschwistern, Eltern, Großeltern und Urgroßeltern, mit den Mägden und den Knechten, dem Vieh und den Pflanzen, der Luft und dem Wasser, der Sonne und dem Herrgott fand.

Ich erlebte meine Kindheit ähnlich, jedoch nicht als Bergbauernbub, sondern als Bub einer typischen Nachkriegsfamilie im Marchfeld: mit dem Vater als Tischler, der Mutter als Hausfrau, dem jüngeren Bruder und der viel jüngeren Schwester; mit einem Waschtrog für die Wäsche und dem wöchentlichen Bad in der kleinen Werkstatt des Vaters, mit Plumpsklo und Misthaufen als Naturdünger, mit Haustieren wie Hühner, Hasen, Gänse, Schweine und Ziegen, mit einem etwa 2000 m^2 großen Selbstversorgergarten, mit einem an den Garten anschließenden eigenen und etwas weiter entfernten, gepachteten Acker, wo ich mithalf, Getreide, Mais und Kartoffel anzubauen und zu ernten. Gänserupfen, Kukuruzrebeln und Dreschen mit dem Dreschflegel sind mir noch in bester Erinnerung, aber auch der Sautanz mit frischen Blunzen und Leberwürsten, besonders aber mit einem warmen Göderl auf geriebenem Kren. Was besonders aber im Herzen haften blieb, waren das Dankeschön an die geschnittenen Pflanzen und geschlachteten Tiere, ein Danke, das wir stets symbolisch durch dreimaliges Kreuzschlagen beim Anschneiden eines frischen Brotlaibes vollzogen.

Das eigentliche Mysterium des Lebens aber ist nicht die Rückkehr zum Alten, nicht die ewige Wiederkehr des Gleichen, wie es Friedrich Nietzsche empfand und der daher in eine tiefe Depression verfiel, sondern der ewige Wandel aller Dinge, die sich aber zu wunderbaren ganzheitlichen, vor allem zeitgemäßen Lebensformen zusammenfügen lassen und an Kaleidoskope erinnern, die man einst an Jahrmärkten und Kirchtagen anbot. An diesen Spielzeugen drehten wir Kinder gerne, indem wir das Licht der Sonne nutzten, um eine schier endlose Fülle von Anordnungen und Symmetrien der farbigen und glitzernden Steinchen hervor zu zaubern und zu genießen.

Diese zauberhaften Formen könnten eine wunderschöne Metapher für die Vielfalt des Lebens und dessen Entwicklungsmöglichkeiten in jenen ganzheitlichen Holotopen sein, die wir im Rahmen einer zu gründenden Akademie für ganzheitliche Kultur nun anstreben, die unsere Herzen erfreuen und unsere Augen erstrahlen lassen, wie einst unsere Herzen hüpften und unsere Kinderaugen beim magischen Anblick der bunten und wandelnden Bilder im Kaleidoskop zu glänzen begannen.

Univ. Prof. Dr. Sigurd KONRAD

Schweinehaltung

Ethisch - Ökologisch - Artgemäß

Ethischer Grundkonsens in der Nutztierhaltung

Hans RUH , Professor für Sozialethik in Zürich, sieht ein zentrales Problem der Nutztierhaltung in der Instrumentalisierung der Tiere durch den Menschen. Unter vielfach schwerer Schadenseinwirkung, verbunden mit Schmerzen und Leidenszuständen, nutzt der Mensch Tiere für seine Zwecke. Der häufig postulierte Vorwand, der Mensch hätte einen unbestreitbaren Vorrang vor Tieren, wird ethisch als nicht plausibel angesehen. Menschen und Tiere (jedenfalls warmblütige Wirbeltiere) sind in verschiedener Hinsicht als gleichrangig einzustufen:

- Beide gehören der Gemeinschaft von Lebewesen an und werden in der Biologie als homologe Systeme betrachtet.
- Tiere sind wie Menschen leidensfähig.
- Tiere haben wie Menschen ein Streben nach Leben.

In Anerkennung dieser Übereinstimmung von Mensch und Tier geht die Ethik in unserem Kulturkreis von folgenden gültigen Normen aus:

- Gleiches ist aufgrund der Gleichheit gleich zu behandeln und Ungleiches ist aufgrund des Verschie-

Auf Gut Herrmannsdorf von Karl Ludwig Schweisfurth

Mangalitza bei Karl Schardax, Bio-Noah-Hof

denseins anders zu behandeln (Gleichheitsgrundsatz!)

- Leiden sind zu vermeiden
- Niemandem schaden
- Ehrfurcht vor dem Leben haben

Da eine Ethik, die diesen Normen grundsätzlich widerspricht, in sich fragwürdig ist, muss die Grundhaltung gegenüber den Tieren ein tiefer Respekt vor der Würde des Tieres sein. Die Würde der Tiere beruht auf ihrem Eigenwert, d.h. auf dem Wert, der ihnen unangesehen des Umstandes, ob und inwiefern sie für den Menschen oder andere Lebewesen einen Wert besitzen, zukommt .

Die Würde des Menschen begründet sich auf seine Vernunft- und Moralfähigkeit. Die dem Menschen als Vernunftsubjekt eigene Würde verpflichtet ihn, auch die Würde der Mitmenschen, sowie aller Mitgeschöpfe zu achten. Als Menschenwürde wird die Fähigkeit und Freiheit des Menschen bezeichnet,

- auf Angenehmes, Nützliches oder Profitables zu verzichten, weil es einem anderen Wesen schadet oder ihm Schmerzen zufügt oder
- Unangenehmes oder Belastendes auf sich zu nehmen, weil es einen anderen freut, ihm nützt oder auch, weil der andere einen Anspruch darauf hat .

Menschenwürde als ethische Grundeinstellung schließt auch das Streben nach Gerechtigkeit mit ein. Gerechtigkeit für Tiere verlangt keineswegs, Tiere wie Menschen zu behandeln und die Mensch-Tier-Unterschiede einzuebnen. Im Gegenteil, die Mensch-Tier-Unterschiede sind zu beachten, um den Tieren auch in ihrer Andersartigkeit gerecht zu werden. Die aus obigen Ausführungen ableitbare Forderung nach Gerechtigkeit für Menschen und Tiere heißt, in Anwendung des Gleichheitsgrundsatzes, ein menschenwürdiges Leben für Menschen und ein artwürdiges Leben für Tiere zu verlangen.

Ethologisch und ethisch begründete Tierschutzgesetzgebung

Neuere ethische Begründungen des Tierschutzes haben in Deutschland und der Schweiz zur Verankerung der Würde der Tiere in den Rechtsordnungen geführt. Das bundesdeutsche Tierschutzgesetz in der geltenden Fassung anerkennt das Tier ausdrücklich als Mitgeschöpf. Aus diesem Bekenntnis zum ethischen Tierschutz gelangt LORZ , Rechtswissenschaftler und Präsident des Bayrischen Obersten Landesgerichts, zur Feststellung: "Offensichtlich weiß der Gesetzgeber um die geschöpfliche Würde der Tiere."

Die staatsrechtliche Konsequenz folgte am 17. Mai 2002, da wurde der Tierschutz als Staatsziel in die deutsche Verfassung aufgenommen und Artikel 20a des Deutschen Staatsgrundgesetzes erhielt nach dem Willen des Deutschen Bundestages folgenden Wortlaut: "Der Staat schützt auch in Verantwortung für die künftigen Generationen die natürlichen Lebensgrundlagen und die Tiere im Rahmen der verfassungsmäßigen Ordnung durch die Gesetzgebung und nach Maßgabe von Gesetz und Recht durch die vollziehende Gewalt und die Rechtsprechung."

Die Schweizer Bundesverfassung kennt seit 1992 den Begriff der "Würde der Kreatur" sowie deren Schutz. Es heißt dort: "Tiere sind Mitgeschöpfe, deren Nutzung durch den Menschen nur unter Wahrung ihres Eigenwertes und ihrer Integrität zulässig ist."Nach der Interessenschutztheorie, Grundlage der schweizerischen Tierschutzgesetzgebung, haben Tiere zwar keine eigenen Rechte, aber schützenswerte Interessen an Freiheit von Schmerzen, physischer und psychischer Integrität und am Leben.

Rechtsordnungen sind durch die Unterscheidung zwischen Personen und Sachen geprägt. Zum Sachbegriff zählt alles, was nicht Person ist, menschlichem Gebrauch dient und menschlicher Herrschaft unterworfen ist. In Österreich wurde 1988 die Rechtsstellung der Tiere im ABGB geändert. Tiere sind seither keine Sachen, sie werden durch besondere Gesetze geschützt. Trotzdem können Tiere nicht Träger von Rechten, also nicht Rechtssubjekt sein.

Rund 30 Jahre später als in den Nachbarländern Deutschland und Schweiz wurde 2005 auch in Österreich ein zeitgemäßes Bundestierschutzgesetz in Kraft gesetzt. Das Ziel des Gesetzes wurde in §1 in Anlehnung an die Gesetze in Deutschland und der Schweiz formuliert: "Ziel dieses Bundesgesetzes ist der Schutz des Lebens und des Wohlbefindens der Tiere aus der besonderen Verantwortung des Menschen für das Tier als Mitgeschöpf."

Vom Arttypus zur artgemäßen Haltungsumwelt

Die domestizierten Nutztiere stammen von Wildtieren ab und sind keine vom Menschen neu geschaffenen Tierarten. Im Laufe der Evolution haben sich bei den Stammformen der Haustiere in der Auseinandersetzung mit der natürlichen Umwelt Verhaltensprogramme herausgebildet, die genetisch fixiert sind und von Generation zu Generation weitergegeben werden. Die stammesgeschichtlich erworbenen Verhaltensprogramme sind während der Domestikation erhalten geblieben.

Bei Haustieren treten weder neue Verhaltensmerkmale auf, noch sind ursprüngliche, bei der Stammform beobachtbare Verhaltenseigenschaften verloren gegangen. Dies ist auch nicht zu erwarten, wenn neben den wenigen tausend Jahren, in denen der Mensch züchterisch auf die Nutztiere einwirken konnte, die Jahrmillionen in Betracht gezogen werden, in denen sich die Wildformen der Haustiere an den natürlichen Lebensraum anpassten .

Schweinefamilie mit Erdstall bei Jagawirt Werner Goach

So wenig sich das Verhalten während der Domestikation geändert hat, so sehr wurden gerade in den letzten Jahrzehnten das Aussehen und die Physiologie der Nutztiere verändert. Die Selektion von Zuchttieren erfolgte bis vor wenigen Jahren vor allem beim Schwein noch ausschließlich nach Produktionsmerkmalen wie schnelles Wachstum und hoher Magerfleischanteil. Fitnessmerkmale spielten, wenn überhaupt, eine untergeordnete Rolle. Als Folge dieser Zuchtstrategie werden besonders bei Tieren mit hoher Leistungsveranlagung immer häufiger Abweichungen vom Arttypus sichtbar.

Fitness als Zuchtmerkmal

BICKHARDT , Professor an der Tierärztlichen Hochschule in Hannover, verweist beim Schwein insbesondere auf die einseitige Zucht auf hohe Tageszunahmen und extremen Fleischansatz und die damit einhergehende Disposition für Osteochondrosen und Belastungsmyopathien.
Als Osteochondrosen werden Erscheinungen bezeichnet, wo es durch sehr rasche Gewichtszunahmen zu hohen statischen und dynamischen Gewichtsbelastungen bei unmineralisierten Epiphysen und Gelenksknorpel in Gliedmaßen- und Wirbelgelenken kommt. Die klinischen Krankheitsbilder dominieren unspezifische Bewegungsstörungen und Schmerzvermeidungsverhalten.
Belastungsmyopathien sind Ausdruck von Insuffizienzen im Muskelzellstoffwechsel, die häufig bei extremen Fleischschweinen in Belastungssituationen auftreten. Die gestörten Zellstoffwechselprozesse führen zu dauerhaften Schädigungen der Muskelzellen und immer wieder auch zum plötzlichen Herztod der Tiere. Der Zusammenhang zwischen Fleischfülle und mangelnder Fitness bei extremen Fleischschweinen wird in Belastungssituationen wie den Transport und der Schlachtung besonders deutlich. Neben häufigeren Ausfällen treten nach der Schlachtung deutlich öfter gravierende Qualitätsmängel wie das PSE-Fleisch auf.

Die aufgezeigten, sichtbaren Auswirkungen züchterischer Einflussnahme haben zu starken Beeinträchtigungen einzelner Merkmale des Arttypus der Nutztiere geführt. Den Tieren werden permanent in Erscheinung tretende Schäden und damit Schmerzen zugefügt. Da die züchterisch bedingten morphologischen und physiologischen Abweichungen vom Arttypus zu Störungen des arttypischen Verhaltens führen, ist durch die Auswirkungen der Leidensbegriff erfüllt.

Daraus ergeben sich Konsequenzen für die arttypusgemäße Zucht der Schweine. Fitness- und Fleischqualitätsmerkmalen muss in der genetischen Veranlagung eine zumindest gleichwertige Bedeutung beigemessen werden wie der Tageszunahme als Mastleistungseigenschaft und dem Magerfleischanteil im Schlachtkörper.

Sonnenschweine Labonca Biohof Norbert Hackl

Sonnenschweine Labonca Biohof Norbert Hackl

Artgemäße Haltung

Kenntnisse über Inhalte und Strukturen natürlicher Lebensräume sind wichtige Anhaltspunkte für die Gestaltung artgemäßer Haltungsumwelten, wenngleich diese keineswegs "natürlich" aussehen müssen.

Wichtig hingegen sind Haltungsbedingungen, die arttypisches Verhalten auslösen und steuern. Folgende "Erwartungen" werden von Schweinen an die Haltungsumwelt gestellt:

• Verschiedene Verhaltensweisen müssen an verschiedenen Orten ausgeführt werden können. Das bedeutet für die Gestaltung von Haltungssystemen, dass für Futteraufnahme, Ausscheidung, Ruhen, Körperpflegeverhalten, Mutter-Kind-Verhalten speziell dafür ausgestattete Bereiche vorzusehen sind. Dementsprechend müssen ein verhaltensgerechter Fressplatz, der in Verbindung mit einem Erkundungsareal genutzt wird, ein abgesonderter Kotzplatzbereich, ein geschützter Liegebereich mit der Möglichkeit zur Schlafnestgestaltung, Einrichtungen zur Körperpflege sowie ein Abferkelbereich mit Ferkelnest vorgesehen werden.

• Schweine reagieren auf verschiedene Umweltsituationen variabel und differenziert. Artgemäße Haltungssysteme zeichnen sich daher durch vielfältige und wechselhafte Reizangebote aus. Daraus leitet sich z.B. die Forderung nach einem ständigen Zugang zu einem Auslauf im Freien ab.

• Schweine müssen auf die Umgebung einwirken und diese verändern können. Bei Schweinen geht die Futtersuche mit Erkundung einher, vor dem Ruhen wollen sie den Liegeplatz gestalten und vor der Geburt bauen Sauen ein Wurfnest. Die Haltungssysteme sind daher mit geeigneter Einstreu auszustatten. Die Einstreu muss einen ausreichenden Neureizcharakter aufweisen und in Art und Menge funktionsgerecht sein. An die Qualität der Einstreu hinsichtlich Gewinnung, Lagerung und Rückstandsfreiheit sind höchste Ansprüche zu stellen.

• Schweine sollen arttypische soziale Beziehungen in Abhängigkeit von Geschlecht, Alter und Fortpflanzungszyklus aufbauen können (z.B. Familienhaltung).

• Insgesamt müssen Tiere ihre hochentwickelten Fähigkeiten zur Aufrechterhaltung der Homöostase (Gleichgewichtslage zwischen Organismus und Umwelt) durch Selbstregulierung entfalten können. Das bedeutet für Schweine, dass die Haltungsumwelt ein hohes Maß an Wahl- und Gestaltungsfreiheit seitens der Tiere aufweisen muss (z.B. möblierter Familienstall, strukturierte Mehrflächensysteme unter Offenfrontbedingungen und Auslauf ins Freie sowie tier- und umweltgerechte Freilandhaltung).

In der Stallhaltung erweisen sich grundsätzlich selbst unter günstigen Bedingungen mehrere Ansprüche der Tiere als unerfüllbar. Schweine finden in den komplexen Verhaltensabläufen von Erkundung, Futtersuche und Futteraufnahme nicht die dafür geeigneten Bedingungen vor. Für das auf Umgebungstemperaturen und den jeweiligen physiologischen Zustand sensibel reagierende thermoregulatorische Verhalten fehlen in üblichen Stallhaltungssystemen die adäquaten Voraussetzungen. Im Sozialverhaltensbereich kommt es durch beengte Bewegungsflächen im Stall in vielfältiger Weise zu Beeinträchtigungen des Wohlbefindens der Tiere.

Die Freilandhaltung von Schweinen kann eine artgemäße und alternative Haltungsform sein, wenn geeignete genetische Herkünfte zur Verfügung stehen, der Standort mit den Anforderungen an eine tier- und umweltgerechte Schweinefreilandhaltung übereinstimmt und in den Freilandgehegen Strukturen und Einrichtungen vorhanden sind oder geschaffen werden, die den Ansprüchen der Schweine entsprechen. Zur Möglichkeit, die Tiere auf einfache Art und Weise artgemäß zu halten, kommt die Ersparnis von Investitionskosten und die Gewähr hinzu, einen hohen Qualitätsstandard im erzeugten Produkt zu erreichen.

Rolle der Konsumenten

Wird die Frage gestellt, ob unter ökologischen und tiergerechten Bedingungen erzeugtes Schweinefleisch im europäischen Binnenmarkt konkurrenzfähig wäre, sind zwei Aspekte bedeutsam. Da im Mittel etwa 80% der heimischen Produkte im Inland abgesetzt werden, muss in erster Linie der heimische Konsument davon überzeugt werden, dass in Österreich erzeugtes Schweinefleisch ethisch und ökologisch wertvoller und daher Importprodukten vorzuziehen ist. Dass die Art der Tierhaltung bei der Beurteilung der Produktqualität eine wichtige Rolle spielt, hat eine von der AMA veröffentlichte Untersuchung ergeben.

Danach ist die Herkunft aus Österreich für 85%, die artgemäße Tierhaltung für 78% und die biologische Erzeugung immerhin für 20% der Befragten ein wichtiger Indikator für Qualität. Angesichts des positiven Images, das Lebensmittel aus ökologischer und artgemäßer Tierhaltung in weiten Teilen der Bevölkerung haben, müssten die Verbraucher durch eine entsprechende Kommunikationsoffensive leicht für dieses Marktsegment zu motivieren sein, was in der Folge einen großen Nachfragesog bewirken würde.

Ulrich HAMM , Fachhochschule Neubrandenburg, konnte in einer Studie am Beispiel von einfachen, graphisch aber sehr anschaulich dargestellten Marktmodellen zeigen, dass vor allem die Nachfrage nach ökologisch und artgemäß erzeugten Lebensmitteln noch viel zu unelastisch auf das Angebot in diesem Marktsegment reagiert. Um das bestehende hohe Nachfragepotential auf der Konsumentenseite zu erschließen, bedarf es daher erheblicher Anstrengungen der Anbieter und der öffentlichen Hand. So muss es beispielsweise rasch zu einer verpflichtenden Kennzeichnung von Schweinefleisch nach der Herkunft und der Art der Erzeugung kommen, wie das bei Rindfleisch aufgrund der EU-Verordnung BOS (Verordnung (EG) 1760/2000) betreffend die Herkunft oder bei Schaleneiern (Verordnung (EG) 1651/2001) nach Herkunft und Art der Erzeugung bereits der Fall ist. Außerdem sollte die öffentliche Hand (Bund, Länder, Gemeinden) gesetzlich dazu verpflichtet werden, im eigenen Beschaffungswesen ausschließlich Produkte aus ökologischer und tiergerechter Erzeugung einzukaufen.

Erfüllte Verbraucheranforderungen müssen von den Konsumenten auch wahrgenommen werden, d.h., die Leistungen der Anbieter müssen durch Information, Werbung etc. bekannt gemacht werden.

Als praktisches Beispiel wird in oben angeführter Studie die Vermarktung von Produkten aus dem Biolandbau in Dänemark angeführt. Die Modellstudie kommt dabei zum Schluss, dass mindestens zwei Drittel der Förderungsmittel in die Verbraucherinformation und Werbung, den Auf- und Ausbau leistungsfähiger Vermarktungssysteme sowie die Beratung der Bauern fließen müssen, um eine ausreichend elastische Nachfrage nach ökologisch und tiergerecht erzeugten Produkten zu erreichen. Nur durch eine elastische und steigende Nachfrage nach Qualitätsschweinefleisch aus ökologischer und tiergerechter Erzeugung wird sich die alternative Schweinehaltung allmählich als übliche Praxis etablieren.

Ao.Univ.Prof.Dr.Sigurd KONRAD
Department für Nachhaltige Agrarsysteme
Institut für Nutztierwissenschaften
Universität für Bodenkultur Wien
Gregor Mendelstraße 33
A-1180 Wien

Schweine biologisch halten hat Zukunft

Martin Tragler BIO AUSTRIA OÖ

Aus einem kleinen Bioschweinemarkt entwickelt sich zur Zeit eine steigende, nicht abreißende Nachfrage nach Schweinefleisch aus kontrolliert biologischer Haltung, die mittlerweile nicht mehr gedeckt werden kann. Damit stehen die Chancen zur Entwicklung einer artgerechten Schweinehaltung in Österreich so gut wie nie!

Derzeit liegt die Anzahl der an den Lebensmittelhandel, Großküchen und Fleischereien vermarkteten Bioschweine wöchentlich bei etwa 700 Tieren. Inklusive jener Bioschweine, die ab Hof verkauft werden, werden pro Jahr in Österreich rund 45.000 Bioschweine geschlachtet. Das ist nicht einmal 1% aller Schweineschlachtungen in Österreich. Hier ist also noch enormes Entwicklungspotenzial vorhanden. Eine AMA-Umfrage (RollAMA 2007) zum Thema "Bio-Einkauf" zeigte, dass sich 77% der KundInnen trotz höherer Preise ein reichhaltigeres und umfangreicheres Bio-Sortiment wünschen. Insgesamt liegt der gesamte Biomilchanteil wertmäßig bei mittlerweile 14% aller Milcheinkäufe, während Biofleisch (Rind, Schwein, Geflügel) auf niedrigem Niveau (2,8%) wächst. Biowurst ist mit 1,4% Anteil (noch) die unbedeutendste Warengruppe im Bereich Frischwaren.

Tiergerechtheit, Wohlbefinden und Tiergesundheit spielen in der biologischen Schweinehaltung die entscheidenden Rollen. Dementsprechend sind die gesetzlich verpflichtenden Biorichtlinien für die Schweinehaltung derart gestaltet, dass die Haltung und Fütterung der Schweine den Bedürfnissen der Tiere am besten entspricht.
So ist die Gruppenhaltung der Sauen vorgeschrieben und die Eber brauchen ebenfalls Platz und Aus-

unten und rechts: Ferkel am BIO-Bauernhof Tragler

lauf. Die Vorschrift zur freien Abferkelung ohne Fixierung der Muttersauen – in Bio sind Kastenstände verboten – ist zwar schwierig, inzwischen aber ganz gut erprobt. Biosauen können sich auch in der Ferkelzeit frei bewegen und haben Zugang zum Auslauf. Bioferkel bleiben 40 Tage bei der Mutter, folglich ist der Stall groß genug zu wählen. Dabei findet das Gruppensäugen gerne Anwendung. Dabei kommen drei bis vier Sauen mit ihren 14 Tage alten Ferkeln in eine Bucht mit gemeinsamem Auslauf. Damit ist Bewegungsfreiheit und Sozialkontakt möglich.

Ohne Stroh oder anderer Einstreu gibt es keine Bio-Schweinehaltung! Biobauern widersprechen dem Spruch: " Wer Stroh im Stall hat, der hat Stroh im Kopf!"

Mastschweine werden auf Biobetrieben eigentlich immer in Außenklimaställen gehalten. Licht, Luft und Sonne, viel Stroh und ausreichend Auslauf können so mit verhältnismäßig geringem Arbeitsaufwand am besten angeboten werden.

Die Fütterung der Bio-Schweine unterscheidet sich wesentlich von der konventionellen, vor allem wegen des Verbots von Soja-Extraktionsschroten und Fischmehl. Außerdem sind alle gentechnisch veränderten Futtermittel für Bio-Landwirte generell tabu. Bioschweine werden mit Futter auf der Basis von Getreide kombiniert mit Körnerleguminosen und Ölkuchen gefüttert, wobei bis auf wenige Ausnahmen alle Einzelfuttermittel von Biobetrieben stammen müssen.

Die Haltung und Fütterung von Bioschweinen ist wegen des großzügigen Platzangebots und der biologischen Fütterung aufwändig und teuer. Das Ergebnis sind dafür aber hohe Fruchtbarkeit und Leistung der Tiere, beste Gesundheit und damit Lebensmittelsicherheit und Qualität des Bioschweinefleisches.

Weitere Informationen:
BIO AUSTRIA
www.bio-austria.at
Europaplatz 4
4020 Linz
T +43(0)732/654 884

Kinder-Bauernhof Marianne Flucher

BIO AUSTRIA

BIO AUSTRIA

Das ist es mir Wert!

"Werte sind das Ergebnis von gesellschaftlichen Interessenskonflikten, an deren Ende eine Gemeinschaft darüber übereinkommt, was ihr etwas "wert" ist", schreibt der österreichische Philosoph Paul Liessmann.

Auch für BIO AUSTRIA als Organisation der österreichischen Bio-Bäuerinnen und Bio-Bauern ist es an der Zeit, die Werte ihrer Gemeinschaft zu diskutieren, neu festzulegen, und weiter zu entwickeln. Nachfolgend werden die bisher festgelegten Werte und ihre Umsetzung vorgestellt. Wir laden Sie ein, mit uns daran weiterzuarbeiten!

Zu den von BIO AUSTRIA diskutierten Werten zählen:

- **Fairness**
- **Forschung und Innovation**
- **Lebensmittelkultur**
- **Ökologie/Boden**
- **Würde der Tiere**

BIO AUSTRIA setzt sich für eine ganzheitliche Fairness-Definition ein.

Die Bio-Bäuerinnen und Bio-Bauern verstehen den Begriff "Fairness" als Gesamtheit seiner facettenreichen Bedeutung. Fairness heißt durch eine nachhaltige, biologische Bewirtschaftung fair zur Natur zu sein, durch eine artgerechte Tierhaltung und Achtung ihrer Würde fair zu den Tieren zu sein, durch den Verzicht auf Futtermittel aus der sogenannten Dritten Welt fair zu den Mitmenschen zu sein. Fairness bedeutet jedoch selbstverständlich auch eine faire Honorierung der Leistungen der Bio-Bäuerinnen und Bio-Bauern.

Fairness als BIO AUSTRIA Schwerpunkt

2008/2009. Durch die vielfältigen Aktivitäten der IG-Milch hat das Thema Fairness auf der Preisebene an agrar- und gesellschaftspolitischer Brisanz gewonnen.
BIO AUSTRIA wird "Fairness" gemäß seiner ganzheitlichen Definition 2008/2009 einen großen Schwerpunkt widmen und in den Bereichen Produktmanagement, Marketing und Öffentlichkeitsarbeit Akzente setzen. Denn die Bio-Bäuerinnen und Bio-Bauern dürfen nicht zum schwächsten Glied der Wertschöpfungskette degradiert werden, erbringen sie doch als einzige all jene Leistungen im Bereich der Lebensmittelproduktion, die dem Begriff Fairness in seiner Ganzheit entsprechen und faire Entgelte rechtfertigen.
BIO AUSTRIA wird den Schwerpunkt Fairness auf eine breite, gesellschaftliche Basis stellen und mit möglichst vielen Gruppierungen und Institutionen in einer eigens zu etablierenden "Fairness-Kommission" zusammenarbeiten.

Fairness für eine fair-rückte Welt

Der Marktplatz Erde, die sogenannte Globalisierungsökonomie, entwickelt zunehmend Wirtschaftssysteme, welche lediglich auf Marktzugänge ausgerichtet sind und keinerlei ethische, soziale, ökologische und regionale Kriterien gelten lassen. Begriffe wie "Gerechtigkeit" und "Fairness" scheinen endgültig aus dem Wirtschaftsregister gestrichen. Gerade lebenswichtige Wirtschaftsbereiche wie die kleinstrukturierte, biologische Landwirtschaft werden durch diese aggressive Markpolitik in ihrer Existenz gefährdet.

Forschung und Innovation: ein Wert für die Zukunft des Bio-Landbaues

Die biologische Landwirtschaft ist eine Schlüsseltechnologie des 21. Jahrhunderts. Wie keine andere Landwirtschaft bietet die biologische Wirtschaftsweise konkrete Lösungen für drängende Zukunftsprobleme. Hier findet sich ein großes Potential für

Am Biohof Josef Göltl

eine nachhaltige (Agrar)politik – ein Konzept für eine ganzheitliche Pflanzengesundheit als Alternative zur Gentechnik und ebenso ein Modell für eine ganzheitliche Tiergesundheit als Voraussetzung für eine massive Reduktion des Medikamenteneinsatzes.

BIO AUSTRIA startet innovatives Forschungsprojekt "Bionet"

Als innovatives Bindeglied zwischen Forschungsinstitutionen zu fungieren und neueste Forschungsergebnisse auf den heimischen Feldern zu erproben, diese Aufgabe stellt sich BIO AUSTRIA mit dem Projekt "Bionet". Hierbei werden ausgewählte, nationale wie internationale Forschungsergebnisse auf heimischen Bio-Betrieben erprobt. Die damit gewonnenen, praxisorientierten Ergebnisse werden wiederum via Internet, speziellen Feldtagen und Exkursionen möglichst vielen Bio-Bäuerinnen und Bio-Bauern zugänglich gemacht. So gelangt Forschung ohne Umwege auf die heimischen Bio-Betriebe und findet Eingang in die tägliche Arbeit.

Lebensmittel als kulturelles Spiegelbild

"Ein einziger Wassertropfen birgt die ganze Welt in sich", lautet eine buddhistische Weisheit. In Anlehnung daran lässt sich sagen: In einem Lebensmittel spiegelt sich die Kultur von jenen Menschen wider, die es herstellen.

Die bäuerliche Lebenskultur ist unmittelbar mit der Produktion und Verarbeitung von Lebensmitteln verbunden. Und die Frucht einer nachhaltigen Landwirtschaft, welche die Schönheit der Umwelt und die Würde der arbeitenden Menschen achtet – also die Gesamtheit der bio-bäuerlichen Kultur – kommt in biologischen Lebensmitteln zum Ausdruck. Die biologische Vielfalt, der regionale Bezug und die handwerkliche Verarbeitung sind unverzichtbare Teile einer bio-bäuerlichen Lebensmittelkultur. Diese Prinzipien wollen wir verstärkt auf unseren Höfen leben und mit unseren Netzwerkpartnern in die Öffentlichkeit tragen.

Slow Food und BIO AUSTRIA – gemeinsam für den Genuss

Was 1998 in Piemont als eine Aktion gegen die Verflachung durch industrielle Einheitsgerichte begann, ist heute längst ein kulinarischer Welterfolg in mehr als 100 Ländern: Slow Food – eine Bewegung von Menschen für Menschen, die dem hektischen Treiben der Zeit eine Philosophie des Genusses sowie einen langsamen, bewussten Lebensstil entgegensetzt.

BIO AUSTRIA ist es gelungen, Slow Food für ein gemeinsames Projekt zu gewinnen.

Herausragende Bio-Lebensmittel, die den Prinzipien der Regionalität und der bio-bäuerlichen Verarbeitungskunst entsprechen, werden von Slow Food-Experten prämiert und gemeinsam mit BIO AUSTRIA einer breiten Öffentlichkeit präsentiert. Ebenso ist eine Bio-Genusstagung unter dem Ehrenvorsitz von Slow Food Gründer Carlo Petrini vorgesehen.

Ökologie: Böden sind das Kapital der Gesellschaft

Ökologie ist der Grundwert der biologischen Bewegung, in ihr wurzelt die Wertegemeinschaft der Bio-Bäuerinnen und Bio-Bauern. Fruchtbare Böden sind das Kapital eines jeden landwirtschaftlichen Betriebes und einer jeden Gesellschaft.

Daher werden sich die Bio-Bäuerinnen und Bio-Bauern im Rahmen des Wertes "Ökologie" intensiv der Bodenfruchtbarkeit zuwenden. Denn ohne eine nachhaltige Bodenbewirtschaftung ist Bio-Landbau nicht möglich. Nachhaltig heißt, dass der Boden für die Erzeugung von Lebensmitteln genützt, jedoch nicht verbraucht wird.

Die Würde der Tiere verdient unsere Achtsamkeit

Nutztiere sind weitgehend aus ihrem natürlichen Zusammenhang herausgelöst und durch ihre Haustierwerdung Teil der menschlichen Kultur geworden. Das bedeutet, dass wir Menschen für die Gestaltung ihrer Umwelt zuständig sind. (Nutz)Tierhaltung ist also eine klare Verpflichtung, den Tieren die Qualitäten einer guten Umwelt in Form von tiergerechter Fütterung, Haltung und Zucht zu gewähren.

Werteskala der Tiere neu betrachten

Tiere haben zweifellos einen bedeutenden Nutz- bzw. Ernährungswert für uns Menschen, ihr Eigen-

wert darf dabei jedoch nie außer Acht gelassen werden. Ihre Wertigkeit als Wesen geht entschieden über den ökonomischen Wert hinaus: Sie sind empfindsame Wesen und gleich uns von der Natur mit einer Vielzahl von Bedürfnissen und entsprechenden Verhaltensweisen ausgestattet. Versagen wir ihnen die Möglichkeit , ihrer jeweiligen Art gemäß zu leben, erzeugen wir bewusstes Leid.
Den Tieren werden wir nur dann gerecht, wenn wir uns aufrichtig um ein ethisch vertretbares Gleichgewicht zwischen der notwendigen Nutzung von Leben und der gebotenen Achtung vor dem Leben bemühen.

Würde der Tiere als ein Grundwert von BIO AUSTRIA

Die Würde der Tiere und die damit unlösbar verbundene, tiergerechte Haltung sind ein Grundwert von BIO AUSTRIA. Mit einer tiergerechten Haltungsumwelt nehmen wir Rücksicht auf die Verhaltensbedürfnisse der Tiere und vermeiden derart Schäden, Schmerzen und Leiden. Als Gradmesser für eine tiergerechte Haltung stehen Gesundheit und Wohlbefinden. Das Ziel jeder BIO AUSTRIA-Tierhaltung ist somit klar definiert: Gesundheit und Wohlbefinden der Tiere als Ausdruck eines würdevollen Umgangs.

BIO AUSTRIA setzt Maßnahmen bei Transport und Schlachtung

Als einen ersten Schritt wird BIO AUSTRIA in den Bereichen Transport und Schlachtung Maßnahmen setzen, um auch und gerade in den letzten Lebensstunden der Tiere einen würdevollen Umgang sicher zu stellen. Hierfür werden Leitlinien für die einzelnen Tierarten erarbeitet. Diese sollen sich von den gesetzlichen Mindestvorgaben abheben und durch eine praktikable Anwendung in der Praxis Eingang finden.

• Mensch-Tierkontakt: Tägliche Kontrolle der Tiere, Ansprache der Tiere, Gewöhnung an Handling, Installation ausreichender Separiermöglichkeiten (Fang- und Fixiereinrichtungen)
• Transportvorbereitung: Auswahl der Tiere, Gruppen zusammenhalten, Nüchterung, gute bauliche Verlademöglichkeiten, Transportfähigkeit der Tiere
• Transport: Ruhiger, bestimmter Umgang zur Vermeidung von Stress und Panik am Hof, sicherstellen einer wesensgemäßen Umwelt bei Verladung, Auswahlkriterien für Transporteure; Mindestausstattung von Transportwagen, Auswahl Transportzeitpunktes
• Schlachthof: Rampen, Lichtführung, Lichtfarbe, Boden- und Wandfarben, Kontraste, Geräusche, Gerüche, Gestaltung der Wartebuchten, Zeit, Schlachtboxen, Funktionstüchtigkeit der Geräte, Ruhe und Geschwindigkeit

Prof. Dr. Dr. Jean Ziegler, UNO-Sonderberichterstatter für das Recht auf Nahrung, zum Thema "Fairness":
"In der Politik, das heißt in der institutionellen Gestaltung der zwischenmenschlichen Beziehungen, ist Umkehr immer möglich. Gesetze können annuliert, Verordnungen umgeschrieben werden.
In der Natur geht das nicht. Haben einmal Pestizide den Boden verwüstet oder haben sich auf einem Feld gentechnisch veränderte Pflanzen etabliert, gibt es meist kein zurück. Der Schaden ist definitiv. Daher ist Fairness in der Landwirtschaft so wichtig. Fairness ist der Widerstand gegen die profitwütige Industrieland- und Viehwirtschaft. Fairness gibt dem Konsumenten die Garantie, gesunde, chemisch nicht verseuchte Produkte zu essen. Fairness schützt das Recht der Tiere – Fairness gegenüber der Natur und ihren unveränderlichen Gesetzen ist unverzichtbar.
All das ist nur möglich, wenn Bio-Bäuerinnen und Bio-Bauern für ihre große, wichtige, oft visionäre Arbeit eine gerechte, angemessene Honorierungerhalten."

BIO AUSTRIA Österreich

Büro Linz
Ellbognerstraße 60
4020 Linz
T +43(0)732/654 884
F +43(0)732/654 884 40
E office@bio-austria.at
W www.bio-austria.at

Büro Wien
Theresianumgasse 11
1040 Wien
T +43(0)1/403 70 50
F +43(0)1/403 70 50 190
E office@bio-austria.at
W www.bio-austria.at

BIO AUSTRIA Länder

BIO AUSTRIA Burgenland
Rottwiese 62
A-7350 Oberpullendorf
T +43(0)2612/436 42
F +43(0)2612/436 42-40
M +43(0)676/842 214 303
E burgenland@bio-austria.at

BIO ERNTE AUSTRIA Kärnten
8.-Mai-Straße 47/2
A-9020 Klagenfurt
T +43(0)463/33263
F +43(0)463/33263-15
E kaernten@ernte.at

BIO AUSTRIA NÖ und Wien
Steinergasse 2a-4/3
A-3100 St. Pölten
T +43(0)2742/908 33
F +43(0)2742/908 33-10
E niederoesterreich@bio-austria.at

BIO AUSTRIA Oberösterreich
Büro Linz:
Auf der Gugl 3
A-4021 Linz
T +43(0)50/69 02-14 20
F +43(0)50/69 02-14 78
E oberoesterreich@bio-austria.at

Büro Schlierbach:
Am Weinberg 6
A-4553 Schlierbach
T +43(0)7582/614 04
F +43(0)7582/614 04-4
E schlierbach@bio-austria.at

BIO AUSTRIA Salzburg
Schwarzstraße 19
A-5020 Salzburg
T +43(0)662/870 571-313
F +43(0)662/878 074
E salzburg@bio-austria.at

Bio Ernte Steiermark
Krottendorferstraße 81
A-8052 Graz
T +43(0)316/80 50-71 44
F +43(0)316/80 50-71 40
E steiermark@ernte.at

BIO AUSTRIA Tirol
Wilhelm-Greil-Straße 9
A-6020 Innsbruck
T +43(0)512/572 993
F +43(0)512/572 993-20
E tirol@bio-austria.at

BIO AUSTRIA Vorarlberg
Jahnstraße 20
A-6900 Bregenz
T +43(0)5574/537 53
F +43(0)5574/537 53-6
E vorarlberg@bio-austria.at

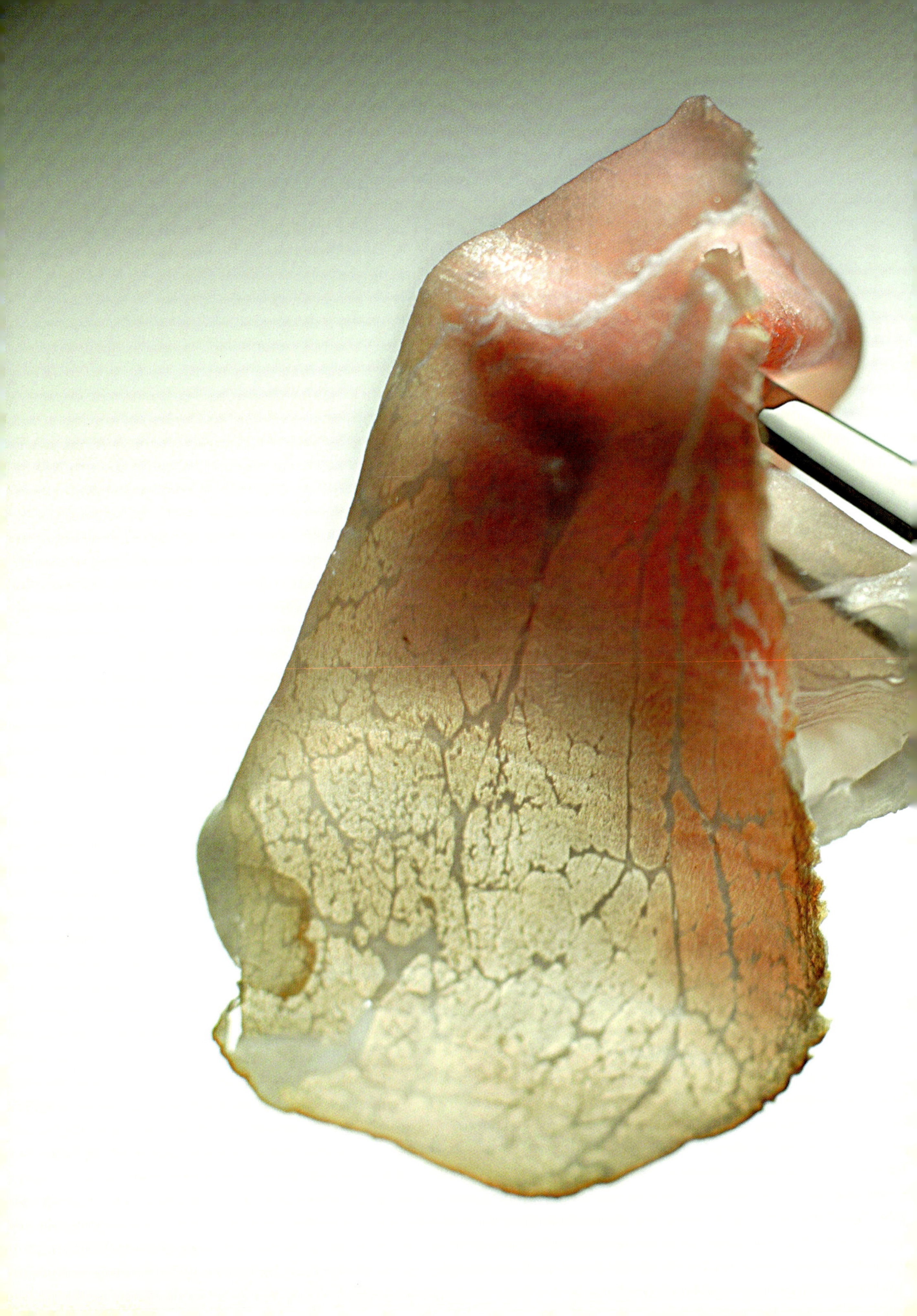

Irrtümer über das „Lebens-Mittel“ Fleisch

Irrtümer über das „Lebens-Mittel“ Fleisch!

Fleisch von natürlich gehaltenen Tieren, denen der Stress von langen Transporten und Schlachthofleid erspart blieb, ist hochwertigst, sowohl was die Qualität des Fleisches, als auch des Fettes anlangt. Die Werte der mehrfach ungesättigten Fettsäuren von derlei Fleisch bewegen sich in einer Größenordnung wie es etwa Olivenöl beinhaltet. Gehen wir in unserer Ernährung und Tierhaltung um 50, 60, oder 70 Jahre zurück. War damals nicht Schweineschmalz ein wertvolles "Lebens-Mittel"? Es wurde nicht nur zum Zubereiten des kostbaren Sonntagsbratens verwendet, sondern diente auch als Heilmittel für Pflaster bei Verrenkungen, Verstauchungen, Prellungen und offenen Wunden.

Die Schwarte verwendete man zum Zähneputzen und zum Reinigen der eisernen Herdplatte. Heute feiert Schweinefett von sorgfältig gehaltenen Tieren alter oder fast ausgestorbener Rassen wie z.B. Mangalitza, Duroc, Turopolje oder auch von Waldschweinen eine unglaubliche Renaissance. Das Fett wird nicht nur wieder von Meisterköchen und ernährungsbewussten Hausfrauen zum Zubereiten von Schweinefleisch verwendet, sondern auch in Form von Selch- oder Kübelspeck als absolute Delikatesse angeboten.

Denn – die Geschichte vom ungesunden Fett gilt nur für jenes, das von artwidrig gehaltenen und unnatürlich gefütterten Tieren stammt. Ansonsten ist es – in Maßen genossen - ein wertvolles "Lebens-Mittel". Es findet sich heute in vielfältiger Form in Würsten, aber auch in Pasteten oder Aufstrichen wieder, die Geschmackspalette reicht dabei vom Pflaumen- und Chilli,- bis hin zum Kürbiskerngeschmack. Sogar in Schokolade findet hochwertiges Fett und Grammeln bei Schokolade-Meister Zotter Verwendung.

Die Illusion, eine Welt von Vegetariern schaffen zu können entstammt der unrealistischen Vorstellung von Traumtänzern. Deshalb gibt es nur eine einzige Legitimation Tiere zum Zwecke des Verzehrs zu züchten und zu töten: Nämlich diese ein Leben lang unter besten, artgerechten Bedingungen zu halten und ihnen jede Art von Leid bis zum letzten Tag ihres Lebens zu ersparen.

Große Pioniere, wie zum Beispiel Karl Ludwig Schweisfurth aus Glonn, der den Musterbetrieb, die "Herrmannsdorfer Landwerkstätten", gründete oder Rudolf Bühler mit seinem Sonnenhof in Wolpertshausen und der Bäuerlichen Erzeugergemeinschaft Schwäbisch Hall, Sepp Holzer mit seinem Krameterhof im Lungau oder der Archehof von Karl Schardax in Vöcklamarkt (um nur einige zu nennen) zeigen vor, wie man mit Würde und Respekt vor der Schöpfung mit Tieren umgeht.
Und sie widerlegen damit die immer wieder kolportierte und längst widerlegte Geschichte, dass nach streng biologischen Richtlinien hergestelltes Schweinefleisch in der Produktion durch den wesentlich verlängerten Mastvorgang in der Freilandhaltung zu teuer käme und deshalb vom Konsumenten nicht angenommen und gekauft würde.

Karl Ludwig Schweisfurth hat zu diesem Thema genau wie Rudolf Bühler ein eindringliches und zu Herzen gehendes Manifest verfasst.

Ethische Überlegungen bei Schweinehaltung

Die Gründe, die für eine artgemäße und umweltverträgliche Tierhaltung sprechen, sind zahlreich. Sie reichen von der Einsicht in bislang zu wenig beachtete ökologische Zusammenhänge über wirtschaftliche Erwägungen bis hin zum Streben nach einer in sich stimmigen und angemessenen Einstellung dem Tier gegenüber. Abschließend sei auf die – zum Teil bereits angesprochene – ethische Dimension hingewiesen, die für sich allein bereits ausschlaggebend sein sollte, den derzeitigen Umgang mit landwirtschaftlichen Nutztieren zu überdenken.

Wenn es gilt, die heutige Intensivtierhaltung zu verteidigen, wird von interessierter Seite stets auf die Sonderstellung des Menschen in der Natur verwiesen, die es ihm gestatte, die Natur für seine Zwecke nach eigenem Gutdünken zu nutzen: "Erlaubt ist, was rentabel ist." Aber, so wäre zurückzufragen, worin besteht denn die Besonderheit des Menschen, die es berechtigt erscheinen lässt, ihm diese Sonderstellung im Reich der Natur einzuräumen? Doch wohl darin, dass er ein einsichtsfähiges, seiner selbst bewusstes und damit moralfähiges Wesen ist. Nur der Mensch ist in der Lage, in seinem Tun nicht nur die eigenen Interessen, sondern auch die der anderen zu berücksichtigen. Auf dieser Fähigkeit zu Moral und ethischer Abwägung beruht die einzigartige Stellung des Menschen in der Natur. Man sollte sich aber auf sie nur berufen, wenn man ihr auch gerecht wird. Und gerecht werden wir ihr erst dann, wenn wir auch unsere vielfältigen Interessen an der Nutzung von Tieren möglichst unvoreingenommen abwägen. (SINGER 1982, TEUTSCH 1987, SCHNEIDER 1992).

Man kann die Bemühung um artgemäße Nutztierhaltung auch als einen Kulturbeitrag verstehen. Denn die Kultur einer Gesellschaft zeigt sich nicht nur in der Anzahl von Museums- und Konzertbesuchen, sondern auch und gerade im Umgang mit der Natur, insbesondere der empfindlichen Natur: den Tieren. Hier ist der Bauer ebenso aufgerufen wie jeder von uns als Verbraucher. Denn nur wenn wir einen solchen "Kulturfortschritt" (RIST et al. 1989) wertschätzen und auch bereit sind, auftretende Mehrkosten durch höhere Preise mitzutragen, wird sich für die Tiere in den Ställen etwas ändern. In einer Wohlstandsgesellschaft wie der unsrigen ist das weniger eine Frage des Einkommens als vielmehr eine Frage der Einstellung.

Am Sonnhof bei Heinz Gerstner

Psychische Überlegungen bei Schweinehaltung

Die Einstellung zum Tier ist in unserer Gesellschaft eine in sich gespaltene. Auf der einen Seite erleben und dulden wir in der Intensiv- und Massentierhaltung, dass die elementaren Bedürfnisse der Nutztiere nach Licht, Luft, Bewegung und angemessenem Sozialkontakt rücksichtslos ignoriert werden und das Tier zum bloßen Sachwert und "Betriebsmittel" degradiert wird. Auf der anderen Seite leisten wir uns mit zum Teil großem finanziellen Aufwand Heim- und Hobbytiere, die für manchen zum Freund und Lebenspartner werden. Und nicht selten sind es die gleichen, die ihrem Hund einen "guten Happen" vom Sonntagsbraten zuwerfen, aber keinen Gedanken daran verschwenden, was mit ihrem Mittagessen passierte, als es selbst noch ein Tier war. (SINGER 1982). Die Anonymität der sog. "Tierproduktion" und unsere große Verdrängungsbereitschaft machen beides möglich.

Auch beim Bauern ist es selten böser Wille, der ihn gegenüber den Bedürfnissen der ihm anvertrauten Tiere abstumpfen lasst. Aufgrund des immensen Rationalisierungsdrucks, der auf den Tierhaltern lastet, nehmen die Zahl der Tiere und Einsatz von Technik zu. Beides verstellt den Blick auf das Tier als Individuum und empfindliches Subjekt und führt zu dem Verlust des Verbundenheitsgefühls mit dem Tier, das man in derer Umgebung spontan empfindet. So wird verständlich, dass es leichter fällt, sich von tausend Schweinen zu trennen als von dreien.

Gesundheitliche Überlegungen bei Schweinehaltung

Dass durch die Intensiv- und Massentierhaltung die Gesundheit der Tiere beeinträchtigt wird, dürfte allgemein bekannt sein. Dass aber auch der Mensch – sowohl als Konsument tierischer Produkte als auch als Betreuer der Tiere – einer Vielzahl von schädlichen Einflüssen ausgesetzt ist, wird oft verschwiegen. Aus den USA liegen genaue Zahlen vor: Etwa eine Million Menschen arbeiten dort in der intensiven Schweineproduktion. Nahezu 70% leiden aufgrund des "ätzenden" Stallklimas an Bronchitis, 12% an Asthma und 15% an periodisch auftretender Überempfindlichkeit der Lunge. In Europa sieht die Lage ähnlich aus: Aus den Niederlanden wird von Schweinehaltern berichtet, die aus den oben genannten Gründen bereits im Alter von 50 Jahren berufsunfähig sind (BOEHNCKE 1986).

Auf zweifache Weise wird auch der Konsument durch die Intensiv- und Massentierhaltung in seiner Gesundheit gefährdet: Er isst zu viel Fleisch, und er isst zu viel Fleisch minderer Qualität. Jeder österreichische Bürger nimmt pro Jahr laut Statistik 45-50 kg Fleisch zu sich. Vor allem durch diesen hohen Fleischverzehr liegt die Eiweißaufnahme momentan doppelt so hoch wie Ernährungsfachleute empfehlen (DGE 1984). Zahlreiche Zivilisationskrankheiten (v.a. des Herz- und Kreislaufsystems) stehen unter dringendem Verdacht, durch diesen übertriebenen Fleischkonsum mitverursacht zu sein (MÜHLEISEN 1988).

Diese Mengen möglichst billigen Fleisches können "kostengünstig" nur mit den Methoden industrieller Massentierhaltung "produziert" werden. Die unnatürliche Umgebung übersteigt jedoch die Anpassungsfähigkeit der Tiere. Dies zeigt sich nicht nur an der verminderten Nutzungsdauer der Tiere, den immer häufiger werdenden Fruchtbarkeits- und Verhaltensstörungen, sondern auch an dem hohen Medikamenteneinsatz in der Intensivhaltung. Tausende verschiedene, veterinärmedizinische Präparate finden heute im Bereich der Schweinehaltung Verwendung, um Krankheiten zu verhindern, bzw. zu behandeln.

Quelle: Artgemäße Schweinehaltung, Bernhard Hörning, SÖL/Stiftung Ökologie und Landbau, Bad Dürkheim

Familie Waringer beim Heimtransport ihrer Lieblinge im Waldviertel

Angstfleisch - oder Lebens - Mittel?

Es gibt wohl nur wenige Themen, über die so viel Unwahres, Halbwahres und Dummes geschrieben wurde, wie gerade über Fleisch und dessen Wert für die Gesundheit des Menschen. Ich halte dieses Kapitel deshalb von enormer Bedeutung, da es endlich auf Basis des allerletzten, seriösen Wissensstandes möglich ist, umfassende Aufklärung zu gewährleisten und mit dem Unsinn, der über Fleisch da und dort immer wieder kursiert, endlich aufzuräumen. Immer klarer tritt auch ans Tageslicht, dass im Fleisch und Fett von Tieren, die vor ihrem Tod leiden mussten, Stoffe enthalten sind, die die Qualität des Lebensmittels Fleisch massiv herabsetzen.

Die Stresshormone

Ebenso wie der Mensch produzieren auch alle Wirbeltiere bei großen körperlichen Anstrengungen, bei starken Schmerzen, bei Angst und bei Schädigungen des Körpers sogenannte Stress-Hormone. Besonders bei Todesangst - die bei Tieren in Unkenntnis der Schmerz-Ursachen und ihrer Dauer in Verbindung mit den äußeren Umständen immer eintritt - und in stärksten Maße während des Todeskampfes reichern sie sich in großen Mengen an. Infolge des eingetretenen Todes können sie aber nicht mehr abgebaut werden und gelangen beim Verzehr in den Kreislauf des Menschen.

Dabei handelt es sich vorwiegend um Adrenaline, Apomorphine und um Histamine, die so neben anderen, der Fütterung beigegebenen Pharmazeutika im Tier verbleiben wie Wachstums-Hormone, Hydrocortisone, Stilbene, Betablocker, Antibiotika, Östrogene, Chemo-Vitamine und viele Arten von Beruhigungsmitteln.
Darüber hinaus ist nicht bekannt, wie diese Adrenaline, Morphine und Histamine sich zu den noch vorhandenen genannten chemisch-pharmazeutischen Futterbeimengungen verhalten, welche Interaktionen sie mit diesen eingehen und welche metabolischen Abbauprodukte mit den das Wachstum der Tiere in unnatürlicher Weise beschleunigenden Pharmaka entstehen - unabhängig von den mikrobakteriellen und viralen Verseuchungen des tierischen Fleisches.

Solche Umstände einer gesundheitsbeeinträchtigenden Nahrung belegen die menschliche Verpflichtung zu einem bestmöglichen schonenden Umgang mit den Tieren, nicht nur aus tierschützerischen Gründen.

Wenn man schon glaubt, Tiere zu Ernährungszwecken schlachten zu müssen, muss die Tötung unerlässlicherweise absolut angst- und schmerzfrei erfolgen. Andernfalls findet sich im Fleisch der Tiere eine übernormale Konzentration der für den Menschen schädlichen und krankheitserregenden Stresshormone neben den jederzeit nachweisbaren ebenfalls gesundheitsschädigenden chemisch-pharmazeutischen Beimengungen im Mastfutter.

Quelle: Dr. med. Werner Hartinger D-79761 Waldshut-Tiengen

Die Verantwortung liegt bei uns

Wir essen zu viel Fleisch, maximal ein- bis zweimal in der Woche wäre wünschenswert.
Wir essen qualitativ minderwertiges Fleisch, nämlich Angstfleisch von widernatürlich gehaltenen und unnatürlich gefütterten Tieren.

Fleisch von Tieren, die mit gentechnisch verändertem Futter (vorwiegend genetisch manipuliertem Soja aus Brasilien) gefüttert werden, ist nicht bedenkenlos zu genießen, da die fremde DNA nicht - wie immer wieder von der Gentechniklobby und ihren Wissenschaftern behauptet - im Verdauungsvorgang abgebaut wird. (Nachzulesen im Buch: Gefahr Gentechnik, ConcordVerlag)

Wir haben Tieren gegenüber eine ethisch-moralische Verpflichtung dahingehend, dass wir kein Fleisch kaufen oder essen, dass von Tieren stammt, die während ihres Lebens Leid erfuhren oder nicht artgerecht gehalten wurden. Jedes Tier, das aus einer Massentierhaltung stammt, das nicht ins Freie konnte und dem das Sonnenlicht vorenthalten wurde, das seiner genetischen Bedürfnisse beraubt wurde, von weit her zum Schlachthof transportiert und dort geschlachtet wurde, gehört dazu!
Es gibt sie, die andere Möglichkeit, guten Gewissens Fleisch verzehren zu können, von Tieren, die gut gehalten und betreut ein Leben in Freiheit verbringen durften und achtsam, ohne Stress getötet wurden.

Jeder von uns hat die Möglichkeit sich zu entscheiden, ob er minderwertiges Industriefleisch kauft oder sein Fleisch beim Biobauern mit Hofschlachtung ersteht. Die am Ende des Buches veröffentlichte Liste von Biobauern, die Fleisch in Form von wertvollen Lebensmitteln erzeugen, gibt jedem die Möglichkeit, in Zukunft "Angstfleisch" und solches von artwidrig in Massentierställen gehaltenen Tieren zu vermeiden.

„Schweineglück" im Erdstall bei Jagawirt Werner Goach

Der „Fleisch-Virtuose“ von Preding - Marcel Kropf

Der Fleisch-Virtuose von Preding

Marcel Kropf

Der Marcel aus Preding, ein Bio-Bauer und Fleischermeister mit Leib und Seele, braucht den Vergleich mit der Kunst keinesfalls zu scheuen. Denn wahrlich virtuos beherrscht er das Bearbeiten, Kochen und Konservieren des kostbaren "Lebens-Mittels" Fleisch, wie nur wenige außer ihm.
Der tägliche Umgang mit unserer Nahrung, unseren Lebensmitteln, die Mittel zum Leben sein sollen und nicht nur bauchfüllende, lieblos behandelte Nahrung, stellt bei Marcel Kropf eine Zeremonie dar, deren oberste Gebote Achtung vor der Kreatur und die sorgfältige Behandlung des Lebensmittels Fleisch heißen.

Die Fleischhauer-Lehre absolvierte Marcel in Liechtenstein, wo er auch den weltberühmten Forscher und Meeresbiologen Hans Hass kennen lernte, für den er immer wieder bei festlichen Anlässen kochen durfte. Professor Hans Hass beschwor Marcel immer wieder, ihn auf seinen Reisen und Meeresexkursionen zu begleiten, das Argument Marcels dagegen war aber immer wieder: "Wenn ich einige Tausend Meter Wasser unter mir habe, ist mir das nicht geheuer, mir reicht es im Schwimmbad bereits". Schade darum, was hätten sich daraus nicht für wunderbare Chancen für den jungen Koch und Fleischermeister ergeben?

Wenn man Marcel gegenübersitzt und sich so an die ein bis zwei Stunden Zeit nimmt, seinen Ausführungen über Fleisch und dessen lieblose Behandlung in unseren Breiten zuzuhören, wird schnell klar, warum so vieles bei uns in Sachen Gesundheit und Ernährung falsch abläuft. Da wird gebraten, gekocht, gegrillt, geschmort und im Druckkochtopf totgekocht, was das Zeug hält. Ohne Rücksicht darauf, was wie viel und wie lange überhaupt Hitze verträgt ohne zu Sondermüll zu werden.
Der normale Haushalt in Mitteleuropa gerät immer mehr zu einem Ort, in dem Lebensmittel, die leben, von diesem Leben befreit werden. Was dabei herauskommt und als Mahlzeit serviert wird, verdient zumeist das Wort Essen nicht und schon gar nicht den Zusatz gesund. Aber eigentlich beginnt das Drama laut Marcel Kropf – und das klingt sehr plausibel – schon beim Einkauf. Denn der Virtuose in Sachen Fleisch ist nicht nur gelernter Fleischermeister und Gesundheitsberater sondern auch Küchenfleischhauer, Kneipp-Berater, Fastenbegleiter und der einzige, gleichzeitige vegetarische Ernährungslehrer, ein Titel, den er als Schüler des weltberühmten Ernährungspapstes Max Otto Bruker erwarb.

Zu den heutigen Ernährungsgewohnheiten und Tierhaltungsmethoden meint Marcel Kropf: "Wir reden momentan lediglich vom Fleisch, aufs Gemüse kommen wir später noch zu sprechen. Die modernen industriellen Schnellmastmethoden sind der Untergang von Fleischqualität und damit logischerweise auch jener des Kochens. Schweine leben in der Regel nur etwa 6 Monate (früher zwischen 1 und 2 Jahre), Rinder heute nur mehr zwischen 9 und 18 Monate und "Turbo-Hühner" gar nur 6 kurze Wochen. Was in Wahrheit bedeutet, dass wir nur junges, unreifes Fleisch konsumieren, was in Bezug auf die damit verbundene Aufnahme von Wachstumshormonen im Körper katastrophale Folgen für uns haben muss.

Früher gab es in Bezug auf fleischliche Kost das etliche Jahre alte Suppenhuhn, Ochsenfleisch von mindestens vierjährigen Tieren (bis 1946 gab es gar kein Stierfleisch) und solches von Milchkühen, die bis zu 8 Jahre und älter waren. Dabei handelte es sich um "ausgereiftes Fleisch", das genauso wie gesundes Obst eine gewisse Reifezeit ganz einfach benötigt.

Und dann, der nächste Fehler: Aus Haltbarkeitsgründen wird das Fleisch meist sofort aufgearbeitet, als Wurst verarbeitet oder eingefroren, mit katastrophalen Folgen für den Menschen". Nach Marcel Kropf benötigt Schweinefleisch nach der Schlachtung eine Rast von mindestens 3 Tagen, Kalb und Wild bis zu 8 Tage und Rindfleisch gar 3 Wochen zur Reife, die in Bezug auf die dabei stattfindende Milchsäuregärung von großer Bedeutung ist. Bei der Milchsäuregärung wird das Phosphat im Fleisch abgebaut, wird die Reife durch zu schnelle Verarbeitung des Fleisches verhindert, verbleibt das Phosphat im Fleisch.
Gut "abgehangenes" Fleisch wird, vorausgesetzt, dass die Tiere artgerecht gehalten, biologisch gefüttert und stressfrei geschlachtet wurden, zu einem wirklichen Lebensmittel mit einem unnachahmlich guten Geschmack, wie uns Hausherr Marcel Kropf in seinem neuen "Speckkeller" einem alten restaurierten Kreuzgewölbekeller kulinarisch vorführt. Mangalitza-Speck, trockengeselcht und 18 Monate alt, schmeckt köstlich, dazu Vollkornbrot und ein Glas Trapl-Schilcher, besser haben wir es kaum jemals genossen.

Fleisch, meint der Predinger "Fleisch-Rebell", ist was ganz Besonderes und als solches auch besonders sorgfältig zu behandeln. Dabei können beginnend von der Genetik beim Kreuzen der Tiere, bei der Tierhaltung, beim Füttern, Schlachten, Zerlegen und Konservieren des Fleisches eine Unmenge von Fehlern begangen werden, die Fleisch zu einem wertlosen, schwer verdaulichen Nahrungsmittel machen, das den Begriff "Lebens-Mittel" nicht mehr verdient.

Hinzu kommt, dass die im Fleisch enthaltenen Wachstumshormone zusammen mit dem Wachstumseiweiß den menschlichen Organismus immens belasten und dessen Hormonhaushalt teilweise dadurch verrückt spielt. Was nicht verwertbar ist, wird im Bindegewebe, in den Organen oder im Gehirn eingelagert, was den Körper im Laufe von Jahrzehnten zum (Gift-) Mülldepot der besonderen Art macht. Das dürfte auch die Ursache für das statistisch gesehen, durchschnittlich kurze Lebensalter der Fleischer sein. Fleischer verzehren oft drei bis fünfmal täglich Fleisch zu junger Tiere in Form von "unreifem Wachstumseiweiß", was in Verbindung mit Pökelsalz schwere gesundheitliche Nachteile mit sich bringt. Deshalb hält Marcel Kropf auch ausschließlich Hochlandrinder und achtet streng darauf, dass diese das Lebensalter von 2 Jahren auch

Marcel Kropf bekocht 500 Gäste und mehr ohne Probleme

wirklich erreichen. Tiere, egal ob Schweine, Rinder, Hühner oder andere gehören ins Freie und müssen sich im Stall frei bewegen können ist das Motto Marcel Kropfs.

Wichtig für die Fleischqualität ist natürlich auch die Fütterung der Tiere. Marcel Kropf füttert seine Tiere gentechnikfrei und ohne unnatürlichen Zusätze. Er lässt seine Wiesen, bevor er sie mäht und zu Heu verarbeitet, blühen und Samen bilden, was die Qualität des Heues wesentlich erhöht. Das frühe Mähen zur Silage bedeutet letztendlich nicht nur den Tod unzähliger Kleinlebewesen durch Entzug der Lebensbedingungen, sondern verhindert auch, dass die Substanzen von heilkräftigen, vitalstoffreichen Pflanzen und deren Inhaltsstoffen Einzug in die Nahrungskette finden. Dank der heutigen unnatürlichen Tierhaltung und Fütterungsmethoden müssen Schweine in ihrem kurzen, nur etwa ein halbes Jahr dauernden Leben zwischen 15 und 23 mal geimpft werden und das natürlich vorwiegend mit gentechnisch veränderten Impfstoffen.

Auf schonendes Grillen macht Marcel Kropf immer wieder aufmerksam

Das professionelle Beschäftigen mit Lebensmitteln und deren Zubereitung, wie es Marcel Kropf seit Jahrzehnten betreibt, beginnt nicht mit deren Einkauf sondern setzt auch ein großes Wissen um die richtige Produktion der Lebensmittel voraus.
Marcel ist das ganze Jahr über zu Gast bei Vorträgen, Seminaren, Fernsehauftritten und Schulungen, in denen er den Menschen wieder beibringt, wie man Lebensmittel zubereitet, ohne deren Inhaltsstoffe zu zerstören. Wenn man zusieht, wie Marcel Kropf das Essen zubereitet, wie er brät, gart, kocht und würzt, wird einem klar, dass man dies mehr als ein halbes Jahrhundert falsch gemacht hat.

Zum besseren Verständnis sei als Beispiel die RICHTIGE Zubereitung von gerösteter Leber "á la Marcel Kropf" demonstriert: Frischen Rücken- oder Schulterspeck vom Schwein feinwürfelig schneiden und darin Schalotten oder Zwiebel anschwitzen. Danach den Zwiebel aus der Pfanne nehmen, wieder etwas Fett hineingeben, dann die dünn geschnittene Leber rösten (etwa 2 Minuten genügen), danach den gerösteten Zwiebel wieder hinzufügen, würzen, abschmecken und fertig ist das köstliche Gericht. Allerdings nur dann, wenn Sie eine gusseiserne Pfanne und nicht eine beschichtete Teflon- oder eine Nirostapfanne benützen.

Und wie sieht es eigentlich mit dem immer wieder angesprochenen Verzehr von Innereien aus? "Innereien sollten eigentlich immer frisch, am Tage der Schlachtung verzehrt und niemals eingefroren werden. Zunge und Herz gehören nicht zu den Innereien, sondern sind schmackhaftes Muskelfleisch", so Marcel Kropf.

Das "Kochen" heute

Die heute vielfach praktizierten Arten des Bratens, Backens und Grillens verwandeln durch zu große Hitze und falsche Behandlung Fleisch und Fette in Sondermüll, wie zum Beispiel beim Frittieren mit 180 Grad oder dem Hendlgrillen am "Standl" bei rund 300 Grad Celsius. Deshalb muss ja auch Frittierfett als Sondermüll entsorgt werden, bis dahin aber muten wir es unserem Organismus zu!

Kein Eiweiß hält derartige Temperaturen aus, die Zellen platzen, das denaturierte Eiweiß tritt als weißer, schaumiger Belag an die Oberfläche. Wer das isst, braucht sich über sein Kranksein nicht zu wundern.Pflanzliches Eiweiß hält maximal 110 Grad und tierisches Eiweiß allerhöchstens 140 Grad aus, alles was darüber erhitzt wird, gilt als verdorben.

Mikrowellenkost zerstört nach Meinung von Marcel Kropf jedes Lebensmittel, es gibt unzählige wissenschaftliche Gutachten und Expertisen über deren Schädlichkeit. Was nach dem Erhitzen übrigbleibt, sind wertlose Faserstoffe, zerstörtes Eiweiß und Zellulose. Wer sich und seine Familie durch Mikrowellenessen ernährt, dem kann nicht geholfen werden.

Marcel Kropf ist auch entschiedener Gegner des Beizens, Einlegens und Würzens von Fleisch lange vor dem Zubereiten, da sich dadurch die Qualität des Fleisches vermindert und die ätherischen Öle von Gewürzen verloren gehen. Wer hochwertiges Fleisch verkocht und während, bzw. unmittelbar nach dem Kochen würzt, erhält die wertvollen Stoffe in den Gewürzen, die sonst zerstört werden.

Wenn Marcel, der Fleisch-Virtuose, erzählt, fällt es einem wie Schuppen von den Augen, was da alles in Sachen Ernährung falsch läuft. Nicht umsonst hängen die Zuhörer bei seinen Vorträgen begeistert an seinen Lippen und nehmen eine Fülle an Informationen und praktischer Erfahrung in Bezug auf eine gesündere Lebensweise mit nach Hause.

Marcel Kropf, Wurst- und Fleischspezialitäten
Gewürze, Kräuter und Küchenwerkzeuge
Fleischprofi, Kursleiter, Kneipp-Lehrer
Gesundheitsberater und Fastenbegleiter, Bio-Bauer

• Grillkurse • Lärchenstockgrillen • Kochkurse • Fleischverwertungskurse • Fleisch in der Vollwertküche • Lammfleischkurse • Rindfleischkurse
• Kurse in „Gesunden Gemeinden"
• eigenes Gewürzsortiment

A - 8504 Preding 42
Bezirk Deutschlandsberg in der Steiermark
Tel. 03185/83 21, Fax DW-6
email: hallo@kropfweb.at
www.kropfweb.at

Grillen: So oder so?

Rumänischer Bauer aus den Karpaten

Fett macht nicht fett!

Die heutige Lebenserwartung ist – entgegen der immer wieder verlautbarten Jubelprognosen und trotz stark gesunkenen Konsums an Fett nicht gestiegen, sondern eher als gesunken anzusehen!
Wir werden heute nämlich - provokant gesagt - nicht älter, wir können nur länger krank sein.
Noch nie war der Gesundheitszustand der Menschen in den "zivilisierten Ländern" so schlecht wie heute. Dem Tod gehen langdauernde Gesundheitsschäden voraus.

Aus der durchschnittlichen Lebenserwartung die Gesundheit des Einzelnen oder eines Volkes ablesen zu wollen, ist ein unseriöses und unwissenschaftliches Unterfangen. Man weiß heute aber auch, dass das Jahrzehnte lang verteufelte tierische Eiweiß und Fett - in vernünftigen Maßen genossen - genau so gesund ist, wie pflanzliches Eiweiß. Vorraussetzung ist, dass dieses Eiweiß von Tieren stammt, die artgerecht gehalten, gesund aufgezogen und gefüttert werden.

Die Diskriminierung von tierischem Fett und Eiweiß begann mit dem Beginn der Wohlsstandsgesellschaft und den damit einhergehenden Zivilisationskrankheiten. Anstatt darüber nachzuforschen, was denn die wirklichen Ursachen ernährungsbedingter Krankheiten sein könnten (mangelnde Bewegung, hastiges Essen, schlechtes Kauen, "Durcheinanderessen", Fast Food und zuviel Süßigkeiten) schien der Sündenbock – nämlich der angebliche Verzehr von Fett – schnell gefunden.

Was dabei übersehen wurde, ist die Tatsache, dass in früheren Zeiten bei der überwiegend bäuerlichen Bevölkerung sehr fett gegessen wurde. Gab es auch nicht immer als Hauptmahlzeit Fleisch, so war dieses aber so richtig fett und wurde noch dazu in einer ordentlichen Portion Schweineschmalz gebraten. Auch der Jausenspeck gehörte zur täglichen Brotzeit der ländlichen Bevölkerung. Trotz des "fetten Fleisch-Essens" von damals gab es so gut wie keine Herz-Kreislauferkrankungen, Leberleiden, Diabetes oder Gefäßerkrankungen. Warum?

Weil einerseits viel mehr manuell gearbeitet wurde und Fleisch und dessen Fett, von gesunden Tieren, die artgerecht gehalten und natürlich gefüttert wurden (das heißt, sich ihr Futter zum Großteil selbst im Freien suchen konnten), ein hochwertigstes Lebensmittel darstellte, das, in vernünftigen Maßen genossen, weder dick machte noch ein Problem in Richtung Diabetes darstellte.

Die wahren Gründe, warum man tierisches Fett verteufelt hat, sind multinationale Interessen. Große Agrokonzerne, die riesige Regenwaldbereiche abholzen ließen, um dort Plantagen für Margarine-Erzeugung zu errichten, drängten mit dem "Ersatzfett" auf den Markt. Die Bevölkerung wurde mit gehärteten Fetten, deren Schädlichkeit heute bereits wissenschaftlich belegt feststeht, geradezu überschwemmt.

Die Qualität des Fleisches und damit auch des Fettes wurde durch Massentierhaltung, lange Transportwege, ungesunde Fütterung, industrielle Verarbeitung und Preisdumping immer schlechter, womit das Fett auch "ungesund" wurde. Daran waren aber nicht die Schweine oder Rinder schuld, sondern wir Menschen.

Heute gehört Fett und Speck von Tieren aus Freilandhaltung, etwa von Mangalitza-Schweinen wieder zur hochpreisigen, gesunden Delikatesse, das

Johann Schinken von Rauch-Trautmannsdorf

SPECK DI SAURIS

Sauris

Vergleich der Rassen

(Daten der Österr. Schweineprüfanstalt, 1/2004-9/2007)

Rasse	N	TZ g	Futt Vw	Futt Vbr kg	Flan %	MFA %	Rsp d cm	Kafl cm2	Drip %	ph 1	IMF %
Pit (w)	3900	725	2,40	1,73	55,1	70,1	1,9	64	5,8	6,0	0,79
ES (m)	3900	880	2,60	2,28	47,2	55,8	2,5	49	4,3	6,2	1,29
LR (m)	1600	879	2,66	2,33	47,3	56,0	2,4	50	4,3	6,2	1,25
Du (w)	58	786	2,55	2,00	49,0	59,4	2,2	47	2,8	6,2	1,65
SH (m)	13	689	3,35	2,29	42,9	48,9	2,8	39	3,4	6,2	2,54

Pit...Pietrain, ES...Edelschwein, LR...Randrasse, Du...Duroc, SH...Schwäbisch-Hällische
TZ...Tageszunahmen, FuttVerbr...Futterverbrauch, Flan...Fleischanteil, MFA... Magerfleischanteil, Rspd...Rückenspeckdicke, Kafl...Karreefläche, Drip... Wasserverlust, IMF...Intramuskulärer Fettanteil

von Kennern und Feinschmeckern in aller Welt geschätzt wird. Dazu gibt es einen bezeichnenden Ausspruch von Rudolf Schenk: " Wenn ich mir einen guten Schweinsbraten bestelle, schneide ich nicht das Fett, sondern das Fleisch weg!"
Oder jenen, aus der Operette "Der Zigeunerbaron": "Mein idealer Lebenszweck ist Borstenvieh und Schweinespeck".
Anton Wildgans schrieb dazu: Brutzelnd, brätelnd und braun vom prasselnden Brande des Bratherds prangte die prächtige Schnitte, verbrämt mit der breitesten Borte schwellenden Rückenfetts von der helleren Farbe des Bernsteins. Riesig ragte die Rippe, umrillt von der weißen Manschette über den Rand des Ovals, indessen das knusprig gebratene Fleisch, das unter der Kruste die zarteste Faserung aufwies, herrlich vom Kümmel- und Knoblauchgesättigten Safte umspült war. Dieses die Schweinskotelette!

Neue Studie 2007 belegt: Zufriedene Schweine liefern besseres Fleisch

Schweine sind nicht schmutzig oder dumm, sondern reinlich, sensibel und sehr lernbegierig! Eine abwechslungsreiche und tiergerechte Haltung ist nicht nur im Interesse der Tiere, sondern auch im Interesse einer hohen Fleischqualität.

Dies ist das Ergebnis einer Studie des Forschungsinstituts für Biologie landwirtschaftlicher Nutztiere (FBN) in Dummerstorf. Die hieraus resultierenden Konsequenzen im Sinne einer artgerechten Tierhaltung und hohen Fleischqualität befriedigen Bioland- Bauern mit sauberen hellen Ställen und einer stressarmen Umgebung. In der Studie wurde die Fleischqualität von Tieren mit einerseits monotonen und andererseits abwechslungsreichen Lebensumständen miteinander verglichen. Das Ergebnis zeigte, dass die monotone Schweinehaltung in einem höheren Maße sogenanntes PSE-Fleisch produziere, das weich, blass und schwammig sei und beim Braten schnell hart werde. "Schweine liefern mehr hochwertiges, rötliches Fleisch, wenn sie über den Tag hinweg Beschäftigung und Bewegung erhalten", stellt FBNSprecher Dr. Karl Borowy fest.

Jede artgerecht vollzogene Haltung von Nutztieren sei somit besser als eine beengte, reizarme Haltung. Ist das Resultat dieser Studie.

Interessensgemeinschaft ernährungsbewusster Menschen

Ideen-Plattform für „Mittel zum Leben"

Im Verlauf der Almtalgespräche, die im Juni 2006 im Almtal das erste Mal stattfanden, entstand die Idee, eine Plattform für Menschen zu gründen, die sich wieder mehr als bisher mit einer verbesserten Qualität der Lebensmittel im Interesse ihrer Gesundheit befassen möchten. Bereits kurz nach der Gründung, die wenige Wochen danach erfolgte, wurde klar, dass damit die Basis für einen großen Kreis von Menschen geschaffen wurde, die mit der Erzeugung und Verarbeitung herkömmlicher Nahrungs- und Lebensmittel in industrieller Form nicht mehr zufrieden sind.

Die Interessensgemeinschaft ernährungsbewusster Menschen stellt eine unbürokratische und zwanglose Plattform dar, die sich einerseits der Belange einer immer minderwertigeren Lebensmittelqualität annimmt, deren Problematik aufzeigt und andererseits interessierten Konsumenten Möglichkeiten anbietet, wie sie sich in Zukunft durch den Einkauf natürlich hergestellter Lebensmittel gesünder ernähren können. Als Adressen dienen dazu in erster Linie Ab-Hof-Vermarkter, Biobauern, Bauernläden und Erzeuger von Gemüse, Obst und Fleisch, das nachhaltig, natürlich und ohne Zusätze von Chemie und künstlicher Düngung gentechnikfrei erzeugt wurde.

Information:
Ing. Gernot Kürzl, Dietenberg 53
8563 Ligist/Stmk., Tel. 0664/22 12 499

Das urgesunde "Ura-Landschwein"

Eine neue Schweinerasse (Schwäbisch-Hällisch mit Duroc) für eine neue hochwertige Fleischqualität

Im Zuge der Recherchen zu dem Buch "Schweineglück" entwickelte sich nach unzähligen Gesprächen mit Schweinehaltern, Verarbeitungsspezialisten und Konsumenten eine "neue Schweinemarke", bei der es keine Verlierer gibt:
Die Schweine werden ihren genetischen Bedürfnissen entsprechend artgerecht gehalten, natürlich gefüttert und liefern hochwertiges Fleisch für uns Menschen.

Ergebnis: Das urgesunde Ura-Landschwein, das wieder so schmeckt wie früher einmal!

Warum Schweinefleisch heute anders schmeckt, ist leicht zu beantworten: Man hat unsinnigerweise das Fett weg gezüchtet und den Trend zum Magerfleisch bis zum Exzess durchgeführt. Weitere Gründe für den Niedergang der Fleisch- und Fettqualität stellen die Massentierhaltung, die Problematik der Tiertransporte und der Stress der Tiere dar, in den sie im Zuge der Schlachtung in den Schlachthöfen geraten. So wurde aus dem seinerzeit gesunden Schweinefleisch das moderne, industriell erzeugte "Magerfleisch" mit all seinen Nachteilen für unsere Gesundheit.

Das Ura-Landschwein-Programm stellt die Symbiose zwischen verantwortungsvollen Züchtern, sorgfältig agierenden Verarbeitern und ernährungsbewussten Konsumenten dar. Dies im Sinne einer neuen verantwortungsbewussten Lebenseinstellung für den Umgang mit unseren Nutztieren und unserer Gesundheit, die das Wichtigste für unser Leben bedeutet.

Information:
Ing. Gernot Kürzl, Dietenberg 53
8563 Ligist/Stmk., Tel. 0664/22 12 499

Foto: Jürgen Radspieler, Kronen Zeitung

Beim Jagawirt Werner Goach

Die Rassen

Von der Wildsau zum Haustier und Domestik

Wussten Sie, dass sich Schweine bis zu 20 Minuten lang paaren können? Dass sie zudem sehr gut schwimmen können, zu den Langschläfern des Tierreichs gehören und äußerst intelligent sind? Ein Schwein ist weder "saudumm" noch eine "Drecksau". Alles Eigenschaften, die mit manchen Vorurteilen über das Schwein aufräumen.

Der Dumme dabei ist zumeist der Mensch, der sich die Arbeit der Futterbeschaffung aufbürdet, statt den Tieren selbst im Freien ihre Futterbeschaffung zum Großteil zu überlassen. Und dreckig, wirklich dreckig, werden Schweine nur bei Massentierhaltung auf Betonspaltböden ohne Streu. Im Freien die Suhle zu nutzen, bedeutet keinen Schmutz im herkömmlichen Sinn, sondern "ein Erd- oder Moorbad", das nach dem Trocknen wieder abgeschüttelt wird.

Wenn die Luft-Temperatur über 23 Grad Celsius steigt, müssen Schweine suhlen, um einen Hitzestau zu vermeiden. Denn Schweine haben keine Schweißdrüsen. Es gibt also keine andere Möglichkeit, den Wärmehaushalt zu regulieren. Der Schlamm und Morast schützen die Haut vor der Sonne und reinigen diese gleichzeitig. Nachdem der Schlamm angetrocknet ist, wird er wieder abgerieben. Dabei fallen lästige Parasiten von der empfindlichen Haut ab.

Welch gutes Gedächtnis Schweine besitzen, beweisen die Tiere jedes Jahr, wenn sie auf den gleichen Wanderwegen in andere Reviere ziehen. Auch bei der Wiedererkennung von Duftmarken kommt ihnen ihr Gedächtnis und ihr guter Geruchssinn zugute. Das Schwein ist ein "Riechtier" und kann geringste Mengen unterschiedlicher Düfte wahrnehmen, wie es im Falle der Trüffelsuche praktiziert wird.

Dass die Tiere weit über ihre Sättigungsgrenze hinaus essen können, ist eine weitere Gemeinsamkeit mit dem Menschen.

Schon im Alter von etwa sieben Monaten sind Schweine geschlechtsreif und genießen – wenn ihnen dies zugestanden wird – ihr Liebesleben. Sie schlafen bis zu 13 Stunden am Tag. Noch eine Besonderheit der Schweine: die körpereigene Vitamin C-Produktion: Artgerecht gehaltene Schweine stellen bis zu 15 Gramm Ascorbinsäure pro Tag selbst her. Das unterstützt die körpereigene Immunabwehr. Die Folge: Diese Schweine sind weniger anfällig für Krankheiten.

Kein anderes Tier ist so widersprüchlich in der Kulturgeschichte behandelt worden wie das Schwein: einerseits als Sinnbild für Schmutz und Beschimpfung, andererseits als Symbol für Glück und Wohlstand - man denke nur an das Sparschwein oder an die Redensart "Schwein gehabt" zu haben. Diese geht auf bäuerliche Wettbewerbe im Mittelalter zurück. Dabei bekam der Verlierer als Trostpreis ein Schwein. Obwohl er damit lächerlich gemacht werden sollte, stellte das Schwein einen materiellen Wert dar. Daher bedeutet "Schwein gehabt" so viel wie "Glück im Unglück".

Rotes Wollschweinferkel

New Guinea Native in traditional setting

Balinese

Domesticated Sulawesi Warty pig

I, typical Vietnamese pot-bellied pig

Ba Xuyn (Vietnam)

Co, a miniature from Vietnam

Mong Cai (Vietnam)

The influential Siamese of the 19th century, from Shiels'painting for David Low (1845)

Thai hill village

Burmese

Das Schwein in der Evolutionsgeschichte der Erde

Die Geschichte der Schweinezucht begann vor etwa 10.500 Jahren. Das Hausschwein gilt neben dem Haushund als frühestes Haustier des Menschen. Lange Zeit gingen Forscher davon aus, dass die Domestizierung des Wildschweins etwa 8500 v. Chr unabhängig voneinander nur in zwei Kulturräumen erfolgte: in China und im Vorderen Orient, vermutlich in der Region des fruchtbaren Halbmonds. Von dort seien Schweine im Zusammenhang mit Migrationsbewegungen (Einwanderungsbewegung) dann in andere Regionen gebracht worden, unter anderem nach Europa.

Neue Forschungsergebnisse von Wissenschaftlern der Universität Oxford aus dem Jahr 2005 scheinen diese Theorie zu widerlegen. DNA-Analysen bei 686 Wild- und Hausschweinen aus verschiedenen Kontinenten ergaben, dass die Domestizierung in mehreren Regionen der Welt unabhängig voneinander erfolgt sein muss.

So wurden abweichende DNA der Schweine in Zentraleuropa, Italien, Nordindien, Südostasien und auf südostasiatischen Inseln wie den Philippinen gefunden. Ein Zentrum früher Domestizierung könnte auf dem Gebiet des heutigen Deutschland gelegen haben. Bislang war man von nur einer asiatischen und zwei europäischen „Sus scrofa-Arten" ausgegangen, nun geht man von mindestens sieben aus

Verbreitung

In China wird das Hausschwein seitdem ununterbrochen gehalten und Schweinefleisch ist dort die meistgegessene Fleischsorte. Zirka 50 Prozent der Hausschweine weltweit werden heute in China gehalten (etwa 600 Millionen). Dänemark ist jedoch das einzige Land, das laut Statistik mehr Hausschweine besitzt als Einwohner. In Europa insgesamt gibt es rund 190 Millionen Schweine, in den USA und Kanada zusammen etwa 70 Millionen. Die Haltebedingungen sind in allen Ländern gleich katastrophal.

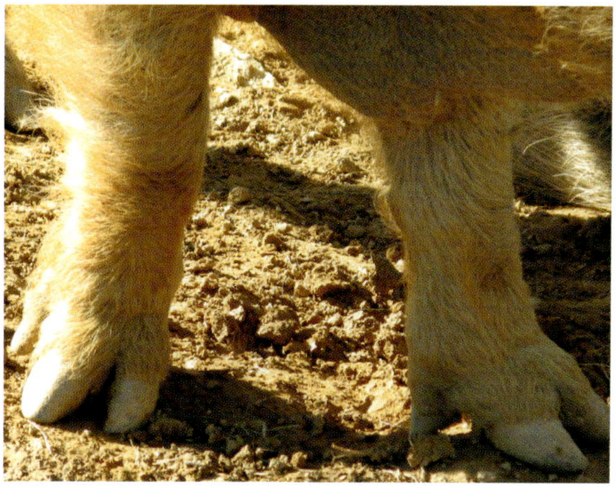

Von Südchina aus verbreitete sich die Schweinezucht innerhalb von weniger als 2000 Jahren nach ihrem Beginn in ganz Südostasien bis nach Polynesien, nicht jedoch bis nach Australien. Im vorderen Orient erfolgte die Domestizierung des Schweins gleichzeitig mit oder kurz nach der von Schaf und Ziege und rund 2000 Jahre vor der des Rinds. Zur damaligen Zeit war die Region noch waldreich und bot den Schweinen mit Eichen- und Buchenwäldern einen geeigneten Lebensraum und Nahrung.

Zu den ältesten Fundorten von Knochen halbdomestizierter Schweine gehören die neolithischen Siedlungen von Jericho (Palästina), Jarmo (Irak), Catal Huyuk und Hallan Cemi (Türkei) sowie Argissa-Margula (Griechenland). Darstellungen von Schweinen als Kleinplastiken und auf Rollsiegeln und Amuletten sind aus dem 5. Jahrtausend aus dem Iran und dem 4. Jahrtausend aus Mesopotamien erhalten.

In altägyptischen Wirtschaftstexten werden Schweine häufig erwähnt, bildliche Darstellungen sind jedoch sehr selten. In mehreren anderen Siedlungen im Vorderen Orient fand man große Mengen von Schweineknochen aus der Zeit bis 2000 v. Chr. an Orten, die rituelle Schlachtungen vermuten lassen.

Haiti Creole, typical of the long-legged black Celtic criollos of Spanish America

Sino-Gascony x Guadeloupe Creole crossbreds for the repopulation of Haiti

Mexican local of the Pelon (Iberian) type

Bolivian village pigs, the result of cross-breeding between local black criollo and European imports

Yucatan miniature

Guadeloupe Creole

Brazilian villane pigs

Costa Rican local

Besonders beliebt wurde Schweinefleisch bei den Griechen und Römern. In Regionen ihrer ursprünglichen Domestikation ging die Schweinezucht dagegen stark zurück. Vermutete Ursache dafür ist die weitgehende Abholzung der Wälder im Vorderen Orient im Zuge der Ausweitung des Ackerbaus. Die Hebräer begannen ein halbnomadisches Leben zu führen. Unter solchen Bedingungen wurde die Schweinehaltung zusehends schwieriger, da Schweine mäßige Temperaturen, Schatten und feuchten Boden benötigen und sich auch nicht mehr vorwiegend in den Wäldern ernähren konnten, was sie als Allesfresser zum Nahrungskonkurrenten des Menschen machte.

Anders als in Eurasien wurde das Wildschwein in Afrika nicht domestiziert, die dort lebenden Unterarten waren dazu nicht geeignet, ebenso wie in Amerika die dort vorkommenden, nicht näher verwandten Nabelschweine. In Australien gab es durch die frühzeitige Isolation des Kontinents überhaupt keine Schweine. Erst durch die europäischen Kolonisatoren (Kolonialherren) wurden Hausschweine auf diesen Kontinenten angesiedelt, erreichten aber bis heute nicht annähernd die Bedeutung, die sie für die europäische und asiatische Ernährung haben.

Christoph Kolumbus brachte auf seiner zweiten Reise im Jahr 1493 die ersten Schweine mit in die Neue Welt; er setzte acht Exemplare auf der Karibikinsel Hispaniola aus. Auf den amerikanischen Kontinent gelangten domestizierte Schweine erst später als Folge einer Expedition von Hernando de Soto (1539-42). Nach 1600 wurden weitere Tiere aus Großbritannien eingeführt.
Die gezielte Züchtung von verschiedenen Schweinerassen begann den Quellen zufolge erst im 18. Jahrhundert.

Schweinehaltung

Seit der Frühzeit ihrer Domestizierung wurden Schweine entweder in frei laufenden Herden in der Nähe von Wäldern gehalten oder auf eingezäunten Weideflächen innerhalb einer Siedlung. In beiden Fällen waren die Tiere keine Nahrungskonkurrenten für die Menschen. In Westeuropa fraßen die zahmen Schweine bei der Eichelmast in erste Linie Eicheln, Kastanien, Bucheckern, Haselnüsse und Wildfrüchte wie Beeren, Äpfel und Birnen. Im Erdreich gruben sie nach Pilzen, Wurzeln, Würmern und Maden, erbeuteten dabei immer wieder Mäuse, Frösche, Schnecken und junge Vögel aber auch Aas verschmähten sie nicht.

Die Herdenhaltung in Wäldern ist seit der Antike für Europa belegt. Im frühen Mittelalter waren die Zahlungen für die Verleihung entsprechender Nutzungsrechte an Hutewäldern eine bedeutendere Einkommensquelle für die Grundherren als der Verkauf von Holz. Die Bauern schützten in dieser Zeit ihre Felder durch Zäune vor den Schweinen, die ansonsten über ihre Ernten herfielen. Im Laufe der Zeit wurde der Herbst zur Hauptphase der Schweinemast, weil dann Nüsse, Eicheln und andere Baumfrüchte ein reiches Angebot versprachen.
Vielerorts wurde es üblich, mit der Mast am Festtag des Heiligen Michael, dem 29. September zu beginnen und die Schweine dann Anfang Dezember zu schlachten.

Im 18. Jahrhundert wurden Hausschweine in Deutschland auf dem Land tagsüber noch auf die Weide getrieben und nur über Nacht im Stall gehalten. Im Herbst wurden sie nach der Getreideernte auf die Stoppelfelder gelassen, wo sie nicht nur Getreide fraßen, sondern auch im Boden nach Kleintieren wühlen durften. Im Winter blieben die Schweine generell im Stall und wurden mit gekochten Kartoffeln, Rüben und den im Hause anfallenden Essensabfällen gefüttert.

Im 19. Jahrhundert führte man in Mitteleuropa nach und nach die reine Stallhaltung ein, allerdings war es damals noch üblich, Mutterschweine und deren Jungen täglich mehrere Stunden frei laufen zu lassen, damit sie genügend Bewegung hatten. Zuchtsauen wurden vor allem mit gekochten Kartoffeln oder Rüben gefüttert, wobei oft Kleie, gekochte Erbsen, Trester, saure Milch oder Molke zugesetzt wurde. Im Sommer wurden Klee, Luzerne oder Unkraut verfüttert, im Herbst auch Eicheln und Bucheckern..

Zucht

Gezielt gezüchtet wurden Schweine erst in der Neuzeit, vor allem in England seit dem 18. Jahrhundert, als das Prinzip der Selbstversorgung mit Lebensmitteln in den Städten aufgegeben wurde. Bis zu

Macau or Tatu'
Pirapetinga
Canastrinho
Caruncho
Nilo
Canastrao
Pereira
Piau
Moura
Canastra

diesem Zeitpunkt unterschieden sich Hausschweine optisch nicht stark von den Wildschweinen.

Englische Schweinezüchter importierten Tiere aus Ostasien und aus Neapel, die ursprünglich aus Südostasien kamen und kreuzten sie mit ihren heimischen Hausschweinen. Gewünscht waren schnell wachsende Schweine mit möglichst hohem Speckanteil. Als Ergebnis der Versuche entstand um 1770 das erste moderne Zuchtschwein mit dem Rassenamen Leicester. Um 1800 kamen die Rassen Small White und Essex hinzu. Der Nachteil der Neuzüchtungen war die geringere Fruchtbarkeit, teilweise sogar Sterilität der Säue. Außerdem waren sie anfälliger für Infektionskrankheiten.

Mitte des 19. Jahrhunderts kamen in England die Rassen Large White und Middle White auf den Markt, die ab 1860 zu Zuchtzwecken auch nach Deutschland importiert wurden. Das Ziel war ein ausgesprochenes "Fettschwein", das gut für die Mast bei reiner Stallhaltung geeignet war. Diese Form der Haltung erwies sich als effektiver, um die steigende Nachfrage in den Städten nach Schweinefleisch und Speck zu befriedigen.

1874 wurden die Schweinerassen in Deutschland in folgende Gruppen eingeteilt:

Marschschweine	Deutsche Landschweine
Gekreuzte Hausschweine	Englische Rassen

Nach 1900 setzte verstärkt die Veredelung der deutschen Landschweine durch Kreuzungen mit englischen Rassen ein. Am beliebtesten war Large White, auch Yorkshire genannt. Es entstanden sogenannte "weiße Schweine", mit heller rosiger Haut, die in Edelschweine und Veredelte Landschweine unterteilt wurden. Ungekreuzt spielten Berkshireschweine und Cornwallschweine bis 1960 eine gewisse Rolle in Deutschland. Bei einer Erhebung im Jahr 1936 dominierten die veredelten Landschweine mit 71,6%; deutlich geringer war der Anteil der deutschen Edelschweine (19,5%) und der Schwäbisch-Hällischen Schweine (4,8%).

Ende der 1950er Jahre änderte sich der Geschmack der deutschen Verbraucher, die nun zarteres Fleisch und weniger Fett wünschten. Daraufhin wurden längere und fettärmere Schweine gezüchtet, die ein zusätzliches Rippenpaar (Koteletts) aufweisen und stark ausgeprägte Schinken haben.

Heute gibt es weltweit über 730 verschiedene Rassen, 2/3 davon in China und Europa; rund 270 gelten als vom Aussterben bedroht. Nur 58 Rassen werden in mehr als einem Land gehalten, 33 sind weltweit verbreitet. Die international mit Abstand bedeutendsten sind Large White (117 Länder), Duroc (93 Länder), Landschwein (91), Hampshire (54) und Pietrain (35).

Turopolje am Sonnhof bei Heinz Gerstner

Old Jutland, basis of Danish Landrace
Danish Landrace
Foundation stock 1890s
Early type of German Landrace or land pig
Dan-Hybrid
Improved German Landrace
German Landrace"B"
Finnish Landrace

Adams Materialienkunde 1927

Diese Ausführungen über das Hausschwein sind dem Buch "Adams Materialienkunde" entnommen, erschienen im Österreichischen Bundesverlag Wien und Leipzig im Jahr 1927. Sie zeigen den krassen Unterschied auf, der sich innerhalb von 70 Jahren in Bezug auf die damalige Schweinehaltung ergeben hat.

Das Hausschwein stammt vom wilden Schweine ab und wird in verschiedenen Rassen gezüchtet, die in Bezug auf Farbe, Größe der Ohren und Höhe der Beine erhebliche Unterschiede zeigen. Die wichtigsten Rassen sind: das großohrige, das kurzohrige, das kraushaarige Bakonyer Schwein, das romanische Schwein und die englischen Rassen. Für Österreich sind insbesondere die ungarischen Fettschweine (die grauen Bakonyer und die schwarzen Syrmier), die englischen weißen Yorkshire- und schwarzen Berkshire-Schweine, die durch Kreuzung mit englischen Rassen veredelten polnischen Schweine, die deutschen und niederösterreichischen sowie die böhmischen und Kärntner Schweine von Bedeutung.

Das männliche Schwein heißt Eber, das weibliche Sau, das Junge Ferkel. Gemästet wird das Schwein mit gekochten Kartoffeln und Mais. Das Schweinefleisch hat eine wechselnde Farbe und Festigkeit; bei jungen gemästeten Tieren ist es hellrot, feinfaserig und das Fett stets weicher als beim Rindfleisch. Das Fleisch des Schweines bildet besonders für die ländliche Bevölkerung ein Hauptnahrungsmittel, weil es sich geräuchert lange aufbewahren lässt, weil Schweine leicht aufzuziehen sind und unter allen Schlachttieren den geringsten Schlachtabfall liefern. Es ist schwerer verdaulich als Rindfleisch, fettreicher als andere Fleischgattungen und enthält bei guter Mästung bis zu 40% Fett.

Fig 16. Benennung und Lage der Fleischteile beim Schwein.

1. Kopf.
1 a. Ohren, dazwischen Gehirn.
1 b. Rüssel und Schnauze.
2. Kamm (bis zum punktierten Strich, darüber fetter Speck oder Rückenfett).
3. Rippenstück, Karree oder Kotelette.
4. Hinteres Rippenstück mit der Lende (Jungfernbraten, Schweinslungenbraten).
5. Vorderkeule mit der Brust (geräuchert Kaiserfleisch) und dem Halse (Schopfbraten).
6. Bauch- oder magerer Speck.
7. Schinken oder Keule.
8. Dickbein (Eisbein oder Schweinsstelzen).
9. Spitzbein oder Füße.

Die Schweine Ungarns

Ungarische Mangalicza-Schweine. 2 Jahre alt, nicht ganz gemästet, blond; Gewicht 370 Kilo pro Paar.

Szalontaer Berkshire Halbblut-Mutterschweine. $1^1/_2$ Jahr alt.

Schwarze und schwalbenbäuchige ungarische Mangalicza-Schweine. 1 Jahr alt, mager.

Mezöhegyeser Mangalicza-Schweine. 1 Jahr 2 Monate alt, blond, mager.

Ungarische Bakonyer-Schweine. $2^1/_2$ Jahre alt, gemästet, blond.

Lagerstätte (Szállás) mit Sulkowskyschen Mangalicza-Schweinen.

Serbische Schweine. 2 Jahre alt, gemästet, blond; Gewicht 270 Kilo pro Paar.

Szalontaer Schweine aus der Kisbérer Zucht. 2 Jahre alt, mager.

Das ungarische Mangalitza-Schwein

Mangalitz[illegible]inz Gerstner

Das ungarische Mangalitza-Schwein

Die ungarische Landwirtschaft zählte bis zur Mitte des vorigen Jahrhunderts zu den besten der Welt, ihre Erzeugnisse waren auf ausländischen Märkten dank der ausgezeichneten Qualität stets beliebt und bevorzugt.

Das Schwein hat im Leben des Karpatenbeckens eine bedeutende Rolle gespielt. Die Ungarn konnten in schwierigen Zeiten nur dank Schweinefleisch überleben. Die Sau war bei unseren Vorfahren Symbol der Fruchtbarkeit . Mit der Zucht wurde anfangs auf kirchlichen Gütern begonnen, damals wurden auch die Grundlagen der Eichelmast gelegt. Laut Arpad Csiszar stammen die ersten Dokumente über Schweinezucht im ungarischen Bereg aus dem Jahr 1261.

Über die genaue Kenntnis von Schweinerassen verfügen wir seit dem Ende des 12. Jahrhunderts: Der römische Schriftsteller Columella erwähnt in seinen Aufzeichnungen die so genannten "Szalonta"- und "Bakony"-Schweine. Diese beiden Rassen waren bis ins 19. Jahrhundert in Ungarn weit verbreitet. Im 16. und 17. Jahrhundert wurde das Schwein dank türkischer Herrschaft zum Haustier Nummer eins in Ungarn.

Rote Mangalitza bei Karl Schardax

Schwalbenbäuchiges Mangalitza bei Jagawirt Werner Goach

Die Türken hatten den Ungarn, die sich vor ihnen oft jahrelang in Schilfgebieten oder kleinen Inseln oder in Wäldern versteckt hielten, ihr ganzes Hab' und Gut genommen. Das Schwein war das einzige Tier, das sie unter solchen Umständen züchten konnten, da die Eroberer aus Glaubensgründen kein Schweinefleisch verzehrten. Obwohl der Schweinehirt nicht der hohen Gesellschaftsklasse der Tierzüchter angehörte – wie z.B. die Pferde- und Schafhirten – darf man ihre damalige Bedeutung nicht unterschätzen. Im Nordosten des Landes hatte es schon im 16. Jahrhundert über 15 "Großhirten" gegeben und ihr Rechnungsleger trug sogar den Titel "Schweinekönig".

Bis in die zwanziger Jahre des Zwanzigsten Jahrhunderts wurden in Ungarn fast ausschließlich Mangalitzas gezüchtet und ihre Zucht hat sogar die Teilung Ungarns überstanden. Danach aber kam eine Benachteiligung der Mangalitzas durch die Verbreitung von Speiseöl und der Zucht und Einfuhr

der neuen "weißen Schweinerassen", die für die Fleischproduktion bevorzugt wurden. Die unberechtigte Hysterie über das "angeblich schlechte Fett" wurde in Ungarn genau wie bei uns von der Industrie ungerechtfertigterweise aber mit Erfolg in der Bevölkerung geschürt.

Bis ins 20. Jahrhundert war das Weiden der Schweine die allgemeine Art und Weise, die Schweine zu verköstigen. Niemand wäre auf die verrückte Idee gekommen, die Futterarbeit für die Schweine zu besorgen. Die Weiden lieferten genügend Futter, die Herden fraßen alles, was erreichbar war, Wurzeln, Sträucher, Unkraut, Schnecken, Frösche, Vögel samt ihren Nestern, und auch Wasserpflanzen und Krebse, die sie geschickt aus Tümpeln und Nebenarmen holten. Sobald es kalt wurde, gruben die Schweine große Vertiefungen in die Erde, die sie mit Pflanzen auspolsterten.

Die Schweinehirten wurden von den Bauerngemeinschaften bezahlt, den Lohn der Hirten hatte man anhand der Zahl der Schweine festgesetzt, er bestand aus natürlichen Gaben und Geld. Außer der täglichen Nahrung – Speck, Brot und eine warme Suppe bekamen die Hirten auch Kleidung, z.B Lederiemenschuhe oder Stiefel und notfalls sorgte man auch für deren Unterkunft. Die meisten nächtigten bis zum Wintereinbruch unter freiem Himmelszelt inmitten ihrer Herde.

Ihre Kleidung bestand aus Hemd und Hose aus Leinwand genäht, die Hosen in der Taille rockartig gefaltet, mit breiten Hosenbeinen. Dazu weiße Hemden, Hosen und Riemenschuhe, die am Ende des 19. Jahrhunderts durch Stiefel ersetzt wurden. Im Winter trugen sie wie alle anderen Hirten Schafpelze, "suba" genannt. Die reicheren, von Adeligen angestellten Hirten ließen sich auch die typischen Bauernmäntel namens "szür" nähen. Die "szuba" ist ein langes Kleidungsstück östlichen Ursprungs, ähnlich einem Mantel, das jeder ungarische Bauer besitzt. Im Winter schützte dieser Mantel – mit dem Fell innen getragen – vor Kälte, im Sommer mit dem Fell nach außen, hielt er angenehm kühl.

Die Hirten der Tiefebene schliefen draußen im Freien, das Zelt ersetzte ihre "szuba". Die alten un-

Mangalitza bei Jagawirt Werner Goach

garischen Traditionen im Bereich Kleidung und Gebrauchsgegenstände haben die Schweinehirten in Ungarn am längsten bewahrt. Der mit Schnitzereien verzierte Hirtenstock, genannt "Fokosch", war ein wichtiges Arbeits- und Selbstverteidigungsmittel. Der Schweinehirt hatte außer dem Fokosch noch einen Kerbstock , auf dem mit Runenzahlen die Daten der Herde standen. Auf diesem Stab hielt der Hirte auch die Zahl der gestorbenen Tiere fest.

Die reich verzierte Peitsche, die die Hirten auf ihren Schultern trugen, diente zum Treiben der Herde. Die Nahrung und weitere Gebrauchsgegenstände, wie der Salzbehälter aus Horn wurden im Ranzen getragen. Beim Treiben wurde das Horn gebraucht, das die Hirten mit Schnitzereien verzierten. Der Schweinehirt hielt sein Taschenmesser in einem Lederetui, das gute Taschenmesser war der Stolz der Hirten und die besten Messerhersteller wurden von Hirten aus fernen Gegenden aufgesucht, um sich die besten Messer zu besorgen.

Die Schweinehirten waren auch als gute Schnitzer bekannt, ihre schönsten Werke tauschten sie gegen Ferkel ein. Aber auch Hellseher, die viele Rituale durchführten, gab es unter den Hirten. So zum Beispiel musste die Bäuerin beim Kauf eines Ferkels mit ihrer Hand neunmal über ihre Schürze streichen, sich vor dem Stall auf die Erde legen, damit die Ferkel über die Schürze in den Stall laufen.
Die Schweinehirten waren mehr als die Hüter der Herde, sie waren für die Zucht, die Selektion und den Gesundheitszustand zuständig. Als "Tierarzt" ihrer Herde mussten sie erkrankte Tiere heilen, was sie mittels Heilpflanzen mit großem Erfolg vollzogen. Bei Fieber hatten sie mit einer Ahle das Ohr des Schweins durchbohrt und die getrocknete Wurzel der Helmblume darin eingefädelt. Bei Schweinerotlauf wurde bis in die achtziger Jahre des 20. Jahrhunderts noch der Stängel der Christrose ins Ohr eingefädelt. Die Hirten waren eine fröhliche Zunft: Während sie die Schweine hüteten, spielten Sie zur Unterhaltung mit Flöte und der Dudel. Es wurde auch gerne gefeiert, trafen sich in der Puszta Schäfer und Hirten, wurde gegessen, getanzt und getrunken.

Das Schlachten der Schweine war ein bedeutendes gesellschaftliches Ereignis, fast ein Ritual und endete mit einem langanhaltenden Schmaus, anwesend waren nicht nur der Schlächter und die Familienmitglieder des Besitzers sondern auch Nachbarn und Verwandte. Geschlachtet wurde traditionell am Winteranfang, in den ersten Dezembertagen, stets einige Zeit vor Weihnachten. Unerlässlich war beim Schlachten der Schnaps – Halteschnaps genannt – und der Glühwein. Schnaps wurde vor dem Schlachten, der Glühwein danach getrunken. Das geschlachtete Tier wurde mit Stroh gesengt und mit Wasser gewaschen.

Jedes Teil der Schweine wurden verarbeitet, Abfall oder minderwertige Teile gab es nicht. Das Blut und ein Teil der Innereien sowie das Hirn wurde mit Eiern zubereitet und serviert. Ein Großteil des Fleisches wurde in Salz aufbewahrt, der Schinken, die Rippen und Keulen wurden mariniert und geräuchert. Aus dem übrig bleibenden Fleisch wurden Würste gemacht, die man in die gereinigten Därme füllte. Aus dem weicheren Speck und den Fettstücken wurde Schmalz zubereitet. Im Schmalz konnten gebratene Fleischstücke monatelang aufgehoben werden. Aus den restlichen Knochen und dem Restfett wurden Seifen hergestellt. Aus den längeren Haaren des Magalitzas – die man vor dem Sengen mit einem Messer abrasierte - Fertigte man Bürsten und Pinsel an.

Der eine Schinken wurde meist zu Ostern verzehrt, der andere im August gekocht und mit frischem Gemüse gegessen. Aus der "Schinkenbrühe" wurde Suppe gekocht. Die geräucherten Fleischstücke kamen im Laufe des Jahres auf den Tisch und waren ein begehrte Spezialität bei allen Familienmitgliedern.

Vergleicht man diese historische Überlieferung einer ethisch- moralischen Behandlung der Schweine

Mangalitzas am Sonnhof bei Heinz Gerstner

und den gesamten respektvollen Umgang mit dem "Lebensmittel" Schweinefleisch mit der heutigen Art damit umzugehen, erkennt man, wie weit wir uns von natürlichen Zucht- Haltungs- Weide- und Verarbeitungsmethoden entfernt haben. Das Schwein und dessen Produkte unterlagen einem würdevollen Umgang aller damit Befassten, im Bewusstsein, dass diese wertvolle, lebenserhaltende Nahrungsmittel darstellen.

Jeder Teil der Tiere hatte nach dem Schlachten seinen Wert und seine Funktion, eine Auslese, wie sie heute in unserer Wegwerfgesellschaft, die auch vor einer Entsorgung von Fleischteilen nicht halt macht, gab es damals genau so wenig, wie Schweinefleisch zu Dumpingpreisen oder ein Bauernsterben der Jetztzeit.

Quelle: "Das Mangalitza-Schwein", Peter Toth, Präsident der ungarischen Wollschweinzüchter & Mihaly Kutvölgyi,
Timp Verlag, Budapest

Turopolje-Schweine im Nationalpark Lonjsko Polje - Kroatien

Wo die Turopolje nach Muscheln tauchen

In Lonjsko Polje, südlich von Zagreb, im ehemaligen Grenzland zwischen Österreichischer Monarchie und Osmanischem Reich, hat die alte Form der Landwirtschaft bis heute überlebt. Unter erschwerten Bedingungen. Die Save fließt hier noch ungebändigt und formt weite Teile der Landschaft. Siedeln konnten die Bauern nur an wenigen Stellen, die Viehweiden ringsum verwandeln sich bei Hochwasser in riesige Seen.

Wo nicht gerodet wurde, wachsen Auwälder. Vor allem gedeiht hier eine besondere Form der Stieleiche, die "slawonische Späteiche". Sie treibt erst aus, wenn die Schneeschmelze in den Bergen abgeschlossen ist. Und offenbar nur hier, durch Selektion und Anpassung, hat sich eine Rasse, wie das Turopoljer Schwein entwickeln können. Anfang der 90er Jahre lebten hier noch etwa 300 Turopoljer Schweine, dann brach der Bürgerkrieg aus. Die Front zwischen Krajina-Serben und Kroaten verlief exakt durch Lonjsko Polje. Wer Beine hatte, machte sich davon. In den Dörfern blieben nur die Alten zurück und eine letzte Herde, die mühsam durchgefüttert werden musste. Auf dem Höhepunkt des Krieges begann eine wohl einmalige "Schweine-Rettungsaktion": Fernab in der Schweiz wurde ein Projekt namens SAVE (Safeguard for Agricultural Varieties in Europe) ins Leben gerufen. Drei Turopoljer Jungeber und drei Jungsauen wurden markiert, getauft und 1994 in den Zoo von Zagreb geschafft.

Dann ging es auf große Fahrt: Zuerst sollten die heimatlosen Schweine in die Schweiz, diese hatte aber zu strenge Vorschriften. So kamen vier davon nach Wien in den Tiergarten Schönbrunn. Aber auch dort passten die Bedingungen nicht für die Schweine, zu sehr sind diese Rasse Weideschweine und an große Flächen gewöhnt. Und so übersiedelte die Sau "Diggi" zu Klaus Hulatsch, wo es ihr und ihrem Nachwuchs besonders gut ging. Die restlichen Schweine aus dem Tiergarten Schönbrunn bzw. deren Nachwuchs gingen an drei weitere Züchter. 1999 gründete Karl Schardax dann in Österreich mit einer Handvoll Mitstreitern die Interessensgemeinschaft "IG Turopolje".

Turopolje in Kroatien - die Wiege des Turopolje-Schweins

Heute weiden im Nationalpark Lonjsko Polje nur mehr einige Turopoljer-Schweine, im Jahr 1958 sollen dort noch etwa 58.000 Schweine gelebt haben. Sie waren begehrt, weil sie fett waren und zu einer köstlichen Salami verarbeitet wurden. Dann änderten sich der Geschmack und die Zeiten, im Stall hielt das Magerschwein Einzug.

In den Save - Auen

Der heutige Bestand der Turopoljer Schweine lebt wie seine Urahnen, die Wildschweine, ganzjährig unter freiem Himmel. Geschart um die Muttersau zieht es in Rotten umher und würde sich wenig um seinen Betreuer kümmern, hätte der nicht einen Beutel mit Mais dabei. Turpoljer Schweine lieben den Mais zwar sehr, kommen aber auch ohne Zusatzfutter aus. Weil sie ohnehin ausgraben, was sie zum Leben brauchen: Wurzeln, Knollen, Engerlinge, Würmer und vieles andere. Sie brechen den Boden, wie der Förster sagt, die meisten von ihnen haben deshalb keine gute Meinung von den Schweinen.

Der Forstbiologe Goran Gugic hat in einer Diplomarbeit untersucht, welchen Einfluss das Schwein auf den Auenwald hat. Goran Gugic im Lonjsko Polje hat herausgefunden: Schweine und Bäume vertragen sich, es kommt bloß darauf an, wie viel Bäume und wie viel Schweine? Im Lonjsko Polje gibt es sowohl Wald als auch Weide, dass Verbiss und Wühltätigkeit zur Sukzession führen, wie das in Lehrbüchern steht, ist dort nirgendwo nachzuvollziehen. Offenbar kümmert sich kein Schwein um Lehrbücher.

Der letzte Schweinehirte im Lonjsko Polje ist Ivan Adamovic. Jedes Schwein erkennt er am Gang und jedes von ihnen kennt seinen speziellen Ruf. Adamovic ruft in den Wald: "Hi! Ho!" Aus dem Unterholz bricht eine Rotte. Jato heißt so ein Familienverbund. Bis zu zehn Jata könnte ein Hirte betreuen. "Wann denn die Säue nach Muscheln tauchen?", ist unsere Frage an ihn. Und ob die Turopoljer besondere Schwimmkünstler seien? "Alle Schweine können schwimmen, das ist nichts Besonderes", meint Ivan lächelnd und weiter: "Etwas weiter unten, am Ufer eines Nebenflusses der Save, holen sich die Schweine die Muscheln." Erfahrene Sauen gehen dabei so weit ins Wasser, dass beim Fressen nur noch ihr Rücken aus dem Wasser ragt. Taucht der Kopf auf, ist das laute Knirschen, dass beim Zerkauen großer Muscheln entsteht, zu hören.

Als wir in der Dämmerung eines zu Ende gehenden, traumhaft schönen Sommertages mit unserem Hirten bei einem exzellenten Schweinegericht am Lagerfeuer sitzen, weiden die Turopoljer wie Rinder rund um uns friedlich und ohne jede Scheu. Die Abendstimmung mit der untergehenden Sonne erinnert uns an eine Erzählung von Graf Gustav August Vichodil anno1902: " Im Turopolje, auf diesem entzückenden Stückchen Tiefland, das an seinen Rändern mit einem Kranz von Eichenwäldern geziert ist, gab es schon in grauen Vorzeiten ein wahres Dorado für das kroatische Hausschwein, das sich hier nach eigenen Gutdünken bewegen kann. So genießt es auf der Hude die angenehmen, ach so kurzen Tage seines Lebens."

Info: Lonjsko Polje Nature Park
Krapje 30, HR-44325 Krapje Krapje 30,
tel.: ++385 (0)44/672-080, 611-190, fax: ++385 (0)44/606-449
Edo Bogovi_ dipl.oec.
Voditelj promid_bene i turisti_ke slu_be
e-mail: info@pp-lonjsko-polje.hr
www.pp-lonjsko-polje.hr

Die Iberischen Schweine des "Hutewalds" Monte Mediterraneo

Einst bedeckte mediterraner Hartlaubwald, spanisch Monte Mediterráneo, mit Eichen, Eschen, Erdbeerbäumen, Myrte und Mastixsträuchern einen großen Teil der Iberischen Halbinsel, bevor Bewohner Kulturland daraus machten. Weidewirtschaft ist die einzig sinnvolle Form der Nutzung. Denn: Die Böden sind arm an Humus und Nährstoffen; der felsige Untergrund bricht immer wieder durch. Die Eichen schützen das Land vor Erosion, sie speichern Wasser und holen Nährstoffe aus der Tiefe. Jahrhunderte lang diente Holzkohle aus der Steineiche als Brennstoff für die Bevölkerung, mit den Eicheln mästete man die im Freien lebenden Iberischen Schweine.

Fundación Monte Mediterráneo heißt eine andalusische Kulturstiftung. Sie will die Dehesa in Andalusien - ein sensibles Öko-System – durch extensive Weidewirtschaft, ökologische Produktion und Bildungsarbeit erhalten. Die klassische "Dehesa" (Hutewald) besteht aus 60-80 Bäumen pro Hektar und ähnelt einem Hain, in dem einzelne Stein- und Korkeichen wachsen. Restflächen davon gibt es in Andalusien und in der Extremadura. Als die Menschen sesshaft zu werden begannen, wurden von ihnen nach und nach, kleine Flächen unter den Stein- und Korkeichen frei geschlagen, um dort Futter oder Getreide anzubauen und Vieh zu halten.

Spanische „Gordos“ im Hutewald

Linke Seite:
Hutewald in Spanien - Projekt Monte Mediterraneo

Spanish Iberian breeds: iii) Andalusian Spotted of the 1930s, showing the extreme fatness of the period.

i) Extremadura Red

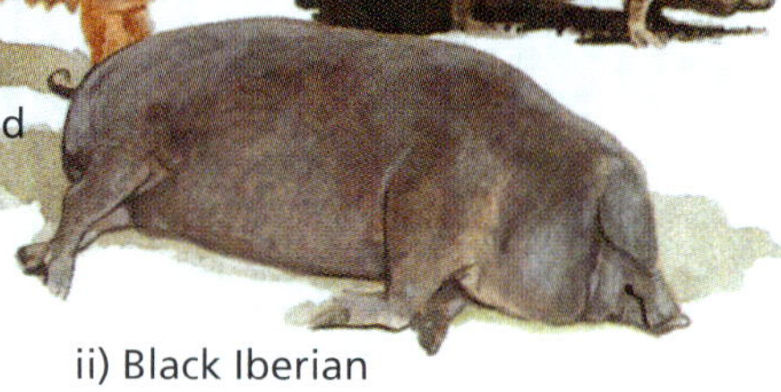

ii) Black Iberian

Alentejana (Portugal)

Siena Grey

Romagnola

Calabrian

Neopolitan,based on the painting by William Shiels
Showing a boar and sow imported from Naples for the Rt Hon Earl Spencer.

Casertana:

i) Large type

ii) Medium type

iii) Small type

„Marranos" im Hutewald - Weidetiere unter sich

Die restlichen Bäume wurden so beschnitten, dass sie weitläufige Schattendächer über den Weide- und Anbauflächen bildeten. In Jahrhunderten hat sich so eine sehr vielschichtige, mosaikartige Bewirtschaftungsform entwickelt, die bis heute die dem Monte Mediterráneo eigene Flora und Fauna erhalten hat und diese mit den Elementen der Forst-, Vieh- und Landwirtschaft verbindet.
Symbolisch für das Alter dieser Kulturlandschaft und zur Erinnerung an Generationen von Landarbeitern, die zum Erhalt dieses Natur- und Kulturerbes beigetragen haben, steht am Eingang des Geländes eine vier- bis fünfhundertjährige Steineiche, die 2003 von der Andalusischen Landesregierung zum Naturdenkmal ernannt wurde.

Die Dehesa bietet auch eine Heimat für seltene Pflanzen und Wildtiere. Dort leben neben Rotwild und Wildschweinen noch Ginsterkatzen und Dachse, Stein-, Zwerg- und Schlangenadler, Gänse-, Mönchsgeier und Schwarzstörche.

Doch das sensible Öko-System ist bedroht – von der Landflucht ebenso wie von einer intensiven Landwirtschaft. Ohne die extensive Weidewirtschaft gerät es aus dem Lot, die Landschaft verbuscht, die Gefahr von Waldbränden nimmt zu. Eine intensive Beweidung wiederum zerstört nicht nur die Grasnarbe, sondern auch die Jahrhunderte alten Eichen. Und sie verhindert, dass junge Bäume nachwachsen können.

"Wir müssen die spanische Dehesa erhalten", lautet das Credo von Betriebswirt Hans-Gerd Neglein, der viele Jahre Mitglied im Siemens-Vorstand war. Er hatte Andalusien als deutscher Generalkommissar für die Weltausstellung in Sevilla kennen und lieben gelernt. "Sie ist nicht nur ein wertvolles Öko-System, sondern auch die letzte Bastion gegen die Wüsten Nordafrikas."
"Ich wollte nach der Pensionierung noch etwas Sinnvolles unternehmen", sagt der umtriebige 80jährige augenzwinkernd. "Und es sollte ein Projekt sein, in dem sich Naturschutz mit wirtschaftlichen Kriterien verbinden lässt.

Projekt mit Modellcharakter

1994 gründeten Hans-Gerd Neglein und seine Frau Ernestine Lüdeke mit spanischen und französischen Freunden die Stiftung Fundación Monte Mediterráneo. Sie kauften die Finca "Dehesa San Francisco", ein landwirtschaftliches Gut mit 700 Hektar Fläche, 50 Minuten nördlich von Sevilla in der Provinz Huelva, und begannen, es ökologisch zu bewirtschaften.

50 Mutterschweine, 40 Mutterkühe, 200 Mutterschafe und deren Nachwuchs, dazu Pferde, Hühner und einige Andalusische Esel bevölkern die einst verlassene Finca – alles heimische Nutztierrassen. Auf dem Gut leben und arbeiten außer den deutschen Initiatoren des Projekts auch ein Agraringenieur, spanische Landarbeiter und Saisonkräfte.

Die Zuchtgeschichte des Iberischen Schweins ist aufs Engste mit der Dehesa verbunden. Ursprünglich abstammend vom Mediterranen Wildschwein ist das Iberische Schwein grundsätzlich dunkel, hat pigmentierte Klauen und ist je nach Varietät mehr oder weniger behaart, sehr robust und kann sich selbst unter den harten Umweltbedingungen der Dehesa ernähren. Einzige Lebensphase, die die Tiere im Stall verbringen, ist ihre Geburt und - natürlich auch bei den Muttersäuen - die Zeit der Geburt und Aufzucht der Ferkel: aber selbst dann sind die klassischen Abferkelboxen so konzipiert, dass Freilaufmöglichkeiten für Säue und Ferkel bestehen.

Die besondere Eigenschaft der Iberischen Schweine, viele Fettdepots anlegen zu können, macht sie, u. a. zu den besten "Veredlern" der Eicheln, die in den Herbst- und Wintermonaten von den Eichen fallen. Traditionellerweise leben die Iberischen Schweine ab dem Zeitpunkt des Absetzens im Freien und ernähren sich - unter geringer Zufütterung von Getreide - von dem, was sie vorfinden: Gras, Kräuter, auch Würmer, etc. Wenn sie dann - ungefähr im Oktober ein Gewicht um die 100 kg haben, beginnt die so genannte "Montanera", die Eichelmast.

Zunächst fallen die Früchte der Portugiesischen Eiche, die ihnen den "Magen öffnen". Dann sind die Eicheln der Steineiche dran, die meist größer sind und etwas süßer schmecken. Ganz zum Schluss, gegen Januar/Februar, begnügen sich die Tiere mit den Früchten der Korkeiche, wobei sie nie die gesamte Eichel fressen: mit großem Geschick und Geschwindigkeit knacken sie die Eicheln und verzehren nur das Innere, nicht die Schale. Das Öl der Eicheln wird in dem Fettgewebe der Schweine eingelagert und sorgt dann später, in den luftgetrockneten Produkten, für den so einzigartigen Geschmack. Die Tiere sind zum Zeitpunkt des Schlachtens 16-22 Monate alt.

Neben der Weidewirtschaft baut man Getreide und Leguminosen als Futter an, stellt Wildblütenhonig her, produziert Brennholz und Holzkohle und erntet den Kork der Eichen. Die Dehesa San Francisco ist ein anerkannter Öko-Betrieb; Honig, Schweineschinken und –salami dürfen das Siegel des andalusischen Öko-Anbauverbandes (CAAE) tragen.

Weil Hirsche und Wildschweine die jungen Eichen abfressen und den natürlichen Nachwuchs an jungen Bäumen verhindern, mussten die neuen Besitzer des landwirtschaftlichen Gutes in großem Umfang aufforsten und die Setzlinge durch Drahtgestelle vor dem gefräßigen Wild schützen. Dank Hans-Gerd Neglein, Ernestine Lüdeke und der Stiftung Fundación Monte Mediterráneo soll die Dehesa auch in Zukunft weiter so bewirtschaftet werden, dass deren Potential ökologisch wie biologisch der Nachwelt erhalten bleibt.

Info:
Fundación Monte Mediterráneo
Ernestine Lüdeke
Dehesa San Francisco
Aptdo. de Correos, 45
E-21260 Santa Olalla del Cala
(Huelva), Spanien

Tel: 0034-959/ 50 70 48, Fax: 0034-959/ 50 70 01
E-Mail: info@fundacionmontemediterraneo.com

Spanische „Lechones" (Ferkel)

Angeln Saddleback
Swabian-Hall
Güstin Pasture
Bentheim Black Pied
Baldinger Spotted
Göttingen Miniature
Munich Miniature
German Red Pied
German Cornwall, the old western type of Large Black

Manfred Flieser –
Slow Food Styria

Slow Food und das Bentheimer-Schwein
von Tobias Böckermann – Neue Osnabrücker Zeitung

Prinz Charles und Anneliese haben etwas gemeinsam: Sie sind beide Mitglied bei SlowFood - jedenfalls in gewisser Weise. Der englische Prinz jedenfalls liebt delikates Essen und engagiert sich deshalb als prominentestes von 90000 Mitgliedern in der weltweit aktiven Bewegung zur Verteidigung der kulinarischen Vielfalt.

Anneliese dagegen ist ein "Buntes Bentheimer Schwein" und lebt im Nordhorner Zoo. Gemeinsam mit ihren Artgenossen ist sie gerade von SlowFood in die "Arche des guten Geschmacks" aufgenommen worden.
Anneliese hat von ihrer Beziehung zu SlowFood allerdings weit weniger als Prinz Charles - jedenfalls potentiell. Denn der in Italien gegründeten Organisation geht es nicht darum, individuelles Leben zu retten - auch nicht das von Anneliese. Im Gegenteil: Die Nordhorner Sau und ihre Sippe sollen irgendwann als Braten oder Wurst verspeist werden, um so dem großen Ganzen, nämlich dem Erhalt ihrer Rasse, zu dienen.

Seltene Haustiere, altes Gemüse oder verschollen geglaubtes Obst müssen möglichst genussvoll aufgegessen werden, meint SlowFood. Das Credo: Nur was genutzt wird, hat eine Zukunft: Viele, die sich bei SlowFood engagieren, treffen sich regelmäßig in einem so genannten Convivium. Von diesen Tafelrunden gibt es in Deutschland inzwischen über 50, darunter je eine in Oldenburg und in Osnabrück. Die Oldenburger unterhalten einen Kinderkochclub, und der wiederum hat die Bunten Bentheimer Schweine in diesem Jahr auf dem Arche-Hof von Helge Thoelen in Schwei in Ostfriesland kennen gelernt.

Vom Geschmack überzeugt und um mitzuhelfen, diese rare Delikatesse zu bewahren, meldete das Convivium die "Swatbunten" als Passgiere für die "Arche des Geschmacks" an. Nach sorgfältiger Prüfung hat die deutsche Arche-Kommission die bedrohte Rasse jetzt in die Liste aufgenommen.
Dort finden sich bereits Nutztiere wie die Diepholzer Moorschnucke, das Murnau-Werdenfelser Rind oder auch alte Zubereitungen wie der Ostheimer Leberkäse oder die traditionelle "Nordhessische Ahle Wurscht". Auf der internationalen Liste stehen ferner alte Käsesorten wie der französische Rove Brusse oder der echte Chesterkäse aus England, fast ausgestorbene Bohnensorten wie das Trasimeno-Böhnchen oder die amerikanische Pilgerväter-Gans.

Die bei den Uffizien von Florenz angesiedelte Slow-Food-Stiftung für Biodiversität kümmert sich weltweit um die Dokumentation und Unterstützung dieser bedrohten Genüsse. Für Thomas Berling ist der Zuspruch von SlowFood für die Bunten Bentheimer ein weiterer wichtiger Mosaikstein im Bemühen um den Erhalt der Rasse. Berling ist Leiter des Tierparks Nordhorn und Vorsitzender des Vereins zur Erhaltung des Bunten Bentheimer Schweins.

Prinz Charles bei Preisverleihung

S.s.scrofa
S.s.scrofa
Indian Wild Boar or Jungle pig, S.s.cristatus
Banded pig of south east Asia, S.s.vittatus
Pygmy hog
Bearded pig, Sus barbatus
Javanese Warty hog, Sus verrucosus
Babirusa, Babyrousa babyrussa
Giant Forest hog, Hylochoerus meinertzhageni
Red River hog
Bushpig
Warthog, Phacochoerus aethiopicus

Das Wildschwein

Wildschweine weichen in ihrem Äußeren stark vom schlanken Körperbau vieler anderer Huftiere ab: Von der Seite gesehen wirken sie recht ungelenk und massig. Der dreieckige Kopf geht fast halslos in einen gedrungenen Körper mit kräftigen Beinen über. Von vorne erscheinen Wildschweine dagegen schmal und sind somit vortrefflich gebaut, um wie ein Keil dichtes Buschwerk zu durchdringen. Im Sommer besteht das Haarkleid nur aus kurzen Borsten, die sich zum Winter hin auf 15-25 cm verlängern; zudem schützt dicke Unterwolle die Wildschweine vor Kälte.

Die Fellfarbe variiert individuell von grau-beige bis fast schwarz, im Winter ist die Färbung dunkler. Der einzige Fellwechsel findet im Frühjahr statt. Jungtiere (Frischlinge) werden im typischen gelb-braun längsgestreiften Jugendkleid geboren, eine vorzügliche Tarnung. Im Verlauf des ersten Lebensjahres wird dieses Tarnkleid allmählich durch das Erwachsenenkleid ersetzt. Im Gegensatz zum Hausschwein trägt das Wildschwein die pelzigen Ohren immer aufrecht und den Schwanz nie geringelt.

An dessen Stellung und Bewegungen ist die momentane Stimmung des Tieres zu erkennen. Diese innerartliche Kommunikation ist für das Zusammenleben in der Gruppe (Rotte) sehr wichtig. So massig Wildschweine wirken, sind sie doch schnell und ausdauernd, springen über Zäune und Bäche und können auch größere Flüsse durchschwimmen.

Das Wildschwein ist in Eurasien natürlicherweise weit verbreitet, einzig in Wüsten und Hochgebirgen kommt es nicht vor. In Europa wurde es in Großbritannien und Skandinavien fast ausgerottet. In der Schweiz leben Wildschweine hauptsächlich entlang der französischen und deutschen Grenze. Heute findet man Wildschweine in fast allen Erdteilen, wo sie als Jagdwild ausgesetzt wurden oder häufig auf verwilderte Hausschweine zurückgehen.

Wildschweine gelten als ausgesprochene Waldbewohner, sie können aber verschiedene Lebensraumtypen vom Meeresniveau bis auf 2000 m Höhe besiedeln, sofern die wichtigsten Ansprüche erfüllt sind: Deckung, Ruhe, Nahrung und, auch in Trockenzeiten, Feuchtstellen zum Suhlen. Dank ihrer großen Anpassungsfähigkeit nutzen Wildschweine zusehends das Angebot moderner Agrarwirtschaft: In Getreide- und Maisfeldern finden sie Nahrung und gleichzeitig Ruhe, wenn angrenzende Wälder von Erholungssuchenden «heimgesucht» werden.

Wildschweine sind Allesfresser: Von pflanzlicher bis tierischer Nahrung, von Insektenlarven bis zu verendetem Wild, nehmen sie alles zu sich. Bei ausreichendem Angebot verhalten sie sich jedoch wählerisch. Frischlinge brauchen eiweißreiche Kost und fressen deshalb besonders viele Kleintiere. Mit der empfindlichen Nase spüren Wildschweine auch im Boden Nahrung auf, die sie mit dem Rüssel aus der Erde pflügen, Larven oder Mäusenester zum Beispiel.

Weil sie dabei oft Raupen und Puppen von Forstschädlingen fressen und mit ihrem Wühlen überdies den Waldboden durchlüften, sind sie im Forst gern gesehene Nützlinge. Auf Wiesen und Feldern gelten sie dagegen als Schädlinge. Das Allesfressergebiss des Wildschweins umfasst 44 Dauerzähne, 12 Zähne mehr als das spezialisierte Wiederkäuergebiss. Auffallend sind, insbesondere bei den Männchen (Keilern), die stark entwickelten Eckzähne, die zeitlebens nachwachsen und zu messerscharfen Waffen

Meishan

Fengjing

Fengjing sow with 31 piglets

Jiaxing Black

NPD's Manor Meishan:

i) An early cross

French Sino-Gascony

ii) The new hybrid

Cotswold's Meishan Synthetic

werden können. Als solche werden sie von den Keilern bei Rivalenkämpfen auch eingesetzt; daneben dienen sie als Reiß-, Hebel- und Schneidewerkzeug. Der Wechsel vom Milch- ins Dauergebiss ist im Alter von 21-24 Monaten abgeschlossen.

Wildschweine leben gesellig in Rotten, die sich aus erwachsenen Weibchen (Bachen), ihren Frischlingen und älteren Töchtern zusammensetzen. Eine strenge Rangordnung sorgt für die Gruppenstabilität. Ältere Keiler leben, außer zur Paarungszeit, einzelgängerisch. Die jungen Männchen müssen die Mutterrotte und deren Revier mit etwa 1.5 Jahren verlassen und ein neues Wohngebiet suchen. Angeführt wird die Rotte von der Leitbache, dem ältesten und erfahrensten Tier: Sie bestimmt in hohem Maß die Aktivitäten der ganzen Gruppe: Nahrungssuche, Suhlen., Wahl geeigneter Orte für das Richten der Schlafkessel sowie den Beginn der Brunftigkeit.

Der Verlust einer Leitbache bringt große soziale Unruhe mit sich. Falls nicht ein anderes, ähnlich erfahrenes Tier deren Rolle übernehmen kann. Als sozial hochentwickelte Tiere verfügen Wildschweine über ein reiches Repertoire zur Verständigung: Geruch, verschiedene Lautäußerungen und bestimmte Verhaltensweisen. Jede Rotte besitzt ein eigenes. gegen benachbarte Rotten verteidigtes Revier, dem sie in der Regel lange treu bleibt. Wo Wildschweine ungestört leben, sind sie vorwiegend tagaktiv, können jedoch völlig auf ein Nachtleben umstellen.

Zur Brunft (Rauschzeit), etwa November-Januar, finden sich die Keiler bei den Rotten ein. Der Brunftbeginn geht von der Leitbache aus, ihre Paarungsstimmung überträgt sich auf die ganze Rotte und wird via Speichel und Drüsensekrete an die Keiler übermittelt. Die Synchronisation der Weibchen hat eine kurze Brunft und eine nahezu gleichzeitige Geburt aller Frischlinge zur Folge. Keiler müssen um die Rotte kämpfen, nur der stärkste gelangt zur Paarung.

Nebst unblutigem Kräftemessen (Schulterstemmen) kommt es unter den Keilern auch zu Beschädigungskämpfen, bei denen die gefürchteten Eckzähne eingesetzt werden. Allerdings sind die gefährdetsten Körperpartien bei alten Keilern durch eine 4-5 cm dicke Schwarte geschützt, die vom Halsansatz bis zur letzten Rippe reicht. Nach rund 16 Wochen Tragzeit werden 4-6 Frischlinge in einem Wurfkessel aus trockenem Pflanzenmaterial abseits der Rotte geboren. Nach etwa 1 Woche finden sich die Bachen mit dem Nachwuchs und den älteren Jungtieren wieder zusammen. Ungefähr 3 Monate lang werden die Jungen gesäugt, sie nehmen aber bereits früh zusätzliche Nahrung auf.

Wildschweine sehen nicht sehr gut, dafür riechen und hören sie umso besser. Geruch- wie Gehörsinn dienen gleichermaßen dem Schutz, der Ernährung und den sozialen Kontakten. In der Rüsselscheibe finden sich empfindliche Tastorgane, die - zusammen mit dem Geruchsinn - das Auffinden kleinster Nahrungsteile ermöglichen. Das Wahrnehmen leiser Geräusche ist in der Rotte kaum möglich, denn sie macht ziemlich viel Lärm; erst bei Gefahr durch einen Warnlaut alarmiert, verharrt sie still. Nebst den ausgeprägten Sinnesleistungen und dem reichen Repertoire an Grunz- und Quieklauten besitzt das Wildschwein die Fähigkeit, Informationen lange im Gedächtnis zu speichern. Dies ist die Voraussetzung zum Lernen aus Erfahrung und macht die wichtige Rolle der Leitbache verständlich.

Wildschweine hinterlassen unverwechselbare Spuren: Der Hufabdruck ist durch den sichelförmigen Abdruck der Afterklauen charakterisiert, kleine Pfade (Wechsel) kennzeichnen häufig besuchte Revierteile. Wo Wildschweine nach Nahrung suchen, brechen sie den Boden in typischer Weise um. Die Losung ist, je nach Nahrung, wurstförmig bis breiig, wobei einzelne längliche Kotknollen miteinander verklebt bzw. verschmolzen sind. In der Nähe von Suhlen sind Baumstämme häufig mit Schlamm überkrustet und die Rinde abgescheuert, weil sich Wildschweine nach dem Bad an ihnen reiben. Keiler hinterlassen im Winter tiefe Kerben in Baumrinden, um den Rivalen ihre Präsenz zu markieren.

Der Eintritt der Geschlechtsreife als auch die Anzahl geborener Frischlinge hängen weitgehend von der Qualität des Vorjahres ab. Ein gutes Wildschweinjahr heißt: Mildes Wetter zur Setzzeit, verregnete Nächte im Sommer, die Regenwürmer zuhauf aus dem Boden locken, starke Mast im Herbst mit Eicheln und Buchnüssen und ein milder, schneearmer Winter. Nach einem solchen Jahr kann der Frühjahresbestand in einem Revier viermal so groß sein wie nach einem schlechten.

Min
Shenxian
Beijing Black
Harbin White
Hezuo
Tibetan

Die Jungensterblichkeit ist in den ersten 9 Monaten mit bis zu 60% sehr groß. Hohe Verluste kann die seuchenartig verlaufende Schweinepest fordern. Dank einer hohen Fortpflanzungsrate (bis 200% des Gesamtbestandes) können sich Wildschweinbestände jedoch rasch erholen. Wo große Raubtiere als natürliche Feinde fehlen, ist die häufigste Todesursache neben der Jagd der Autoverkehr (1997: Schweiz mehr als 200, Deutschland 1080 und Österreich 70 überfahrene Tiere).

Am Sonnhof bei Heinz Gerstner

Ordnung
Paarhufer (Artiodactyla)

Unterordnung
Nichtwiederkäuer (Nonruminantia)
(z.B. Schweine, Pekaris)

Gattung
Schweine (Sus)

Art
Wildschwein (Sus scrofa)
(Stammart des Hausschweins, Sus scrofa f. domestica)

Schulterhöhe
60-95 cm (Osteuropa bis 120 cm)

Kopf-Rumpflänge
90-120 cm (Osteuropa bis 200 cm)

Schwanzlänge
15-40 cm, mit Endquaste

Geschlechtsunterschied: alle Körpermasse der weiblichen liegen bei 50-70% der männlichen Tiere

Gewicht: (lebend)
bis 350 kg; in der Schweiz selten über 120 kg

Höchstalter:
bis 20 Jahre; freilebend etwa 10 Jahre

Paarungszeit:
November-Januar

Tragzeit:
Ca 16 Wochen (Faustregel 3 Monate, 3 Wochen und 3 Tage)

Setzzeit:
April-Juni

Anzahl Junge:
4-6 (11)

Geburtsgewicht
700-1000 g

Säugezeit
2-3 Monate, ab der 2.-3. Woche jedoch Aufnahme zusätzlicher Nahrung

Geschlechtsreife
9-18 Monate; Zeitpunkt der aktiven Fortpflanzung von den jeweiligen Lebensbedingungen abhängig

Quelle:
Wildtier Schweiz, Strickhofstr. 39, CH-8057 Zürich
email wild@wild.unizh.ch, Tel. 01 635 61 31; Fax: 01 635 68 19

Das Ur-Schwein (Shiska-Schwein)

Die Hochburgen der modernen Schweinemast und Zucht liegen heute in der Nähe von Futterproduktionen, also in Ackerbaugebieten, wo sich ausreichend billiges Futter produzieren lässt und in der Nähe von Häfen, wo das Futter per Schiff geliefert wird, wenn nicht gleich die Schweine auf den Schiffen gemästet werden. In Österreich gibt es zwar keine Mastschiffe, ansonsten sind auch hier die meisten Tiere, wo man das Getreide produziert.

Geht man zum Ursprung der österreichischen oder mitteleuropäischen Schweinehaltung zurück, so war man nicht nur von Futter abhängig, sondern stärker auch noch von den Möglichkeiten, das Fleisch haltbar zu machen. Und so ist es eigentlich nicht verwunderlich, dass das innere Salzkammergut vermutlich die Wiege der österreichischen Schweinezucht und Verarbeitung war.
Im Salzbergtal bei Hallstatt wurden seit der Mitte des 19 Jahrhunderts immer wieder Bauwerke aus dem 13.und 12. Jh v. Chr. mit in Blockbautechnik errichteten Wänden entdeckt. Zwei davon, ausgegraben in den Jahren 1877 und 1939, sind ausreichend dokumentiert.

Ursprünglich wurden diese Bauwerke für Wohnhäuser gehalten, bis man erkannte, dass es sich um eingetiefte, zisternenartige Gebilde handelt. Zunächst dachte man an ein Sammelbecken für Quellsole, bis man weitere Entdeckungen machte. Die Blockwandbauten sind keinesfalls älter als der Beginn des Bergbaues. Am wahrscheinlichsten ist die Verwendung der Becken (Bassins) als Surbecken, in denen große Mengen von Schweinefleisch mit Hauklein, dem bergmännisch gewonnenen, kleinstückigen Bergsalz, gepökelt werden konnten.

Die Analyse der in zeitgleichen Schichten massenhaft gefundenen Tierknochen erbrachte nämlich überraschende Ergebnisse: sie stammen fast ausschließlich von Hausschweinen. In der Schweiz kennt man den Begriff Torfschweine, die in den Pfahlbausiedlungen gehalten wurden, gleiches wäre auch auf diese Schweine in Hallstatt zutreffend, die erste Ur-Hausschweine darstellen. Bestimmte Knochen (Wirbel, Schädel und Rippen) fehlen nahezu gänzlich. Unterkiefer, Schulter und Schlögl sind unzerteilt vorhanden. Daraus ist der Schluss zu ziehen, dass die Tiere außerhalb von Hallstatt in regelrechten Zuchtbetrieben gehalten wurden und auch außerhalb von Hallstadt geschlachtet wurden. Das Fehlen bestimmter Skelettteile kann durch eine spezielle Zerteilungstechnik erklärt werden, die heute noch fallweise in Teilen Kärntens und der Steiermark praktiziert wird.

Dass heute noch Schweine existieren die jenen vor 3200 bis 3300 Jahren entsprechen, glaubt wohl niemand und doch gibt es sie, erst kürzlich wurden in Albanien Schweine gefunden, die wahrscheinlich die ältesten lebenden Hausschweine Europas sind - die Siska Urschweine. Das Shiska-Schwein ist einer der Vorfahren der Turopolje-Schweine, wobei die Shiska-Schweine so gut wie ausgestorben gelten und tatsächlich ist deren Zukunft mehr als ungewiss. (Kleinste Restbestände gibt es noch in Albanien).

Auf das Ursalz (Steinsalz/ Hauklein) aus dem Salzkammergut hat man sich bereits rückbesonnen, die Pflege und Erhaltung der Urschweine ist aber noch keinesfalls gesichert. Quelle: Naturhistorisches Museum.

Info: www.save.foundation.net
Fundtiere von SAVE

Shiska-Schwein in Albanien

Das Waldschwein

Kreuzung zwischen Wildschwein und Landschwein

Bei den Waldschweinen handelt es sich um keine eigenständige Rasse. Es handelt sich dabei um Kreuzungen aus Hausschweinen mit Wildschweinen.

Die bekannteste und größte Waldschweinherde gab es im österreichischen Güssing bei Dr. Karl Graf Draskovich, dieser kreuzte verschiedenste Hausschweinerassen, darunter auch ungarische Wollschweine mit Wildschweinen, in riesigen Eichenwäldern wurden die Schweine gemästet. Mit der Zeit entstand so das Güssinger Waldschwein. Das Fleisch dieser Schweine wurde als Wildbrett vermarktet.

Im Typ sind die Waldschweine ähnlich dem Wildschwein, für Laien sind sie so kaum zu unterscheiden. Die Waldschweine sind aber leistungsfähiger in Bezug auf Fruchtbarkeit, Schlachtkörper und Tageszunahmen als Wildschweine.

Daraus ergeben sich Tiere für die extrem extensive Haltung im Wald und bei entsprechender Größe des Geheges kommen die Tiere fast ohne Zufütterung aus. Durch die Wildschweineinkreuzung werden die Tiere aber auch bei weitem wilder in ihrem Charakter. Sie neigen bei einer Zufütterung auch zum Ansatz von viel Fett und die heute gewünschten Edelteile sind entsprechend klein. Die Fleischqualität selbst ist ausgezeichnet.

Wenn man nicht wirklich große Waldflächen zur Verfügung hat, ist die Haltung von Waldschweinen eher nicht zu empfehlen, da ist man mit alten extensiven Hausschweinerassen besser beraten. Zu beachten ist auch, dass Wildschweine unter landwirtschaftliche Wildhaltung fallen, dafür gelten eigene Haltungsrichtlinien.

Waldschwein bei Jagawirt Werner Goach

Das Mangalitza-Schwein

Das Mangalitza-Schwein

Familie der Wollschweine

„Wollschwein“- ein Synonym für Mangalitza.

Mangalitza oder Mongolitza bedeutet soviel wie walzenförmig.

Im serbo-kroatischen "mangulac" = leicht fest werdend.

Im slawischen "mangalica" soviel wie ein guter Ernährungszustand "Mangala svinja" sei demnach ein Schwein, das sich gut mästet.

Alle Wollschweine haben gemeinsam, dass sie sehr ursprüngliche, robuste, Fettschweine sind.

Dabei ist zu beachten, dass es sich bei den einzelnen Wollschweinen um eigenständige Rassen und nicht um Farbschläge handelt.

DAS MANGALITZA

Das Mangalitza Schwein gehört zu den letzten autochthonen Nutztierrassen Mitteleuropas. Der Name "Mangalica" bedeutet "walzenförmig", er könnte vom serbo-croatischen "mangala svinija" - "Schwein, das sich gut ernährt" oder vom rumänischen "mancare" - "essen" abgeleitet sein.

ZOOLOGISCHE EINTEILUNG

Das asiatische und europäische Wildschwein, Sus scrofa vitattus und Sus scrofa scrofa , sind die Urväter aller unserer Hausschweine. Die Rassen des Mangaliza Schweines fallen in die Gruppe der mitteleuropäischen (slaw.- und keltisch - iberischen) klein- und großohrigen Zuchten.

VORGESCHICHTE - DIE AHNEN DES MANGALITZA SCHWEINES

Die Berglandschaften des Karpatischen Beckens und Ausläufer der Alpen wurden im 18. Jahrhundert von sich langsam entwickelnden Schweinen des Bergschlags oder kaum domestizierten, dem Wildschwein ähnlichen Tieren, wie den "Walachischen Stacheln" besiedelt.
Zu den frühen Fettschweinen gehörten die Schweine der ungarischen Tiefebene (Alföld), das "Alföldi -" und "Szalonta Schwein" oder das transdanubische "Bakony Schwein". Auch das kroatische "i ka Schwein" trägt zur Rassenbildung der Mangalitza Schweine bei.

Der Schweinehirt (ung. Kanász) beweidete neben Eichenwäldern (Eichelmast) sumpfige Gelände und Ödland. Auch fand die Schweinefreilandhaltung auf Koppeln oder gemeinschaftlich genutzten Hutungen sowie Brach- und Stoppeläcker statt.

DIE ORGANISIERTE MANGALITZA ZUCHT

Die voranschreitende Landwirtschaft des 19. und 20. Jahrhunderts konzentrierte die Schläge der kraushaarigen Schweine in Zuchten und entwickelte mittels Ein- und Verkreuzung vor allem serbischer "Sumadia -" oder kroatischer "Syrmien Schweine" die Rassen eines heute als "Mangalitza -" oder "Wollschwein" bekannten Fettschweintyps. 1927 wurde das Mangalitza Schwein offziell anerkannt.

DIE GESCHICHTE DER MANGALITZA SCHWEINE IN ÖSTERREICH

Das Mangalitza nährte als führendes Fettschwein die Bevölkerung der Österreichisch- Ungarischen Monarchie. Die Fleischproduktion erstreckte sich von Ungarn über das Burgenland und endete in den Wiener Schlachthöfen.

Ab den 50er Jahren des 20. Jahrhunderts verdrängten Schweinerassen mit magerer Fleischqualität das Mangalitza Schwein. Ende der siebziger Jahre wurde in Österreich das Mangalitza Schwein nur mehr in National- und Tierparks oder vereinzelt von Kleinzüchtern für den Eigenbedarf gehalten.

Nach 1986 begann der Verein zur Erhaltung gefährdeter Haustierrassen in Österreich (VEGH) als heute anerkannte tierzuchtrechtliche Organisation das Mangalitza Schwein zu betreuen. 1994 registrierte Prof. Franz Punz 43 Mangalitza Züchter, die neben ein paar Schweinen der Rasse des Blonden Manglitza hauptsächlich Schwalbenbäuchige Mangalitza Schweine hielten. Zur Blutauffrischung führte Prof. Punz von 1989 bis 1990 weitere acht Linien Schwalbenbäuchiger Mangalitza Schweine aus dem pannonischen Raum ein.

Ab 1994 organisierte Gerald Dunst im VEGH die Zucht und Herdbuchführung für Mangalitza Schweine. Im Rahmen des Österreichischen Programmes für umweltgerechte Landwirtschaft im

Doppelseite davor:
Mangalitzas bei Karl Schardax

Jahre 2000 (Öpul 2000) wurde die Interessensgemeinschaft der Wollschweinzüchter Österreichs (IGWÖ) gegründet. 2002 übernahm Christoph Wiesner die Leitung der IGWÖ, und Herdbuchführung für Mangalitza Schweine. Im Februar 2005 wurden drei weitere Eberlinien Schwalbenbäuchiger sowie drei Linien Blonder und erstmals drei Linien Roter Mangalitza Schweine aus Ungarn importiert. Heute gibt es in Österreich ca. 80 registrierte Mangalitza Züchter, mit einer Bestandsgröße von je zwei bis zehn Zuchttieren.

DIE HEUTIGEN RASSEN DES MANGALITZA

Die drei Rassen des Mangalitza Schweins gehören zu den letzten bis in die Gegenwart erhaltenen europäischen Landrassen.

Das Blonde Mangalitza

Diese am weitesten verbreitete Art der Mangalitza-Schweine entstammt urungarischen Fettschweinen, die mit serbischen Sumadia Schweinen veredelt wurden.

Das Schwalbenbäuchige Mangalitza

Die Kreuzung des blonden Mangalitza mit dem kroatischen Syrmien Schwein ergab das Schwalbenbäuchige Mangalitza.

Das Rote Mangalitza

Diese Mangalitza sind die Nachkommenschaft des urungarischen Szalonta-Schwein. Rote Mangalitza werden daher auch Neuszalonta genannt.

Das Wildfarbene oder Braune Mangalitza (Baris) gilt als eine der ursprünglichen Rassen des Mangalitzas. Wie das Schwarze Mangalitza ist es heute ausgestorben. (eventuelle Populationen von Schwarzen Mangalitzaschweinen könnten in Serbien erhalten sein). Neben den einzelnen reinen Rassen existieren auch die "Ordas" genannten Kreuzungstiere Blonder und Schwalbenbäuchiger Mangalitza-Schweine.

weitere Informationen:
www.mangalitza.at

Mangalitzas und Turopolje, Bio-Hof Josef Göltl

DIE IGWÖ - Interessensgemeinschaft der Wollschweinzüchter Österreichs

I G W Ö

INTERESSENSGEMEINSCHAFT DER WOLLSCHWEINZÜCHTER ÖSTERREICHS

Information: www.mangalitza.at | Anfragen unter: 0676 549 53 55, e-mail: igwoe.zuchtbuch@utanet.at

Die IGWÖ-Interessensgemeinschaft der Wollschweinzüchter Österreichs betreut die Zuchtarbeit am Blonden, Schwalbenbäuchigen und Roten Mangalitza-Schwein.

GRÜNDUNG UND GESCHICHTE

Aufgrund des neuen ÖPUL Programms zur Erfassung der österreichischen Turopolje und Mangalitza wurde zur ersten Züchterversammlung für Mangalitza und Turopolje am 27.09.2000 im Verein zur Erhaltung gefährdeter Haustierrassen - VEGH die Interessensgemeinschaft der Wollscheinzüchter - IGWÖ gegründet.

Gerald Dunst führte das IGWÖ-Zuchtbuch bis zum 28.03.2002, danach übernahm Christoph Wiesner das Amt des Zuchtbuchführers. (Funktionionäre 2002-2007: Regionalbetreuer Stmrk, Bgld, K: Gerald Dunst, Regionalbetreuer Sbg, T: August Niederbrucker, Regionalbetreuer Vlbg: Gabriel Thomas)
Am 28.04.2007 wurde die IGWÖ als eingetragener Verein gegründet.

AUFGABEN

Erster Schritt war die Registrierung möglichst aller in Österreich aufgestallter Mangalitza-Schweine. Die derzeitige Population geht auf nur sehr wenige Elterntiere zurück, somit war die Aufgabe des Zuchtbuches das wertvolle genetische Potential dieser Rasse weitgehend zu erhalten. Deshalb wurden auch alle Tiere, die einigermaßen dem Typ der Mangalitza entsprachen, ins Herdbuch aufgenommen. Es wird zur Zeit nicht auf Leistungsdaten selektiert, bei der Nachzucht werden nur Tiere mit groben Mängeln ausgeschlossen.

Ziel ist es, die Inzuchtproblematik möglichst gering zu halten. Es gibt in der Praxis immer wieder die ersten Anzeichen von Inzuchtproblemen. Aus diesem Grund ist es Aufgabe der IGWÖ Anpaarungsvorschläge für die einzelnen Züchter zu erstellen. Sinn dieser Maßnahme ist es, möglichst blutfremde Tiere anzupaaren, um die Inzuchtzunahme so gering wie möglich zu halten.

Zur Bewältigung dieser beiden Grundaufgaben steht der IGWÖ ein speziell für diesen Zweck entwickeltes Computerprogramm zur Verfügung. Im Zuge der Registrierung werden alle Zuchttiere mit Ohrmarken versehen. Gleichzeitig wird eine Genprobe zur genealogischen Untersuchung abgenommen. Ziel dieser Untersuchung ist die eindeutige Abstammungskontrolle.

Natürlich zählen zu den Aufgaben der IGWÖ auch die Tiervermittlung, das Abhalten von regelmäßigen Züchtertreffen und als wichtiger Punkt die Öffentlichkeitsarbeit.

FUNKTIONÄRE DER IGWÖ (ab 2007)

Präsident: Christoph Wiesner
Schriftführer: Mag. Siegfried Rathner
Schriftführer Stv.: Herbert Laundl
Kassier: Manfred Wiesner
Kassier Stv.: Alois Hamedinger

Rechnungsprüfer: Gerald Dunst
Rechnungsprüfer Stv.: Elfriede Sonnleitner

Regionalbetreuer der IGWÖ:
Wien, NÖ.: Christoph Wiesner | Kärnten: Claus Gasser | Stmk., Bgld.: Thomas Faul
Tirol: Detlev C. Wagner | Oberösterreich: Dominik Spitzbart | Vorarlberg: Thomas Gabriel | Salzburg: August Niederbrucker
www.mangalitza.at

oben: Treffen der IGWÖ-Züchter im Jahr 2007 anläßlich des Exports von Mangalitzaschweinen nach den USA
unten: Mangalitzas am Kinderbauernhof Marianne Flucher

Mangalitsa
i) The old, very fat type of the 1940s
ii) Typical colour varieties
Dermantsi Pied (Bulgaria)
Bulgarian Native
i) White
ii) Spotted
Zlotniki (Poland)
Small polish Prick-eared or Polesian
Large Polish Long-eared
Pulawy (Poland)
Prestice (Bohemia)

Hoch lebe das Mangalitza

Aus der Zeit, als das Schwein noch als solches geehrt und nicht als gering geschätzte Billigware aus reinem Profitdenken vermarktet wurde.

Lasse Deine Herde bis Sankt Nikolaustag
die reiche Ernte der Eicheln fressen, lasse Ferkel wachsen.
Füttere die Schweine mit Mais und Kürbis
Wenn es an Eicheln fehlt.
Zu Weihnachten, am Sankt-Thomas-Tag,
schlachte die gut gefütterten Tiere,
senge sie mit Stroh.
Mach reichlich Wurst und lasse Kenner
das Fleisch aufschneiden
Spare nicht mit Salz
Wenn Du Speck und Schinken machst.
Und lasse sie dir schmecken
zu Deinem Wohle.

Aus den ungarischen Gedichten des Barons György Palocsai, Kuruzengeneral

Rote Wollschweine am Bio-Noah-Hof bei Karl Schardax

Turopoljefamilie „Kleine Farm" Helmut Riedl

Das Turopolje-Schwein

Kakhetian (Georgia)
North Caucasus
Forest Mountain (Armenia)
Ukrainian Spotted
Belorussian Black Pied
Livny (Orel)
Mirgorod (Ukraine)

Das Turopolje-Schwein

Geschichte:

Turopolje – Schweine (kroat.: turopoljska svinja) sind nach der Region "Turopolje", die zwischen Zagreb und Sisak am westlichen Save- Ufer in Kroatien liegt, benannt. Ursprünglich kamen sie in der gesamten oberen Save- Niederung vor und wurden als die wohl typischste Schweinerasse dieser Region angesehen.

Das Turopolje Schwein stammt vom inzwischen ausgestorbenen Shiska- Schwein, einem Abkömmling des mitteleuropäischen Wildschweins. 1958 konnten noch 58000 Turopolje Schweine gezählt werden.

Seither wurden immer wieder Einkreuzungen vorgenommen, um die Nachfrage nach mehr Magerfleisch und weniger Fett (Speck) zu decken. Abbildungen lassen vermuten, dass ein verwandtschaftliches Naheverhältnis zum Krainer Landschwein und somit zu längst ausgestorbenen heimischen Schlägen (Gurktaler Schwein) besteht.

Durch indirekte Kriegsfolgen des 1991 ausgebrochenen Krieges in Kroatien wurde der Bestand reinrassiger Tiere stark dezimiert. 1993 gab es nur mehr einen einzigen alten Schweinehirten (Mohar) mit ca. 20-30 Tieren. Er musste die Tiere aus Sicherheitsgründen im Stall halten, bei unzumutbaren Kosten. Damals wurde die Organisation SAVE, der Tiergarten Schönbrunn und der VEGH mit großem Aufwand aktiv, es wurden zur rückwärtigen Sicherung Tiere angekauft, die im Februar 1995 in Österreich für Nachwuchs sorgten.

Eigenschaften des Turopolje-Schweins:

- spätreif, erst mit 2 Jahren ausgewachsen
- können im Alter von 1 bis $1^1/_2$ Jahren mit ca. 100 kg gedeckt werden
- 6 - 10 oder mehr Ferkel pro Wurf
- sehr gute Raufutter-Verwerter
- langlebig, die Tiere werden bis zu 250 kg schwer
- sehr robust, kälteresistent und resistent gegenüber

Turopolje-Eber bei Jagawirt Werner Goach

allen üblichen Schweinekrankheiten
- kennen keine Stresszustände
- hervorragende Fleisch- und Speckqualität
- Weideschwein, Freilandhaltung
- In Österreich existiert das einzige Herdebuch

Aussehen der Turopolje:

Mittelgroß, Grundfarbe blond (d.h. weiß bis grau), darauf kleinere und größere schwarze Flecken in verschiedener Anzahl über den ganzen Körper verteilt, starker Kopf, breite Stirn, nahezu gerade Profillinie, Rüssel halblang, Ohren lang, breit, halbhängend, Hinterhand abgerundet, Füße kurz und stark, Schwanz meist schwach geringelt. Äußere Schleimhäute rosa, die Haut am Rücken, auch unter den weißen Borsten ist schwarz, Borsten dicht am ganzen Körper von gleichmäßiger Stärke und gewöhnlich gerade und glatt anliegend, gelegentlich leicht gekraust.

Vom Aussterben bedroht:

Seit 2001 ist der "Verein zur Erhaltung gefährdeter Haustierrassen" anerkannter Zuchtverband für die Turopolje Schweine in Österreich. Innerhalb des VEGH wurde eine Sektion, die Interessengemeinschaft Turopolje Schweine Züchter, gegründet, die Mitglieder in ganz Österreich betreut. 2001 hat der VEGH alle Zuchttiere der Züchter, die sich am Generhaltungsprogramm beteiligen, markiert, mit dem Typi Fix System Genproben entnommen und zur Untersuchung bereitgestellt. Alle markierten Tiere wurden mit den bekannten Vorfahren in das Herdebuch (Chromosoft Programm) aufgenommen.

Alle Herdebuchtiere und nur deren Nachkommen, die im Herdebuch eingetragen sind, sind förderungsberechtigt. Die Förderung im ÖPUL Programm beträgt für Zuchtsauen 150,00 Euro und für Zuchteber 300,00 Euro!
Voraussetzungen: Mitgliedschaft im VEGH, in der IG, und dass die Tiere markiert und im Herdebuch eingetragen sind. Leistungserhebungen (Geburtsmeldungen und Verstellmeldungen) sind verpflichtend weiters müssen auch 100% der Zuchttiere DNA-untersucht sein.

Turopolje-Familie am Bio-Hof Josef Göltl

Warum die Rasse erhalten?

Das Turopolje Schwein unterscheidet sich grundsätzlich von allen anderen Schweinerassen und weist Qualitäten auf (hervorragende Fleisch- und Speck- Qualität), die auch für die Zukunft erhaltenswert sind. Turopolje sind anspruchslos bezüglich Futterqualität und ertragen extreme Witterung ohne Probleme.

Somit eignen sie sich vorzüglich für eine extensive Weidehaltung, biologische Landwirtschaft und ergeben somit für interessierte Bauern einen guten Zuerwerb.

Ausblick in die Zukunft:

Anfang 2007 gab es in Österreich fast 60 Züchter mit ca. 180 Zuchttieren, die alle auf 6 Tiere zurückgehen. Die IG bemüht sich, weitere Züchter zu finden. Besonderes Augenmerk wird auf die Vermeidung von Inzucht gelegt. Weiters soll die Vermarktung von Fleisch und Ferkeln unterstützt werden. Alle Interessierten und Neueinsteiger werden gerne von den Züchtern oder von mir, dem Spartenbetreuer Karl Christian Schardax, beraten.

Aktuell gibt es Turopolje-Schweine in Kroatien, Österreich und Deutschland, Einzeltiere auch in der Schweiz, Frankreich und Südtirol. Alle Tiere – mit Ausnahme jener in Kroatien – stammen von österreichischen Ursprungstieren ab. Österreich führt als einziges Land ein Herdebuch für die Turopolje Schweine, weiters gibt es auch von einer handvoll Eber - Tiefgefriersamen in Österreich. Betreut wird die Rasse von der Interessensgemeinschaft Turopolje-Schweinezüchter, einer Sektion der Arche Austria (Verein zur Erhaltung gefährdeter Haustierrassen), dem anerkannten Schweinezuchtverband für die Rassen Turopolje.

www.turopolje.at

Turopolje am Bio-Hof Josef Göltl

Das Schwäbisch-Hällische Landschwein

Schwäbisch-Hällische bei Rudolf Bühler,
Bäuerliche Erzeugergemeinschaft Schwäbisch Hall

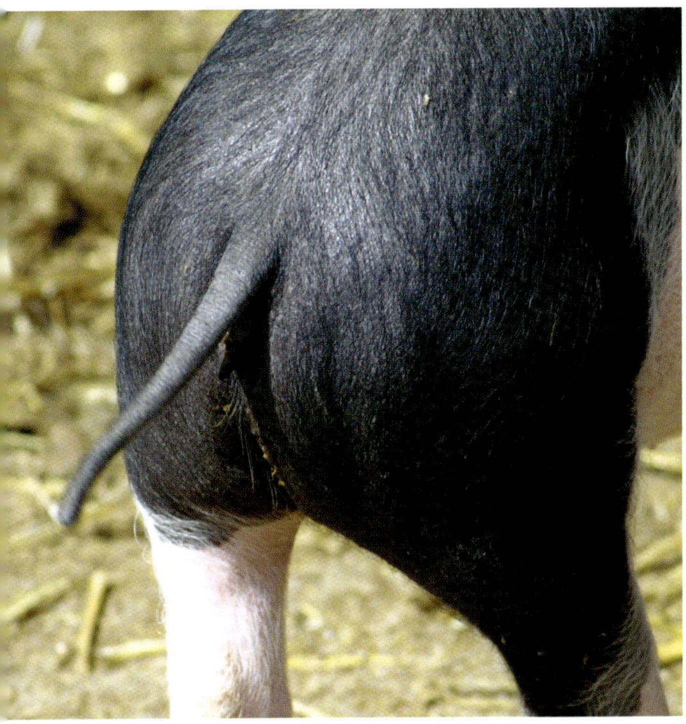

Schwäbisch-Hällische bei Rudolf Bühler,
Bäuerliche Erzeugergemeinschaft Schwäbisch Hall

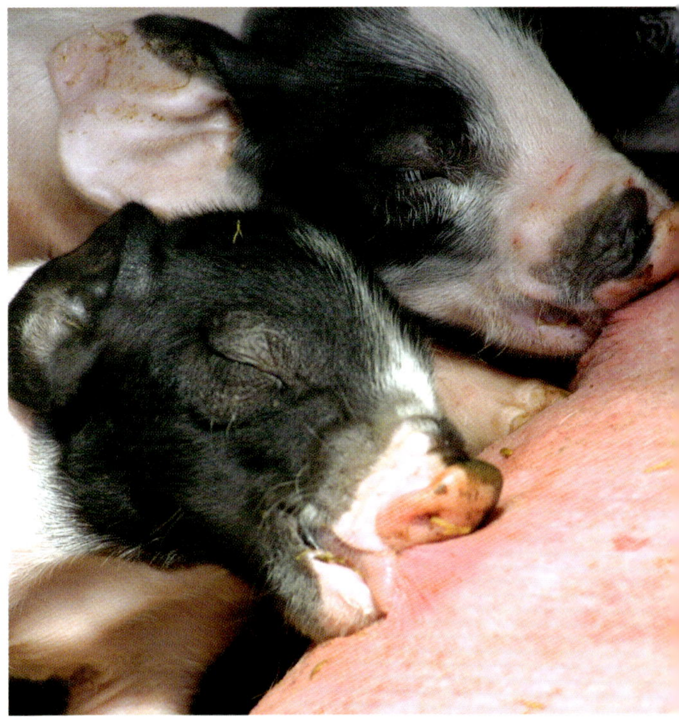

Auf Gut Herrmannsdorf bei Karl Ludwig Schweisfurth

Das Schwäbisch-Hällische Landschwein

Die älteste und traditionsreichste Schweinerasse Deutschlands

1. Entstehung und Zuchtgeschichte

Die heute bekannten Sattelschweinerassen haben allesamt denselben Ursprung: Sie kamen im 18. Jahrhundert aus China nach England, vermutlich durch die Ostindische Handelskompagnie, und zwar aus der Provinz Jinhua, einer Mittelgebirgsregion in Zentralchina. Von England aus eroberten sie ab 1816, nach Aufhebung der von Napoleon verfügten Kontinentalsperre den Kontinent.

So erreichten um das Jahr 1820/21 auf Anordnung König Wilhelm I. von Württemberg, dem "Landwirt auf dem Königsthron", auch eine Anzahl "Chinesenschweine" die königlichen Domänen im Stuttgarter Umland. Unter der Leitung des königlichen Güterverwalters August Weckherlin wurden Kreuzungen vorgenommen mit dem erklärten Ziel: "Zur Hebung der Schweinezucht", wie im damaligen landwirtschaftlichen Correspondenzblatt stolz berichtet wurde.

Die chinesischen Schweine waren als sehr fruchtbar, "eine solche Sau hat 15 – 18, oft bis 20 – 22 Ferkel", genügsam und zahm beschrieben. Auch hieß es von ihnen, dass sie den Boden nicht umwühlen. Sie liefern ferner gutes Fleisch, vorzüglich schmackhaft. Diese Eigenschaften bleiben selbst durch die Paarung mit dem Landschwein erhalten. Die angekommenen "Chinesenschweine" wurden auf mehreren königlichen Domänen im damaligen Württemberg verteilt, um sie so der Landeszucht zuzuführen. Bis zu dieser Zeit wurden in Mitteleuropa nur domestizierte Wildschweine (sus scrofa scrofa) gehalten; mit der Einfuhr chinesischer Schweine (sus scrofa vittatus) über England entstanden erstmals auf dem Kontinent die bekannten Hausschweinerassen.

Heute wissen wir, dass zum Beispiel alle Sattelschweinerassen miteinander verwandt sind und ihren Ursprung in der weltgrößten Schweinenation China haben:

- das Wessex-Saddleback in England
- das Limousin Schwein in Frankreich
- das Baaßner Schwein in Siebenbürgen, Rumänien
- die Rasse Presticé in Tschechien
- das Neapolitanische Schwein in Italien
- das Hampshire Schwein in den USA
- das Poland China Schwein in den USA
- die Linzer Schecken in Österreich
- das Basken Schwein in Spanien
- das Angler Sattelschwein in der Grafschaft Angeln
- das Schwäbisch-Hällische in Schwäbisch-Hall
- das Krskopolje aus Slowenien
- das Deutsche Sattelschwein in Ostdeutschland, welches aus der Zusammenführung des Angler Sattelschweines mit dem Schwäbisch-Hällischen Landschwein auf dem Territorium der ehemaligen DDR in den 1950er Jahren entstanden ist.

Das Schwäbisch-Hällische Landschwein erhielt schließlich seinen Namen durch die Tatsache, dass es sich im damaligen Königreich Württemberg in der Region um Schwäbisch-Hall am besten verbreitet hat.

Corsican. This is one example of a wide range of colours in Corsican pigs.

1844 war im landwirtschaftlichen Correspondenzblatt zu lesen: "Das Hällische Land ist das Land der Schweine, denn nirgends versteht man sich auf Schweinemast und Schweinzucht so gut wie im Hällischen, nirgends sonst wird sie in der Ausdehnung getrieben und nirgends trifft man die eigenthümliche vorzügliche Race von Schweinen an, welche der Hällische Bauer hat."

Das Schwäbisch-Hällische Schwein wird so beschrieben, wie wir es noch heute kennen: Schwarzer Kopf und schwarzes Hinterteil, langgestreckter Körper, mit großen Schlappohren und langem Rüssel. Unter weiter: "... zu loben ist ihre Masthaftigkeit, Fruchtbarkeit, die Größe ihrer Ferkel. Man kann aber wirklich dem Hällischen Schweine nicht genug zu seinem Lobe sagen."

In der Stadt Hall war man so stolz auf die blühende Schweinezucht, dass man im Jahre 1841 beim Festzug anlässlich des 25 jährigen Kronjubiläums von Wilhelm I. in Stuttgart-Cannstatt auf der Fahne der Stadt und des Oberamtes Hall ein "ächt Hällisches Mutterschwein mit seinen Jungen" vorstellte.

An das äußere Erscheinungsbild des "Schwäbisch Hällischen" werden folgende Anforderungen gestellt:

Kopf:	Mittellang mit mäßig eingesatteltem Gesichtsprofil. Die Stirn zeigt eine Runzelung bzw. Maske, die auf den Einfluss der zum Beginn der Zucht ab dem Jahr 1820 eingekreuzten chinesischen Schweine hinweist.
Ohren:	Großes Schlappohr.
Schulter:	Lang, breit und gute Verbindung.
Brust:	Tief und breit.
Rücken:	Zum Kreuz um etwa 5 cm gegenüber der Widerristhöhe ansteigend.
Becken:	Mäßig abfallend, aber breit.

Schwäbisch-Hällische bei Rudolf Bühler,
Bäuerliche Erzeugergemeinschaft Schwäbisch Hall

Iron Age hybrid
Tamworth
Dorset Gold Tip
Berkshire
Oxford Sandy-and-Black of the 1950's
Gloucester Old spots, modern type
(Blackground: heavily spotted 1920s type)
Wessex Saddleback
Large Black
Essex
British Saddleback

Schinken: Tief gewachsen.

Bauch: Geräumig, fest, nicht zu fett.

Gliedmaßen: Gut gestellt, trocken und sehr stabil.

Gesäuge: Gut ausgeprägt und drüsig.

Zitzen: Nicht unter 14, gut entwickelt in länglicher Form und auf beiden Seiten gleichmäßig verteilt.

Farbe der Haut: Vorderhand und Hinterhand schwarz mit weißer Mittelhand. Die Anteile "schwarz" und "weiß" können verschieden ausgeprägt, die Gliedmaßen sollen weiß sein. Die Rüsselscheibe und die Schwanzspitze sollen bevorzugt weiß sein.

Farbe der Haare: Weiß auf weißer Haut, schwarz auf schwarzer Haut. Säumungsstreifen beim Übergang von weißer auf schwarze Haut.

Quelle: Dipl. Ing. agr. Rudolf Bühler, Vorstandsvorsitzender der Bäuerlichen Erzeugergemeinschaft Schwäbisch Hall (BES)

Das "Schwäbisch Hällische" in Österreich:
2 Züchter im O.Ö. Schweinezuchtverband, mehrere kleine Bestände befinden sich in erster Linie bei Bio-Bauern. In letzter Zeit versucht man in die Rasse "Angler Sattelschweine" und "Saddleback" aus England einzukreuzen, damit soll in erster Linie Inzuchtproblemen vorgebeugt werden.

Schwäbisch-Hällische Ferkel bei Rudolf Bühler,
Bäuerliche Erzeugergemeinschaft Schwäbisch Hall

Das Bunte Bentheimer Schwein

Entstanden war das Bunte Bentheimer Schwein im 19. Jahrhundert in fünf Landkreisen in Niedersachsen und Nordrhein-Westfalen. Seine Blütezeit erlebte das stressresistente Schwein Mitte der 50er Jahre des 20. Jahrhunderts. Damals schätzte man die ausgesprochene Anspruchslosigkeit der Tiere und ihre guten Muttereigenschaften. Manche Sauen brachten es auf bis zu 17 Geburten, bei durchschnittlich 2,2 Würfen pro Jahr mit 22 bis 24 Ferkeln.

Die positiven Eigenschaften haben sich bis heute erhalten. Trotzdem machte der gegenüber anderen Schweinerassen erhöhte Fettanteil durch eine dicke Rückenschwarte den Tieren beinahe den Garaus.

Der Verein zur Erhaltung des Bunten Bentheimer Schweins will die alte Landrasse jetzt wegen ihrer kulturhistorischen Bedeutung, als Gen-Reserve und wegen der Anspruchslosigkeit der Tiere langfristig erhalten.

Gerhard Schulte-Bernd

Rassebeschreibung

Kennzeichen:
Das Bunte Bentheimer Schwein ist ein mittelgroßes Schwein im Landschweintyp (Schlappohren); langgestreckt und rahmig mit kurzem Becken. Unregelmäßig schwarze Flecken auf weißem oder hellgrauem Untergrund.

Eigenschaften und Zuchtziel:
hohe Fruchtbarkeit
lange Nutzungsdauer
stressstabil und robust
genügsam in der Haltung
exzellente Fleischqualität
Das Bunte Bentheimer Schwein ist besonders gut für eine extensive Haltung geeignet.

Vorkommen:
früher Grafschaft Bentheim, Cloppenburg und Wettringen. Heute gibt es bundesweit Zuchtbetriebe.

Zuchtgeschichte:
1950 bis 1964 herdbuchmäßig erfasst im Zuchtverband des Bentheimer Schweins. 1988 erneute Herdbuchaufnahme und von 1990 bis 2002 züchterisch vom Schweinezuchtverband Weser- Ems e.G. betreut. Seit 01. Januar 2003 ist dies die Niedersächsische Erzeugergemeinschaft für Zuchtschweine eG - NEZ - mit Sitz in Oldenburg.
Seit 2003 gibt es auch eine bundesweite Herdbuchführung über die Mitgliedschaft im Verein zur Erhaltung des Bunten Bentheimer Schweins e.V.

Leistungsangaben:
Schulterhöhe Gewicht: Eber 75 cm 250 kg, Sau 70 cm 180 kg

Ursprungsrassen
In Norddeutschland war man mit den Leistungen der derzeitigen Hausschweine offensichtlich nicht mehr zufrieden und begann, schon um ca. 1840, in das sogenannte Marschschwein, eine Variante des

europäischen Landschweins, Schläge einzukreuzen. Darunter waren Berkshire-Eber und Cornwells aus England.

Die beiden heutigen niedersächsischen Landkreise Bentheim und Cloppenburg sowie das westfälische Wettringen können dabei als Ursprungsorte angesehen werden. Es wurden jeweils die aus o.g. Kreuzungen fallenden bunten Ferkel mit Schlappohren zur Zucht weiterbenutzt. Ganz vereinzelt tauchen bei Würfen auch Ferkel mit gelb-rötlicher Farbe auf, die mit schwarzen Flecken durchsetzt sind. Eine genaue Erklärung hat man bis heute dafür nicht gefunden. Man vermutet, daß zeitweilige Einkreuzungen von Tamworth-Schweinen oder ungewollte Deckungen durch Wildschwein-Eber dafür verantwortlich sind.

Der Niedergang:

Mit dem Aufkommen des Wirtschaftswunders in Deutschland änderten sich die Verbrauchergewohnheiten. Fettarmes Fleisch war nun gefragt, das die Bunten Bentheimer auf Grund des "ungünstigen" Fleisch-Fett-Verhältnisses(gegenüber dem Anteil in heutigem Schweinefleisch) nicht liefern konnten. Auch die Schweinezucht änderte sich - wenige "Wirtschaftsrassen" nahmen den Platz früherer, regional angepasster Rassen ein.

Das Herdbuch wurde aufgelöst und die Zahl der Züchter des Bunten Bentheimer Schweins ging drastisch zurück. Nur der Züchter Gerhard Schulte-Bernd aus Isterberg in der Grafschaft Bentheim hielt an der Haltung der Swatbunten fest und bemühte sich über Jahre hinweg, Behörden und Landwirte von einer koordinierten Weiterzucht und Vermarktung zu überzeugen. In den 90er-Jahren des letzten Jahrhunderts hielt er praktisch den gesamten noch vorhandenen Bestand des Bunten Bentheimer Schweins. Bei nur noch rund 100 Zuchttieren deutschlandweit war diese Rasse hochgradig vom Aussterben bedroht. Die Hartnäckigkeit von Schulte-Bernd, die Rückkehr zur Stärkung regionaler Kultur und damit auch Tierhaltung (Erhalt wichtiger genetischer Ressourcen) , führen nun zu einer neuen Blüte dieser alten Haustierrasse.

Die Zukunft

Mit der Gründung des Vereins zur Erhaltung des Bunten Bentheimer Schweins, dem Aufbau eines bundesweiten Herdbuchs mit der Erfassung aller noch vorhandenen Bestände in Deutschland, dem Aufbau eines koordinierten Zuchtprogramms und einer modernen Vermarktungsstrategie soll der Zukunft dieser erhaltenswerten Schweinerasse eine langfristige Perspektive gesetzt werden.

Bestand in Deutschland

Im Herdbuch der NEZ sind aktuell:

184 Sauen (19.05.2004: 104)
41 Eber (19.05.2004: 23)
zusammen 225 Zuchttiere (19.05.2004: 104)
registriert - Tendenz steigend.
(Stand März 2005)

Einzeltiere in Österreich

Verein zur Erhaltung des Bunten Bentheimer Schweines e.V.
Sitz Nordhorn - Grafschaft Bentheim
Geschäftsstelle Burenreege 5 D-26936 Stadland
Tel. 04737-8111008 Fax 04737-940037
info@bunte-bentheimer-schweine.de
www.bunte-bentheimer-schweine.de

Bunte Bentheimer

Die "Rettung der Bentheimer"

Von Tobias Böckermann

Gerhard Schulte-Bernd ist ganz der alte. Wenn er von seinen "Swatbunten" erzählt, gerät er ins Schwärmen, predigt gestenreich "Vielfalt und Gesundfleisch". So kennen ihn viele. Schulte-Bernd ist 80 Jahre alt geworden, und weil er die Bunten Bentheimer Schweine vor dem Aussterben gerettet hat, wurde er zum Ehrenherdbuchzüchter ernannt.
Das offene Feuer in der alten Hofstelle des Tierparks Nordhorn prasselt leise vor sich hin an diesem Wintertag. Schulte-Bernd und seine Frau Gesine (77) sitzen am Tisch, essen zuerst Apfelkuchen, dann ein wenig Schinken und Bierknacker. Mit dabei: Helge Thoelen, Vorsitzender des Vereins zur Erhaltung des Bunten Bentheimer Schweins, sein Stellvertreter Stefan Westhuis und Tierparkleiter Thomas Berling, im Verein Regionalvertreter der Grafschaft Bentheim.

Der Rundgang durch den Schweinestall liegt gerade hinter ihnen, die Urkunde als Ehrenherdbuchzüchter ist überreicht. Eine von inzwischen vielen Ehrungen. Schulte-Bernd hatte die schwarzbunten Schweine, die Mitte des 19. Jahrhunderts in der Region Bentheim, Emsland, Cloppenburg entstanden waren, 25 Jahre lang als Einziger gehalten - manch einer nicht nur der anderen Landwirte nannte ihn dafür einen "Sturkopp". Alle anderen jedenfalls hatten sich von der alten Rasse abgewandt, vor allem, weil der Verbraucher mageres Fleisch verlangte. Und die Bunten Bentheimer sind nun mal nicht so mager wie ihre moderneren Vettern.

Schulte-Bernd berichtet vom jahrzehntelangen Kampf um seine Schweine, kommt wie immer kaum zum Luftholen, geschweige denn zum Kaffeetrinken. "Früher hatten alle Bauern die Swatbunten, weil sie widerstandsfähig und leicht zu halten waren. So habe auch ich 1950 angefangen. Aber dann kamen sie aus der Mode. 1960 hatten wir eine entscheidende Versammlung der Züchter. Der Zuchtleiter fragte damals: Wer will noch mit den Swatbunten weitermachen? Ich habe als Einziger den Finger gehoben, ich wollte die Vielfalt. Was Einfalt bedeuten kann, habe ich als 16-Jähriger im Krieg erlebt."
Schulte-Bernd steht da, von der jahrelangen Arbeit ein wenig nach vorne gebeugt, und zieht einen alten, vergilbten Katalog aus der Tasche. "Am 15. Dezember 1960 gab es die letzte Eber-Auktion, beschickt von einer Hand voll Betriebe", sagt er und deutet auf die zweite Seite. "Ab 1963 war ich dann ganz alleine und wurde zum Rufer in der Wüste", sagt der gläubige Katholik Schulte-Bernd. Er züchtete nach seinem eigenen System, das bis heute wohl nur er allein durchschaut, weiter. Die Inzuchtgefahr war groß, und auch der Absatz der Ferkel wurde zum Problem. "Ich bin mit dem Bulli durchs Emsland gefahren und habe meine Ferkel angepriesen. Gebettelt habe ich und mich über Wasser gehalten."
Der Rest der Geschichte wurde schon oft erzählt. Irgendwann wurden einige Forscher und das Land Niedersachsen auf die "Swatbunten" aus der Grafschaft aufmerksam, sie wurden untersucht und als eigenständige Rasse wieder anerkannt. Die Bunten Bentheimer gewannen immer mehr Freunde, und ein langsamer Aufschwung begann.

Heute gibt es wieder mehr als 380 Zuchttiere. Für ein langfristiges Überleben ist das noch immer viel zu wenig, aber es ist ein erster Erfolg unter anderem des 2003 gegründeten Vereins zur Erhaltung des Bentheimer Schweins.

Inzwischen wurde die Rasse in die Slow-food-Gemeinde aufgenommen, grunzt in Luxemburg und in den Niederlanden. Beim holländischen Nachbarn wurde sogar eigens ein neues Zuchtbuch eingerichtet. Die Niederländer waren so gründlich beim Verdrängen ihrer alten Rassen gewesen, dass es nur noch eine einzige Hybridsorte gab. Für Gerhard Schulte-Bernd kommt das nicht besonders überraschend. "Vielfalt setzt sich eben durch. Und Qualität, mit der man ohne Probleme 80 werden kann."

Urzhum (Kirov)
Tsivilsk (Chuvash)
North Siberian
Kemerovo (Siberia)
Siberian Black Pied
Aksai Black (Kazakhstan)
Semirechensk (Kazakhstan)

Das Rotbunte Husumer Schwein

Auch als das Schwein der dänischen Minderheit in Deutschland bezeichnet. Diese verhältnismäßig junge Rasse hat ihren Ursprung im Angler Sattelschwein. Unter den Angler Sattelschweinen sind früher öfter rot-weiß-rote Farbschläge aufgetaucht. Daneben kam es auch zu Kreuzungen des alten Holsteiner und Jütländer Marschschweins mit englischen Tamworth-Ebern.

Diese brachten die kräftige rote Farbe, die extreme Robustheit und die Stehohren mit ein. Aus dieser Ausgangs-Population bildete sich um die Wende zum 20. Jahrhundert eine rote Variante des Angler Sattelschweins heraus, die man wegen ihres Zuchtgebietes um Husum heute auch Rotbunte Husumer Schweine nennt.

Die dänische Minderheit hielt solche Tiere, da ihre rot-weiß-rote Färbung den Nationalfarben Dänemarks entsprach und diese Schweine somit ein Symbol für deren Nationalstolz waren. Um 1916/17 wurden die Tiere als Variante der Angler Rasse populär. 1954 wurde dann das Rotbunte Husumer Schwein als Rasse anerkannt und ein Herdbuch erstellt. Sitz des Verbandes war Husum.

Trotz der hohen Attraktivität der sehr schön gezeichneten robusten Schweine ließen sich die häufig auftretenden, untypisch gezeichneten Tiere nur schlecht absetzen. Außerdem wurden diese Schweine - wie alle anderen alten Rassen auch - von den modernen Rassen verdrängt. 1968 sah man auf der Kreistierschau in Rendsburg zum letzen Mal eine Sau mit Ferkeln. Dann wurde das Herdbuch geschlossen.

In den folgenden zwei Jahrzehnten geriet die Rasse in Vergessenheit, nur wenige Exemplare blieben. 1984 tauchten wieder – nicht ganz reinrassige Rotbunte – auf der grünen Woche in Berlin auf. Sämtliche in Berlin gezeigten Tiere wurden von dem Zoo Berlin und von Dr. Güntherschulze – seinerzeit Direktor des Tierpark Neumünster - erworben und weitergezüchtet. 1984 entstand eine Interessengemeinschaft Rotbuntes Husumer Schwein, die mit 14 Haltern und Züchtern dafür sorgte, dass die mischerbigen Tiere durch strenge Zuchtwahl heute wieder äußerlich dem Rotbunten Husumer Schwein entsprechen. Unter gezielt extensiven Haltungsbedingungen konnte auch ihre enorme Vitalität erhalten bleiben.

Das Rotbunte Husumer Schwein wurde durch das Land Schleswig-Holstein anerkannt. Regional werden diese Schweine heute auch vermarktet. Am 3. Mai 1996 wurde der "Förderverein Rotbuntes Husumer Schwein e.V." von 16 Züchtern und Haltern gegründet. Die Zählung ergab einen Gesamtbestand von 143 rotbunten Husumer Schweinen bei einem günstigen Geschlechtsverhältnis von 1:2,5 Ebern zu Sauen. Die offiziell gekennzeichneten Tiere sind im Schweineherdbuch Schleswig-Holstein erfasst und werden jetzt vom Hybrid-Schweine-Zuchtverband Nord-Ost e.V. in Malchin – Mecklenburg-Vorpommern verwaltet.

Die Rotbunten Husumer Schweine sind großrahmig. Die Farbverteilung entspricht der des Angler Sattelschweins, jedoch mit weißem Sattel auf roter Grundfarbe, bei älteren Tieren dunkelt die rote Farbe häufig nach; teilweise haben sie Stehohren. Eber haben eine Schulterhöhe von 92 cm und Sauen von 84 cm. Das Gewicht beträgt bei Ebern 350 kg, bei Sauen 300 kg.
Einzeltiere gibt es auch in Österreich, leider aber noch keine Herdebuch -Erfassung.

Förderverein Husumer Rotbunte Schweine e.V.
Lorenz Nelles
Lebenshilfe e.V
Barmbek 24a
24594 Hohenwestedt
Quelle: Förderverein Rotbuntes Husumer Schwein

Das Baaßna-Schwein

Baaßne/ Bassner/ Schwein rum. Bazna

Die Schweine tragen ihren Namen nach dem sächsischen Ort Baaßen in Siebenbürgen/ Rumänien. Es sind Tiere in der Farbe schwarz-weiß-schwarz, meist mit einem weißen Bauchgurt, der Rest des Körpers ist schwarz, ähnlich wie Angler Sattelschweine oder Schwäbisch Hällische Schweine. Bassner Schweine sind "kastenförmig", gedrungen, mit kurzen Beinen. Das Baaßna Schwein steht im alten Fettschweinetyp, die Ohren halbhängend.

Die Rasse entstand durch einen glücklichen Zufall. 1870 wurde die Eisenbahn durch Siebenbürgen gebaut, ein englischer Eisenbahningenieur kam ins Kurbad Baaßen. Während seines Aufenthaltes bekam er Einblick in die wirtschaftlichen Verhältnisse des Dorfes und die in Rumänien übliche Zucht der Mangalitza Schweinerassen und beanstandete diese, da seiner Meinung nach die Zuchtergebnisse nicht optimal seien.

Der engagierte Eisenbahningenieur schickte von England per Eisenbahn an den Verwalter des Bades eine Sau und einen Eber der englischen Rasse Berkshire. Die Sau überlebte den Weg per Bahn nicht, der Eber kam wohlbehalten an und wurde mit den heimischen Mangalitza Schweinen gepaart. Es entstand ein eigener Schweinetyp und schnell bekamen die Schweine den Namen des Ortes Baaßner.

Die Schweine zeichneten sich durch ihre extreme Robustheit, gute Futterverwertung und durch ihre überlegene Leistungsfähigkeit gegenüber den damaligen Mangalitzas aus. Die Baaßnas wuchsen schneller und hatten auch mehr Ferkel, konnten aber genauso wie Mangalitzas minus 30° C aushalten. Die Mediasche Ackerbauschule trug wesentlich zur Verbreitung der Baaßners im ganzen Land bei, so wurden weitere Berkshire importiert. Wie weit die deutschen Sattelschweinrassen, also die heutigen Angler Sattelschweine und Schwäbisch Hällische Schweine eine Rolle in der Entstehung der Baaßnas gespielt haben, weiß man nicht.

Interessant wäre eine Blutuntersuchung, die genaueren Aufschluss über die Verwandtschaft zu einzelnen Rassen gibt. Seit 1959 gab es Zuchtstationen in Klausenburg und Turda, die einen Kernbestand von reinrassigen Baaßnas züchteten. Die Station in Turda wo auch die letzten Rumänischen roten Mangalitzas gezüchtet wurden, ist erst kürzlich aufgelöst worden. Die Tiere gingen an private Züchter. In Baaßen selbst gibt es leider keine offizielle Zucht. Genaue Bestände kennt man nicht, fest steht, dass es sich um eine äußerst gefährdete Schweinerasse handelt.

Linke und rechte Seite: Schweinemarkt in Rumänien

Das "Düppeler Weideschwein" in Bellersen

Der Typus des Deutschen Weideschweines ist Mitte der 60er Jahre ausgestorben. Im Rahmen einer möglichst zeitgenössischen Ausgestaltung des Museumsdorfes Düppel bei Berlin wurde im Jahre 1981 von dem Genetiker Prof. Dr. W. Plarre ein Rückzüchtungs- programm für das mittelalterliche Weideschwein ins Leben gerufen. Seit Anfang der 90er Jahre existiert eine weitgehend homogene Gründerpopulation. Sie setzt sich aus etwa 40 % Wollschwein-, 33 % Wildschwein-, 19 % Rotbuntes- und 8 % Veredeltes Landschwein-Anteilen zusammen.

Als wichtigste Zuchtziele des Düppeler Weideschweins gelten:

Äußere Merkmale:

Mittelgroß, hochbeinig (marschtüchtig), langschädelig, Stehohren, Karpfenrücken, flachrippig, farbverschieden (ganzfarbig, rotbraun, graubraun bis schwarzbraun und gelb bis weiß gefleckt), starke Borsten, besonders auf dem Rücken (Kamm), im Großen und Ganzen noch sehr wildschweinähnlich.

Verhalten und Leistungsmerkmale

Spätreif, fruchtbar (10 Ferkel und mehr), fürsorglich bei der Ferkelaufzucht (mütterlich), mastfähig (Fettansatz), robust, widerstandsfähig gegen Witterungsbedingungen (Hüttenhaltung), stressresistent, Zusammenleben in Großfamilie als Rotte.

Aufgrund ihrer recht kleinen, robusten und spätwüchsigen Art sind die Düppeler Weideschweine hervorragend für die Freilandhaltung geeignet, ganz im Gegensatz zu dem bekannten Hausschwein. Typisch für ihre Gattung sind die verschiedenen Farbvariaten und die besondere Qualität ihres Fleisches.

Der Standort Bellersen

Die Gemarkung Bellersen gehört zur Stadt Brakel und liegt im Kreis Höxter. In Bellersen sind zwei standörtlich unterschiedliche Flächen für die zukünftige Schweinebeweidung vorgesehen. Zum einen handelt es sich um frisches, örtlich auch feuchtes Grünland in der Aue der Brucht, zum anderen um eine meist flachgründige, ehemals als Acker genutzte Brachfläche auf dem Rücken des Schmandberges.

Die in Bellersen gehaltenen Tiere entstammen der Düppeler Gründerpopulation und wurden im November 1998 aus Mitteln der nordrhein-westfälischen Stiftung Naturschutz, Heimat- und Kulturpflege angeschafft, die auch die Kosten für die notwendigen Weideeinrichtungen übernommen hat. Die Schweine befinden sich im Besitz der Landschaftsstation Diemel-Weser-Egge in Borgentreich und werden in ihrem Auftrag durch den ortsansässigen Landwirt Markus betreut. Die Weideflächen wurden von der Stadt Brakel für dieses Projekt zur Verfügung gestellt.

Quelle: www.weideschweine.de

Duroc-Schweine auf der wiedererstandenen Kolchose „Leo Tolstoi“ in Russland

Das Duroc-Schwein

Eine Rasse, die alleine schon wegen der außergewöhnlichen Farbe rotbraun auffällt.
Aber nicht nur die Farbe ist außergewöhnlich. Durch seine Entstehungsgeschichte in den USA unterscheidet sich diese Schweinerasse auch sehr von den europäischen Rassen.

Entstanden in den USA aus roten Schweinen, die 1849 aus Guinea importiert wurden und spanische Schweine, die 1837 nach Kentucky kamen. Daraus züchtete man drei Duroc Linien:
Jersey red, red Durocs von New York und Red Bershire von Connecticut. Heute sind sie in den USA unter Duroc- Jerseys zusammengefasst, in Europa unter Duroc. Einen Rassestandard gibt es vermutlich seit 1885, so war auch die englische Tamworth Rasse an der Entstehung beteiligt.

Großrahmiges, robustes Schwein mit guter Körperlänge, fester Oberlinie, meist Tiere mit gewölbtem Rücken. Die Zitzenanzahl geht von 12 aufwärts, angestrebt werden meist 7/7.

Rotes, rotbraunes Haarkleid, mit dichten Borsten und selten kleine schwarze Flecken, schwarze Haut und schwarze Klauen. Typisch sind die mittelgroßen Hängeohren, normal 9-12 Ferkel pro Wurf, frohwüchsig, widerstandsfähig, ein Magerschwein mit sehr hohem intramuskulären Fett, stressresistent, gute Mütter, die Milchleistung ist bei einigen Linien verbesserungswürdig. Ausgewachsene Eber erreichen ohne weiteres 350 kg.

Duroc-Bestände sind seit Anfang der 80er Jahre in Deutschland, Verbreitung in ganz Europa bis Russland. In den Schweinezuchtverbänden hält sich der Bestand doch noch sehr in Grenzen, es gibt nur sehr wenige Reinzuchtbetriebe. Durocs werden in der jüngsten Zeit etwas verstärkt in der Gebrauchskreuzung eingesetzt.
Ideal für Biobetriebe und/oder Freilandhaltung (durch die dunkle Haut besteht keine Sonnenbrandgefahr).
In Österreich wir die Rasse durch die vier Schweinezuchtverbände in kleinem Umfang betreut.

Duroc-Eber mit Erdstall bei Jagawirt Werner Goach

Lacombe (Canada)
Guinea hog
American Berkshire
American feral
Ossabaw Island
Gloucester Old Spots
Foxfield Pygmy
Texas Razor-back of the old type (1930s)
Large Black
Mulefoot
Beltsville No.1
Hereford
Monatana No.1
Tamworth
Minnesota No.1
Minnesota No.2

Canadian Yorkshire
Canadian Landrace
American Yorkshire
Chester White
American Landrace
Poland China
Spotted
Hampshire
Duroc

Minischweine – Hängebauchschweine

Old Cantonese (Andrew Henderson, 1814)

„Small Chinese“ (R.W.Dixon, 1822)

Cantonese

„Chinese Hog“ (Richard Parkinson, 1810)

Ningxiang

Jinhua

Neijiang

Kele

Minischweine

Arten von Minischweinen

Bei Minischweinen gibt es keine Rassestandards, wie es z.B. bei Hunden üblich ist. Die meisten Minischweine in Österreich und Deutschland sind Mischungen, bei denen vor allem das Göttinger Minischwein und das Hängebauchschwein mitgewirkt haben.

Viele Züchter kreuzten zwei Schweinchen von verschiedenen Rassen oder Mischlingen und gaben dem Wurf einen neuen Rassenamen (z.B. Bergsträßer Knirps, Wiesenauer Minischwein, Dellweger Minischwein,…). Bei diesen Tieren kann es zu großen Größenunterschieden in einem Wurf kommen, da in den vorigen Generationen viele Schweine mit unterschiedlichen Rassen und Größen mitgewirkt haben.

Es gibt ein paar eingebürgerte Rassen von Minischweinen, die Tiere sind aber nicht durchgezüchtet:

Göttinger Minischwein

Das Göttinger Minischwein ist neben dem Hängebauchschwein die Minischweinrasse, die in Österreich und Deutschland am häufigsten anzutreffen ist. Ursprünglich wurde es als Versuchstier an der Universität in Göttingen gezüchtet, später gelangte es in private Hände und wurde somit zum Heimtier. Göttinger Minischweine haben eine hohe Stirn und Falten an den Beinen. Das Göttinger Minischwein ist in fast allen Rassen beinhaltet.

Größe/Gewicht: 40-50cm hoch, 40-60kg

Münchner Miniaturschwein (Troll)

Das Münchner Miniaturschwein wurde, wie auch das Göttinger Minischwein als Versuchstier gezüchtet. Diese Tiere haben eine hohe schmale Figur und einen langen Rüssel. Sie sind rehbraun und haben dünne Borsten. Leider sind sie heute sehr selten.

Größe/Gewicht: 50-65 cm hoch/ca. 20 kg

Minischweine bei Jagawirt Werner Goach

Middle White
Small White
Lincolnshire Curly Coat
Large White Ulster
Welsh
Cumberland
British Lop

s Middle White und verschiedene Mini- und Hängebauchschweine

Linggao
Tunchang
Wenchang
Luchuan
South Yunnan Short-eared
New Huai

Hängebauchschweine

Das Hängebauchschwein stammt von der südostasiatischen Variante des Bindenschweins ab. Sie haben kurze Beine, einen stark ausgeprägten Bauch und einen durchhängenden Rücken. Hängebauchschweine sind grau-schwarz und haben eine dicke Haut. Der Körper ist lang und hat (vor allem im Gesicht) viele Falten.

Den Ferkeln des Hängebauchschweins sieht man den hängenden Bauch noch kaum an, er entwickelt sich erst mit der Zeit.

Hängebauchschweine neigen noch extremer als andere Schweine zu Übergewicht, was gesundheitliche Schäden mit sich bringt: die Falten im Gesicht werden so groß, dass sie die Augen der Tiere verdecken können und somit zur Erblindung führen.
Namensgebend ist die Tatsache, dass der Bauch der Tiere als Auswirkung ihrer geringen Größe nahezu auf dem Boden schleift.

In Europa wurde die Rasse erstmals 1866 mit der Eröffnung des Zoologischen Gartens in Budapest gehalten. Infolge ihrer Fähigkeit zur Aufnahme sozialer Beziehungen und ihrer relativ geringen Körpermaße fanden Vertreter der Rasse in den letzten Jahren weltweite Verbreitung als Heimtiere innerhalb von Hobbyzuchten.

Größe/Gewicht: 45-60cm hoch/50-80 kg

Hängebauchschweine der unterschiedlichsten Rassen werden in ihrer Heimat (asiatischer Raum) als Nutztiere gehalten und gegessen.

Mini-Hängebauchschwein

Minihängebauchschweine sind eine Mischung aus unterschiedlichen Minischweinrassen und Hängebauchschweinen und sind demnach auch keine richtige Rasse. Es gibt sie in den meisten Farben und Variationen. Sie sind an ihrem Hängebauch zu erkennen.
Größe: Die Größe und das Gewicht dieser Tiere schwanken je nach Tier, so kann man darüber keine genauen Angaben machen.

Beim Jagawirt Werner Goach

Kangaroo Island (Australia)

Kunekune (New Zealand)

Australian ferals

Nigerian Native

Bakosi (Cameroon)

Ashanti Dwarf (Ghana)

West African, typical dwarf
of the region

South African Landrace

Windsnyer (South Africa)

Das "Glöckchenschwein"

Das Besondere an diesen Schweinen: Viele Tiere tragen zwischen Unterkiefer und Halsansatz zwei Hautausstülpungen - ähnlich wie bei Ziegen - , sogenannte "Bommeln" oder "Glöckchen". Nur ca. ein Drittel der Glöckchenschweine weisen solche Glöckchen am Hals auf: Entweder beidseitig oder nur an einer Kieferhälfte. Weil es keinen bekannten Namen für diese dänische Rasse gibt, wurde 1996 die Bezeichnung "Glöckchenschwein", von Dr. Jürgen Güntherschulze eingeführt.

Über die Bommeln oder Glöckchen dieser Schweine weiß man bisher nur:

- dass es reine Hautausstülpungen sind,

- dass sie keine Drüsen enthalten,

- dass sie bei der heutigen Population der Glöckchenschweine keinerlei Funktion haben,

- dass Wildschweine, also ihre wilde Stammform, derartige Hautausstülpungen scheinbar nirgendwo auf der Welt besitzen.

Das Sortbroget ist robust und genügsam und ist ein typisches Speckschwein. Außerdem sehr langlebig.

Mit einem Alter von angeblich 36 Jahren hält eine Sau dieser Rasse den Altersrekord bei Schweinen.

Die erste Zuchtgruppe von der Insel Fünen wurde 1996 nach Deutschland, in den Tierpark Wader, eingeführt.

Der gesamte übrige Bestand - man kann auch sagen, Weltbestand - dieser alten dänischen Landschlagrasse, die in ihrer alten genetischen Konstellation als unspezialisiertes Weideschwein bis heute herübergerettet wurde, wird von Herrn Gorm Benzon, auf der Insel Fünen seit vielen Jahren in ganzjähriger Freilandhaltung gehalten

Glöckchenschweine in Russland gefunden von Karl Schardax

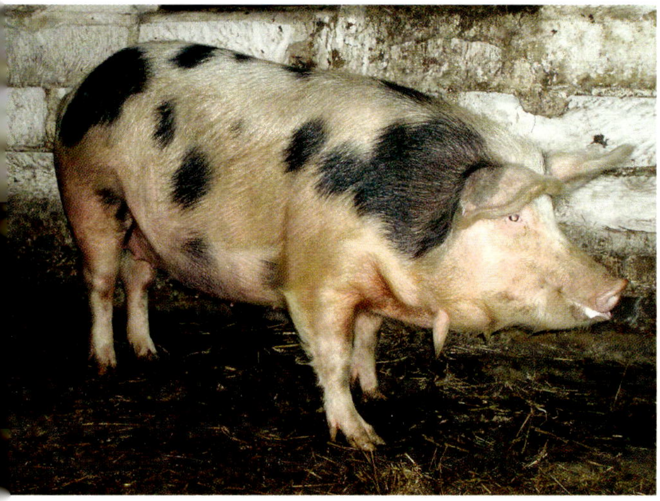

Der Saubär

In Österreich spricht man landläufig vom Saubären, wenn vom Eber die Rede ist.
Früher gab es neben dem "Dorfstier" auch einen "Dorfbär". Bis heute existiert in Österreich ein Gesetz, erlassen von Maria Theresia, das die Gemeinden verpflichtet, Vatertiere bei einem Bauern einzustellen und dessen Ankauf finanziell zu unterstützen.

Ein Stier- oder Eberhalter war verpflichtet, die umliegenden Bauern mit ihren Kühen und Sauen zu empfangen und von ihrem Dorfbär oder Dorfstier decken zu lassen. Teilweise ist auch der Begriff Moarstier noch bekannt. Solche Eber und Stiere standen meistens auf Maierhöfen*.

Früher wurden bei uns die Sauen zu Fuß zum Eber getrieben, mancherorts gab es dies noch bis vor einigen Jahren. In einigen neuen EU-Ländern ist es auch heute noch üblich, dass die Kleinbauern selber Zuchteber halten und die Sauen der Dorfgemeinschaft damit versorgen. Bei uns sind so genannte Dorfeber heute nicht mehr im Einsatz, angeblich verbietet die "Hygiene"** einen solchen natürlichen Kontakt, da dadurch eventuell "Krankheiten eingeschleppt" werden könnten!

Heute hat die Aufgabe des Saubären leider der "Besamungstechniker" übernommen, nur mehr in wenigen Betrieben werden Eber zu natürlicher Besamung eingesetzt.

Der "Sucheber" – die arme Sau!
So genannte "Sucheber" sind dazu da, rauschende (zur Paarung bereite) Sauen aufzuspüren, die Belegung übernimmt dann der Bauer als Eigenbestandsbesamer oder ein Besamungstechniker. "Sucheber" zu sein ist beileibe kein Honiglecken, die Suche nach "rauschigen Sauen" stachelt naturgemäß jedesmal die natürlichen Sexualinstinkte des Ebers an, die jedoch zumeist ein Leben lang unerfüllt bleiben, gerade so, als würde man einem Hungernden jeden Tag eine Speise vor die Nase halten und dann, ehe er mit dem Essen beginnen kann, diese wieder wegnehmen..

Beim Jagawirt Werner Goach

*Als Meierhof (von lat.: maiores villae; aus maior oder maius "größer, stärker, bedeutender" und villa rustica "Landhaus") wird ein Bauerngehöft oder -gebäude benannt, in dem in seiner Geschichte einmal der Verwalter (der Meier) eines adligen oder geistlichen Gutshofes gelebt hat. Meierhöfe werden bis heute auch verpachtete ehemalige Gutshöfe genannt.

** Das Prozedere wider die Natur, die künstliche Besamung hat leider heute in fast allen Bereichen der Nutztierhaltung Einzug gehalten. Pferde, Rinder, Schweine, Puten, Ziegen bis hin zur Biene befruchtet heute ein "Besamungstechniker", hoffentlich wird uns dieser nicht schon in Bälde auch für Zuhause verordnet! Begründet wird diese Maßnahme mit der immer wieder strapazierten Weisheit des "Hygieneproblems", das bei all den Hygienebestimmungen, die Landwirten heute aufs Auge gedrückt werden, geradezu lächerlich erscheinen muss.

Wir haben die sterilsten Ställe und strengsten Gesetze (in Bezug auf Hygienemaßnahmen im Bereich der Tierzucht) seit es Nutztierhaltung gibt. Wir sprühen die Ställe mit Chemie aus oder vergasen sie, impfen die Tiere gegen Tod und Teufel, reiben sie mit Chemie gegen Ungeziefer ein, streuen ihnen teilweise Antibiotika ins Futter (oder haben es jahrelang getan). Wir entwurmen die Tiere regelmäßig, entfernen die Schwalbennester aus den Stallungen und immer öfter erinnert unserer Aufzug beim Gang in den Schweinestall der Bekleidung jener, die in Operationssälen mit Mundschutz, "Ganzkörperkondom" und Haarnetz ihre Arbeit verrichten.

Und wie weit hat uns das alles in gesundheitlicher Hinsicht heute gebracht? Übertriebene Hygienemaßnahmen, so weiß man es jedenfalls von der Kindererziehung her, schaffen Kinder mit geschwächtem Immunsystem, das bei der geringsten Belastung zusammenbricht. Das Ergebnis: Die Kleinen müssen stets zum Arzt und kränkeln dauernd, warum sollte dies bei Schweinen anders sein? Würde unser großartig ausgeklügeltes Hygienesystem im Bereich der Landwirtschaft wirklich Sinn machen, warum kämpfen wir heute dann immer noch mit Rotlauf, Maul- und Klauenseuche, Schweinepest, Schweinegrippe und Schweinepocken, um nur einige zu nennen? Warum plagen uns BSE, die Vogelgrippe oder der Feuerbrand und warum kommen immer wieder neue Seuchen mit verheerenden Folgen dazu, wie jetzt gerade wieder die "Blauzungenkrankheit"?

Die Wahrheit dürfte sein, dass hier - wie in vielen anderen Bereichen unseres heutigen Lebens - ein Naturgesetz der Evolution zur Anwendung kommt. Dieses besagt, dass "jedes Extrem im Leben nachteilige Folgen nach sich zieht" und das, was derzeit im Nutztierhaltebereich gefordert und angewendet wird, ist längst schon mehr als ein Extrem. Diese, nicht zuletzt im Interesse der Pharmakonzerne gepuschte, übertriebene Hygiene hat das natürliche Milieu von Tieren und deren Ställen aus dem Gleichgewicht gebracht und statt Gesundheit Sterilität manifestiert. Sterilität aber bedeutet nicht nur Keimfreiheit von "bösen" Bakterien und Krankheitserregern, sondern führt auch ein Gemetzel unter den "guten" Bakterien an, die im Sinne eines natürlichen Gleichgewichts im Organismus ihre Aufgaben als "Körperpolizei" und Immunabwehr erfüllen.

Aber wie meinte schon Professor Konrad Lorenz: Wir sind das "missing link" zwischen dem Affen und dem Menschen!
Wie Recht er hat.

Duroc-Eber auf der wiedererstandenen Kolchose „Leo Tolstoi“ in Russland

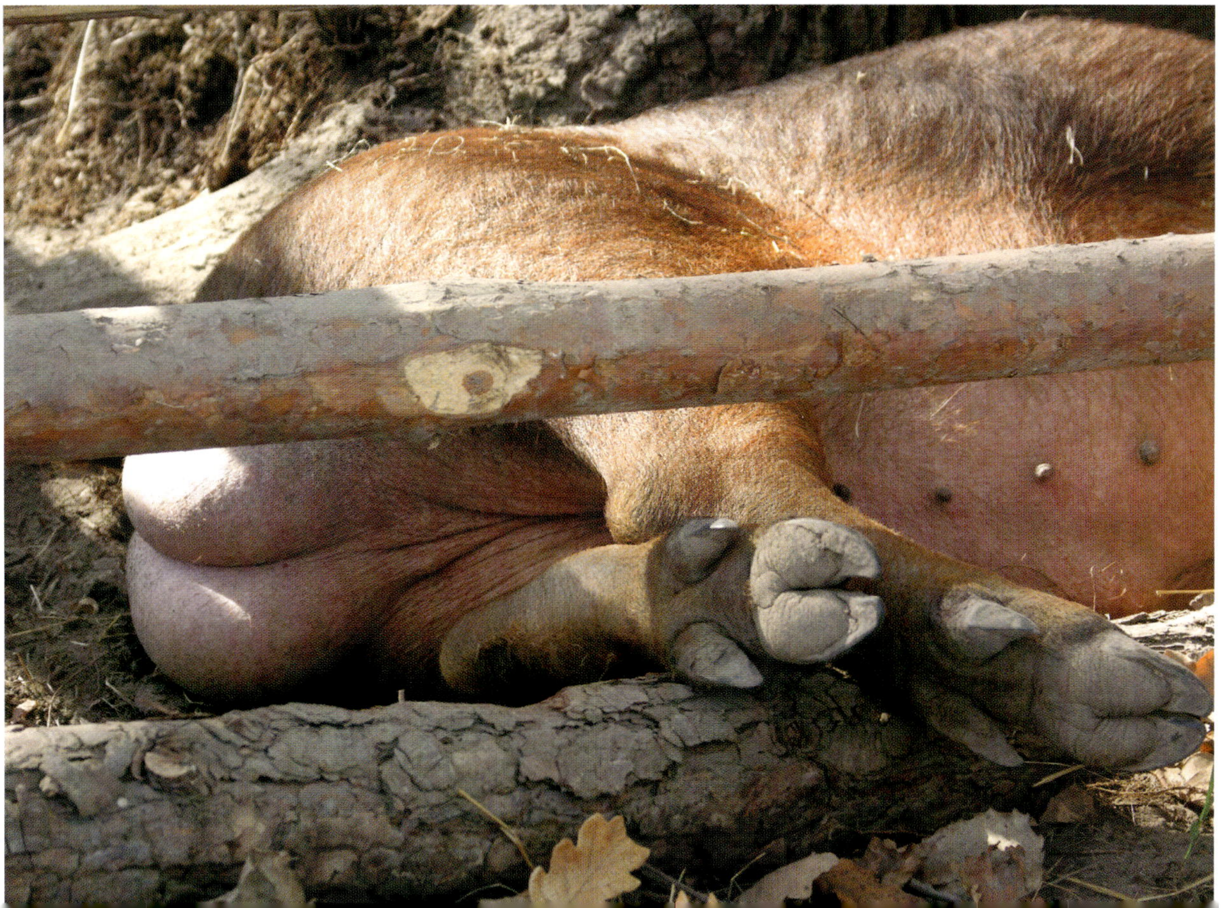

Wühlen und die Rüsselscheibe

Das Wühlen dient der Nahrungsaufnahme und der Erkundung. Dabei pflügt das Schwein mit seiner Rüsselscheibe, die empfindlicher ist als die menschliche Hand, den Boden auf.

Beim Gebrauch der Rüsselscheibe scheinen zwei Faktoren besonders wichtig zu sein:
- das Gefühl des Reibens über eine Fläche
- das Gefühl des Gegendrucks gegen den vorderen Rüsselscheibenrand

Wühlen ist wohl das typischste, artspezifische Verhalten und tritt in mehreren Funktionskreisen auf: Nahrungssuche, Erkunden, Ruheverhalten (Graben von Liegemulden), Suhlen (Herrichten des Schlammbades), Nestbauverhalten und Ausscheidungsverhalten. Das Futteraufnahmeverhalten des Schweins ist offensichtlich eng mit dem Erkundungsverhalten verbunden. Ein großer Teil des Erkundungstriebes wird durch die Wühlaktivität befriedigt. Das Wühlen ist ohne Zweifel das bedeutendste Verhaltensmuster bei der Futteraufnahme des Schweins. Selbst wenn die Tiere Mehlfutter angeboten bekommen, zeigen sie Wühlaktivitäten.

Der Rüssel des Schweins ist ein hochentwickeltes sensorisches Organ. Der Geruchsinn bestimmt in hohem Maß das Verhalten allgemein und ganz besonders die Futteraufnahme. Wie bei allen Tierarten spielt auch beim Schwein die erbliche Veranlagung der Futteraufnahme eine große Rolle. Verschiedene Rassen und Familien haben einen verschieden ausgeprägten Hungertrieb.

Was die jahreszeitliche Verteilung der Wühlaktivität angeht, so ist diese im Sommer weniger ausgeprägt bzw. die Aktivität des Grasens ist in den Sommermonaten höher. Die Wühlaktivität steigt zum Herbst/Winter hin an. Dieser Anstieg hängt mit dem abnehmenden, oberirdischen Futterangebot zusammen: Die Tiere suchen im Boden nach Wurzeln, Mäusen, Larven und anderen Kleinlebewesen.

Der Tierhalter kann das Wühlverhalten der Schweine eventuell auf bestimmte Bereiche des Geheges konzentrieren, also abseits der Grasdecke, mit Bereitstellung von Wurzeln, weicher Erde und verstecktem Futter. Eine elegante Methode der Freilandschweinehaltung ist, die Schweine in die Fruchtfolge mit einzubeziehen. Die Schweine werden dabei nach der Ernte einer bestimmten Feldfrucht in das betreffende Ackerland gelassen. Wenn die Tiere in die Fruchtfolge miteinbezogen werden, sollte man einen Zeitraum von mindestens zwei Jahren einhalten, ehe sie wieder auf die gleiche Weide kommen.

Duroc-Schweine auf der wiedererstandenen Kolchose „Leo Tolstoi" in Russland

Duroc-Schweine auf der wiedererstandenen Kolchose „Leo Tolstoi" in Russland

Freilandhaltung von Schweinen

Freilandhaltung von Schweinen

Vorteile des Weidegangs

Der Weidegang erhöht - bei einer tiefen Fütterungsintensität - den Anteil wertvoller Fleischstücke und entspricht dem Naturell der Schweine. Sie sind dadurch ruhiger, zutraulicher und deshalb für das Betreuungspersonal einfacher im Umgang. Die tägliche Bewegung ist für die Entwicklung des Körperbaues und insbesondere für das Fundament und den Gang der Tiere vorteilhaft. Bei Weidegang müssen wie bei reiner Stallhaltung bedarfsdeckende Rationen angestrebt werden. Daraus resultieren übliche Fütterungsintensitäten und entsprechend gute Mastleistungen im Bereich von 700 bis 800g/Tag. Der Weidegang verbessert die Schlachtkörperzusammensetzung. Weidetiere sind fleischiger und reicher an qualitativ hochwertigem Fett als vergleichbare Stallhaltungstiere.
Eine Suhle ist für Mastschweine in der Freilandhaltung unbedingt notwendig. Ebenso wichtig sind genügend Schattenplätze (z.B. Schattendach). Auffallend bei den im Freiland gemästeten Schweinen ist ihr sehr guter Gesundheitszustand. Es treten praktisch keine Veränderungen im Atemwegsbereich auf; Lungenverwachsungen sind nahezu unbekannt.

DAS GELÄNDE ZUR FREILANDHALTUNG VON SCHWEINEN

Die Steilheit des Geländes spielt bei der Schweinefreilandhaltung insofern eine Rolle, dass bei zunehmender Hanglage die Erosion und die Trittwirkung auf den Boden zunimmt. Diese Problemlage ist auch ein wichtiger Aspekt beim zweiten Teil dieses Berichts, in dem es um die Waldweide geht.
Hat die Neigung des Geländes einen Einfluss auf das Wühlverhalten? Die Ausprägung des Wühlverhaltens ist ein wesentlicher Faktor bei der Interaktion zwischen dem Schwein und der Vegetation. Die Vegetation von Weiden hält der Beanspruchung durch die Wühlaktivität der Schweine nicht dauerhaft stand. Um das richtige Management für solche Flächen zu finden, ist die Kenntnis des Weideverhaltens der Tiere notwendig.

ÖKOLOGISCHE ASPEKTE

Eine wichtige Rolle bei der Nährstoffbelastung der Böden in der Freilandschweinehaltung spielt die Besatzdichte der Schweine und das Vorhandensein einer Grasdecke. Die Grasdecke als zusätzliche Fut-

Turopolje am Bio-Bauernhof Josef Göltl

Am Sonnhof bei Heinz Gerstner

terquelle zu erhalten, hat also noch eine zusätzliche, wichtige Funktion im Nährstoffhaushalt des Bodens.

WEIDEMANAGEMENTSYSTEME

Freilandschweine werden normalerweise während der Graspause in der Fruchtfolge eingesetzt und notwendigerweise alle ein bis zwei Jahre auf neuen Böden gehalten. Manchmal bleiben die Herden im Winter auf den Stoppelfeldern und kehren auf das Grasland im Frühling zurück, um den Vorteil des Grasens im Frühling auszunützen. Das Stoppelfeld wird dann für eine Frühlings-Getreidesaat genutzt. Bei einer anderen Variante werden die Schweine im September auf sogenannten "outdoor leys" gehalten. Die Schweine werden auf diesem Boden bis zum nächsten Spätsommer gehalten, wenn dann das Grasland für eine Winter-Getreide-Saat gepflügt wird. Nach den Freilandschweinen werden am häufigsten Weizen, manchmal Kartoffeln angebaut, um den Vorteil des Schweinemistes am Boden auszunützen. Einige Züchter machen zweimal einen Umtrieb im Jahr mit der Schweineherde, andere bewegen die halbe Herde jedes Jahr. Die Menge an Land, die für eine Freilandschweineherde empfohlen wird, hängt vom Bodentyp, vom lokalen Klima, der Form und Lage des verfügbaren Bodens ab. Die Faustregel: 3 bis 10 Schweine je Hektar, je nach Futterangebot- und Bodenbeschaffenheit.

Einige Betriebe sind dazu übergegangen, die Schweinemast ab etwa 30 kg Lebendmasse der Tiere ins Freiland zu verlagern. Die Unterbringung der Mastschweine erfolgt dabei in Hütten für tragende Sauen bis hin zu Feldscheunen. Vorteilhaft ist, wenn die Hütten isoliert sind. Dadurch kann der Futterverbrauch für die Wärmebildung während des Winters reduziert werden.

Erforderlich für extensive Haltungsform:
500-900 m^2 Weide/Sau.
700 -1000 m^2 für Muttersauen mit Ferkeln.
400 - 700 m^2 für Galtsauen in Gruppen.

Der Bewuchs der Weiden beeinflusst die Bodenbelastung ebenfalls. Auf Wiesen mit dichter Narbe konnte sich bei empfohlener Weidefläche pro Tier an vielen Stellen eine einigermaßen geschlossene Pflanzendecke halten, was für die Schonung der Bodenstruktur vorteilhaft war. Solange die Weideflächen in ebenem oder leicht welligem Gelände liegen, sind sie nicht oder kaum durch Wassererosion gefährdet.

Oben und unten: Am Bio-Hof Josef Göltl

Oben: Waldschweine beim Jagawirt Werner Goach
Unten: Sonneschweine am Bio-Bauernhof Norbert Hackl

Schweineweide erhält die Artenvielfalt

Extensive Freilandhaltung von Rindern und Schafen ist seit langem verbreitet und bereits gut erforscht, der Weidegang von Schweinen dagegen weniger. Dabei ist die Beweidung von Grünland durch Schweine eine gute Möglichkeit, die Artenvielfalt von Weideflächen zu fördern.

Zu diesem Ergebnis kam eine Untersuchung im deutschen Bundesland Brandenburg. Dort zeigte sich, dass das Grasen von Schweinen sowie deren Wühlaktivität auf die Vielfalt der Pflanzengesellschaft einen sehr positiven Einfluss haben. Die Studie wurde mit alten, robusten Landtierrassen, konkret mit "Deutschen Sattelschweinen", mit "Duroc-Schweinen" sowie mit Mangalitzas durchgeführt. Wichtig bei der Auswahl der Rassen waren Merkmale, wie sehr gute Muttereigenschaften und Milchreichtum, gute Verträglichkeit höherer und niedriger Temperaturen und Widerstandskraft.

Die Untersuchung

Die Sauen, je fünf Tiere pro Hektar, wurden von Anfang Juni bis Ende November ganztägig auf der Weide gehalten. Für das Abferkeln wurden Schutzhütten aufgestellt. Im Deck- und Wartebereich wurde den Schweinen eine tägliche Ration von einem Kilogramm Kraftfutter zugefüttert. Vor der Beweidung mit den Schweinen wurde der Pflanzenbestand erfasst und nach einjähriger Beweidung eine erneute Erfassung durchgeführt. Die Untersuchungen sollten zeigen, welchen Einfluss die uneingeschränkte Möglichkeit der Schweine zum Umbrechen der Grasnarbe auf die Vegetation hat.

Obwohl das Wühlen in der Regel als ein Nachteil der Freilandhaltung von Schweinen angesehen wird, ist das Gegenteil der Fall. Es zeigt sich nämlich, dass die Zerstörung der Grasnarbe durch das Wühlen die Keimung anderer Pflanzen förderte.

Freilandschweine beim Jagawirt Werner Goach

Auf den Versuchs-Schweineweiden kam es zu einer durchschnittlichen Erhöhung der Artenanzahl von 21 auf 42 Arten. Besonders krautige Pflanzen, aber auch verschiedene Gräser konnten unter diesen Bedingungen keimen und sich weiter entwickeln. Es hatten sich sogar vier vom Aussterben bedrohte Arten wieder neu angesiedelt.

Das Ergebnis

Fazit: Aus der Perspektive der Landschaftspflege und des Naturschutzes ist diese tiergerechte extensive Schweinehaltung als Bereicherung anzusehen, lautete das Resümee der Forscher. Darüber hinaus könne durch die Haltung von alten Nutztierrassen zum Erhalt dieser Kulturrassen und damit wertvoller genetischer Merkmale beigetragen werden.

Kaum Probleme mit Nitratauswaschung

Gefährdet die Haltung von Freilandschweinen das Grundwasser durch Nitratauswaschung? Dieser Frage gingen Schweizer Wissenschaftler vom Institut für Umweltschutz und Landwirtschaft Liebefeld bei Bern auf den Grund.

In der Zeitschrift "Agrarforschung" legten sie dar, dass bei fachgerechter Tierhaltung das Auswaschungsrisiko nicht größer zu sein scheint als bei Ackerkulturen. Erhebungen zeigten Unterschiede je nach Fütterung, Boden, Witterung und Parzellenbereich. Die von ökologischer Seite befürchteten negativen Auswirkungen auf Boden und Gewässer, beispielsweise eine erhebliche Nitratauswaschung, konnten nicht bestätigt werden. Es wird jedoch darauf hingewiesen, dass schwere Böden, zumindest in niederschlagsreichen Regionen, wegen der Schädigung der Bodenstruktur nicht so gut für Schweine-Freilandhaltung geeignet sind.

Schweinehütten um 1900

Das Nitratauswaschungspotential wird durch die Stickstoff-Mineralisierung im Boden stärker beeinflusst als durch den Stickstoff-Eintrag mit den Exkrementen. Die Stickstoff-Mineralisierung wird wiederum durch die Wühltätigkeit der Schweine entscheidend beeinflusst.

Eine wichtige Voraussetzung, um die Nitratauswaschung zu verringern, sei die ad-libitum-Fütterung (nach Gutdünken). Bei dieser Fütterungsart und dem empfohlenen Tierbesatz (mindestens 1,5 bis 2 Ar pro Mastschwein und Umtrieb) scheint die potentielle Nitratauswaschung im Hauptbereich der Parzelle nicht größer zu sein als in Ackerkulturen. In Regionen mit generell hohen Nitratgehalten im Grundwasser sollten daher Freilandschweine und Hackfrüchte einen gewissen Flächenanteil nicht überschreiten.

Turopolje-Sau „Rüssel" bei Karl Schardax

Die Gülle – das zweischneidige Schwert

Eines der Lieblingsthemen der Freilandhaltungsgegner (warum gibt es überhaupt solche, wer hat einer Kreatur den Gang ins Freie zu verwehren?) ist das Thema Gülle und deren Belastung für Boden und Grundwasser. Hier wird mit zweierlei Maß gemessen wie in keinem anderen Bereich.

Während man bei Schweine-Freilandhaltern penibel die Menge an Eintrag in den Boden berechnet und die Auswirkungen für Boden und Trinkwasser beklagt, werden nahezu tagtäglich Unmengen an Gülle auf Wiesen und Felder versprüht. Und während - ob Regen oder Sonnenschein - die braune Brühe in Strömen über Felder und Wiesen rinnt, über Erdspalten ins Grundwasser versickert oder ins daneben dahinmurmelnde Bächlein rinnt, überhäuft man Freilandhalter mit einem Wust von Verordnungen und Bestimmungen, die ihnen das Leben schwer machen und eine Freilandhaltung von Schweinen verleiden.

Dabei kann jeder nachvollziehen, dass – falls keine Überweidung stattfindet – die Belastung durch die Exkremente der Schweine geradezu lächerlich (nämlich im unbedeutenden Bereich) für Grund, Boden und Wasser liegt, dagegen der Gülleaustrag auf Wiesen und Felder vermutlich hundertfach problematischer für die Umwelt ist, als ein paar Freilandschweine, die bereits vor Tausenden von Jahren die Umwelt nicht geschädigt sondern eher erhalten haben, indem sie zur Artenvielfalt beitrugen. Siehe Kapitel: Schweineweide erhöht die Artenvielfalt, Seite.....).

Außerdem: Beim natürlichen Halten von Schweinen im Freien teilt sich die Ausscheidung der Schweine in feste und flüssige Exkremente (Harn und Kot). Freilandschweine haben einen festen Stuhl, ähnlich dem Wild, der verrottet und zerfällt ohne tiefer in den Boden einzudringen. Konventionell gehaltene Schweine erbringen durch die Flüssigfütterung eine gestörte Verdauung, die sich in

Turopolje und Mangalitza bei Heinz Gerstner am Sonnhof

Exkremente von Freilandschweinen

verflüssigtem Stuhl äußert, was bedeutet, dass sich die Güllemenge bei dieser Art der Haltung mindestens verdoppelt, da Urin und Stuhl zu einer breiig-flüssigen Masse werden, die als Gülle ausgebracht den Boden insgesamt belastet.

Die Exkremente von im Freien gehaltenen Schweinen dagegen sind natürlich! Denn sie stammen wie beim Wild überwiegend von verdautem Gras, Kräutern, Wurzeln, Knospen, Laub, Samen, Kleingetier (Schnecken, Würmer etc.) oder auch von Heu und Getreide. Was dabei entsteht sind natürliche, geruchlose Exkremente (Foto), die zerfallen und sich problemlos als Dünger wieder in den Kreislauf der Natur einreihen.

Die Wissenschafter vom Institut für Umweltschutz und Landwirtschaft Liebefeld/Bern in der Schweiz legten in der Zeitschrift "Agrarforschung" (3/2000) dar, dass bei fachgerechter (artgerechter) Tierhaltung der Schweine das Auswaschungsrisiko nicht größer zu sein scheint, als der Gülleeintrag bei Ackerkulturen. Die von ökologischer Seite immer wieder befürchteten negativen Auswirkungen auf Boden und Gewässer konnten nicht bestätigt werden.

Info:
Deutschland:
Freilandschweine Hygieneverordnung
Österreich: Grundwasserrichtlinien

Waldschwein beim Jagawirt Werner Goach

Waldschweine beim Jagawirt Werner Goach

Die Waldweide und ihre Geschichte

Die Waldweide war schon in der mittleren Steinzeit vorhanden.

Zur Zeit der Besiedlung des Alpenraums stand jede Art von Nutzung des Waldes allen Mitgliedern der frühen Dorfgemeinschaften offen. Da auf den Rodungsflächen hauptsächlich Ackerbau betrieben wurde und nur kleine Weidebereiche darin offen standen, trieb man die Tiere in die umgrenzenden Waldgebiete ein. In den Wintermonaten wurde das Vieh mit Laubheu ernährt.

Ende des 14. Jahrhunderts bestanden zwei Arten von Waldweide. Einerseits die Weide, die auf einem Recht beruhte und andererseits die unbeschränkte Gemeinweide. Die Waldweide verschwand zusehends mit der Intensivierung der Landwirtschaft und der damit verbundenen Ablösung der Dreifelderwirtschaft mit Flurzwang. Ein weiterer Faktor für die Verminderung der Waldweide waren die hoch gezüchteten Tiere, die weites und langes Herumstreifen im Wald mit seinen zerstreuten Futterplätzen nicht mehr ertrugen. Maßgeblich war auch die katholische Kirche an der Abschaffung der Waldweide beteiligt.

NATURSCHUTZFACHLICHE BEURTEILUNG DER WALDWEIDE UND DER WALDWEIDE-TRENNUNGEN

Die Forstwirtschaft macht geltend, dass mit der Beweidung generell eine erhebliche Beeinträchtigung der Schutzfunktionen des Waldbestandes, eine Reduktion der Naturverjüngung und eine langfristige Schädigung des Waldes verbunden ist. Daher versucht sie seit den 70er Jahren Wald und Weide zu trennen. Doch die Erkenntnisse der letzten Jahre machen eine differenziertere Betrachtung der Waldweiden notwendig.

So berücksichtigt eine ökologisch ausgerichtete Betrachtungsweise die direkten und indirekten Aus-

wirkungen der Beweidung auf die biotischen und abiotischen Komponenten der betroffenen Waldbestände. Hierzu gehören z.B. Auswirkungen auf Boden, Wasserhaushalt (Verdichtung, Trittschäden, veränderter Wasserabfluss), faunistisches und floristisches Artenspektrum und Lebensgemeinschaften oder auch auf Zustand und eventuelle Schäden an den bestandesbildenden Pflanzen bzw. des Waldes (Verjüngung, Bestandesdynamik und -struktur).

Der Typ "Weidewald" ist strukturell wie auch floristisch von sehr unterschiedlichen, typischen Vegetationsformen gekennzeichnet.
Unbestritten ist, dass die Waldweide das Ökosystem Wald im Falle einer Überweidung beeinträchtigen kann. Es ist aber auch gleichzeitig bekannt, dass sie sich positiv auf Flora und Fauna sowie auf das Landschaftsbild und auf die Erholungsqualität auswirken kann. Eine extensive Beweidung begünstigt die Verbreitung von vielen gefährdeten Pflanzen- und Tierarten. Die lichten Weidewälder beinhalten wichtige Teillebensräume wie beispielsweise:

• Schattenflucht bei trockenheißer Witterung, z. B. von Tagfaltern
• Schutz bei Unwettern oder auch starkem Wind, z. B. für Tagfalter
• klimatisch geschützte Brutstätten für heliophile, totholzbewohnende Insekten (z. B. Bienen, Wespen und Käfer)
• Nahrungshabitat für Waldarten, z. B. das Haselhuhn und andere Rauhfusshühner
• Vernetzungsstruktur hoher Durchgängigkeit für Arten, welche nicht der Waldfauna im engeren Sinne zuzurechnen sind.

Unter Aspekten des Schutzes von Tagfaltern und anderer heliophiler Arten(-gruppen) ist die Qualität der Lichtweide (unbestockte Weide) ganz entscheidend für die naturschutzfachliche Wertigkeit der umliegenden Waldweidegebiete.

Der häufig mit einer Wald-Weide-Trennung verbundene Wegeneu- oder -ausbau führt zu einer direkten Beeinträchtigung bzw. einem Verlust von unzerschnittenen Lebensräumen.

POSITIVE ASPEKTE DER WALDWEIDE:

• Bei der Schweinemast im Wald werden die Waldfrüchte (Eicheln, Bucheckern etc.) direkt in Boden getreten und damit gute Bedingungen für das Keimen geschaffen
• Der Boden wird durch die Aktivität der Schweine verwundet, sodass die Samen bessere Keimbedingungen vorfinden
• An Orten mit dichtem Rohhumusfilz wird durch

Tritt der Rohhumus durchlöchert und verletzt. Der Samen kann eher auf mineralischen Boden gelangen

• Schweine vertilgen Larven, Insekten und Mäuse (Waldschädlinge)

• Schafe zur Vertilgung von Schlingpflanzen wie Hopfen, Geißblatt, Waldrebe, Mastwurz

• Ist die Höhe des Bestosses der Futterfläche angepasst, können die Verbissschäden durch Weidevieh deutlich vermindert werden. Die alleinige Freistellung der Wälder von der Weide löst das Problem der Überalterung unserer Wälder nicht.

• Grundsätzlich weisen die Waldweidebereiche einen hohen Artenreichtum auf.

- Besonders augenscheinlich ist der im Vergleich zu unbeweideten Wäldern größere Artenreichtum von Wäldern, wo Schweine gehalten wurden.

Turopolje von Familie Zulehner in NÖ

Waldschwein-Frischlinge beim Jagawirt Werner Goach

- Die durch die Beweidung aufgelichteten Wälder sind nicht nur vermehrt Lebensraum verschiedener Raubvögel geworden, auch die Beutetiere dieser Vögel haben sich dort kräftig vermehrt.
- Diese hohe Artenvielfalt rechtfertigt es, einige besonders wertvolle Waldweiden unter Fortführung der traditionellen Nutzung unter Schutz zu stellen.

Fazit: trotz intensiver Beweidung und forstlicher Nutzung ist der Bergmischwald mit all seinen natürlichen Baumarten erhalten geblieben.
- Durch eine Ablösung der Waldweide können nur Teilerfolge erzielt werden hinsichtlich einer Verbesserung des Verjüngungszustandes.
- Bessere Besamungs- oder Keimbedingungen
- Schweine im Wald vertilgen eine Unmenge an Schädlingen (z.B. Fichtenblattwespe, Maikäfer, Larven etc.)

Waldsuhle bei Familie Zorn-Gudenhof, Schottwien

Waldschwein-Frischlinge beim Jagawirt Werner Goach

Betrachtungen zur Freilandhaltung aus der Sicht eines Tierarztes

Dr. vet. Albin Klauber

Freilandhaltung ist eine sympathische Alternative zur konventionellen Schweinehaltung und entwickelt sich durchaus zu einer interessanten Produktionsnische. Dabei sind Konsumenten als Zielgruppe zu sehen, die einerseits hohe Qualitätsansprüche an das Lebensmittel selbst stellen, für die aber entscheidend ist, dass den Tieren, die der Lebensmittelgewinnung dienen, während ihrer Lebensdauer natürlicher Lebensraum wie Weide und Wald geboten wird.

Eines ist jedoch von vorne herein klar festzuhalten: konventionelle Schweinhaltung in Stallungen wird immer die Produktionsform sein und bleiben, die die Grundversorgung mit Schweinefleisch zu erschwinglichen Preisen zu sichern vermag. Freilandhaltung als extensive Produktionsform ist auf Grund der erforderlichen Rahmenbedingungen, wie eben beispielsweise großer Flächenbedarf und in seiner idealen Form auch entsprechender Waldeinstand, im dicht besiedelten Mitteleuropa zweifelsfrei nicht in der Lage die Versorgung mit Schweinefleisch für den Markt zu decken.

Zentrales Grunderfordernis für diese Haltungsform sind also geeignete Weideflächen, Wald- oder Buschzonen als Rückzugsrefugium. Da Schweine vom Grundverhalten wühlen ist zudem die Möglichkeit für Flächenwechsel wie z.B. Koppelhaltung unerlässlich. Eine ganzjährige Haltung auf nur einer Fläche, auch wenn sie noch so groß ist, hat sich aus folgenden Gründen als problematisch erwiesen:

• Dauerhafte Haltung auf nur einer Fläche führt auf Grund der Wühlarbeit von Schweinen unweigerlich zur "Vermorastung" der Flächen - frei nach Sepp Holzer: "Das Schwein ist vorne ein Pflug und hinten

ein Miststreuer". Morast ist weder optisch befriedigend noch behaglich für die Schweine, geschweige denn der Tiergesundheit auf Dauer dienlich. Weideflächen müssen sich regenerieren können.

• Nur auf begrünten und bewachsenen Flächen fühlen sich Schweine wohl und können auf Dauer ihre natürlichen Verhaltens- und Ernährungsgewohnheiten ausleben ohne gesundheitlichen Schaden zu nehmen.

• Auch der Nitrateintrag aufgrund der tierischen Ausscheidungen in den Boden ist bei intensiverer, andauernder Nutzung von Weideflächen über mehr als einen Schweineproduktionszyklus nicht zu unterschätzen und daher zu bedenken, sodass die Tierzahl an die zur Verfügung stehenden Flächen und die entsprechende Nutzungsdauer anzupassen ist.

Als Ergebnis dieser Erfahrungen ist außerdem festzustellen, dass nicht jede Fläche zur Freiland-Schweinehaltung geeignet ist. In keinem Fall sollen dabei Hanglagen eingezäunt werden.

Um den Erfordernissen des Tierschutzes Rechnung zu tragen, sind folgende Aspekte zu berücksichtigen:

• Schweine in Freilandhaltung benötigen einen trockenen, zugfreien Unterstand, sodass Witterungsschutz vor Regen, Wind und Schnee gewährleistet ist.

• Notwendig sind zudem Fütterungseinrichtungen, die eine hygienische Futtervorlage, aber auch Trinkwasser gewährleisten.

• Die Möglichkeit erkrankte Tiere aufzustallen und auch einer medizinischen Behandlung zuführen zu können ist vorzusehen.

• Die Einzäunung muss das Ausbrechen zuverlässig verhindern und darf für die Tiere keine Verletzungsgefahr herbeiführen. Aus seuchenprophylaktischen Gründen ist außerdem in jedem Fall der Kontakt zu frei lebenden Wildschweinen ausschließen. Dies muss durch entsprechende, relativ aufwändige Zaunkonstruktionen sichergestellt sein.

• Eine weitere Forderung des Tierschutzes ist die Verwendung von geeignetem Tiermaterial, d.h. Schweinerassen die für diese Haltungsform besonders geeignet sind. An diesem Problem muss noch nachhaltig gearbeitet werden. Tiere der Rasse Mangaliza sind z.B. für diese Haltungsform hervorragend geeignet. Das Problem aber ist, dass es sich bei dieser Rasse Schweine mit sehr hohem Fettanteil und wenig Muskelfleischausbildung handelt und daher vom Konsumenten, der eher fettarm essen möchte, nicht angenommen wird, außer für einige wenige Spezialprodukte.

Schließlich dürfen bei aller gebotenen Kürze auch tiermedizinische Erfordernisse nicht außer Acht gelassen werden! Freilandhaltung heißt keineswegs, dass Tiere nicht krank werden können, daher kommen dem Aspekt Tiere gesund zu erhalten und entsprechende Managementmaßnahmen konsequent durchzuführen, größte Bedeutung zu.

Freilandschweinehaltung kann im Hinblick auf empfängliche Infektionskrankheiten nicht isoliert und idealistisch betrachtet werden. Tierbestände und Krankheitserreger kommunizieren, d.h. aufgrund der hohen Tierdichte in einzelnen Regionen muss davon ausgegangen werden, dass Freilandbestände für die üblichen, in den konventionellen Schweinebeständen vorkommenden Krankheitserreger grundsätzlich genauso empfänglich sind. Mögen die derart gehaltenen Tiere aufgrund der verbesserten Umweltbedingungen auch resistenter gegen Infektionserreger sein, Impfprogramme und Parasitenbekämpfung stellen jedenfalls auch im Freiland ein zentrales Erfordernis tierärztlicher Bestandsbetreuung dar – jeweils abgestimmt auf die konkreten Verhältnisse.

Natürlich ist auch die Rationsgestaltung - " Schweine leben nicht von der Weide allein!" - von großer Bedeutung. Eine entsprechende Fütterung, abgestimmt auf Alter und Bedarf der Mastschweine oder auf die Milchleistung der Muttersauen und die vorhandene Teilversorgung über die vorhandene Weide ist zu gewährleisten, um Mangelerkrankungen und Stoffwechselstörungen vorzubeugen und letztendlich auch einen zufriedenstellenden Ertrag zu sichern.

Kurz und Gut – Freilandhaltung einerseits in einer wirtschaftlichen Form für den Halter zu betreiben und andererseits dem Tier einen optimierter Lebensraum zu bieten, ist anspruchsvoll, bedarf demnach einiger Erfahrung und eines großen Wissens und ist keineswegs eine Haltungsalternative für unbedarfte Hobbyschweinehalter. "Denn 3, 4 oder 5 Schweine auf einer Weide sind noch keine Freilandhaltung".

Gemeinsame Freilandhaltung

Am Sonnenhof bei Rudolf Bühler

Doppelseite davor und unten: Gemeinsame Freilandhaltung bei Rudolf Bühler, Bäuerliche Erzeugergemeinschaft bei Schwäbisch Hall, oben: Gemeinsamer Weidegang am Bio-Noah-Hof von Karl Schardax

Gemeinsame Freilandhaltung von Schweinen mit anderen Tierarten

Schweine sind soziale Wesen - sie vertragen sich nicht nur mit ihren Artgenossen, sondern bilden in freier Natur auch Weidegemeinschaften mit den meisten anderen Weidetieren, es wird aber auch immer wieder beobachtet, dass es auch zu "Freundschaften" mit Haustieren kommt.

Am besten kommen Weideschweine mit Rindern, Schafen und Ziegen zurecht, auch Hühner eignen sich geradezu ideal um mit den Schweinen in Koppelwirtschaft zu leben.
Das Aufwühlen des Bodens erspart den Hühnern die Arbeit nach Futtersuche, der Boden ist für ihre Mahlzeit dadurch geradezu vorbereitet.

Am "schlechtesten" vertragen sich Schweine mit Hunden, bzw. die Hunde mit den Schweinen. Dies dürfte die Ursache sein, dass Hirtenhunde seinerzeit nicht nur in der Schafhaltung Verwendung fanden sondern auch die mit den Schafen mitweidenden Schweine zu beaufsichtigen hatten.

Rechts: Mucki und Tessi – ein Herz und eine Seele
unten: Idylle im Nationalpark Turopolje

oben: Mangalitza-Ferkel mit Hahn am Kinderbauernhof Marianne Flucher in Feldbach
unten: Am Bauernhof Modlmaier

Tierfreundschaft am Meranhof in Graz

Von de Sau und Kia

Large White, UK
Finnish Yorkshire
German Edelschwein
Dutch Yorkshire
French Large White

Von de Sau und Kia

Ich möchte euch hier eine wahre Geschichte erzählen, die selbst Fachleute nicht glauben können, wenn sie es nicht mit eigenen Augen gesehen haben. Mitten auf einer Salzburger Alm stehen Angus Kühe und mitten drin eine Jersey Milchkuh.

Naja, noch nicht so aufregend, grasen auf den Salzburger Almen normalerweise Pinzgauer und Fleckviehkühe, auf dieser besagten Alm die schwarzen Angus und mitten drin unter den Kühen waren Freilandschweine, echte Schwäbisch Hällische Jungschweine mit ca. 60 kg.

Ein Anguskalb beginnt bei seiner Mutter zu trinken, ein zweites beginnt an einer anderen Kuh zu saufen und auf einmal rennen fünf, sechs Schweine los, die gerade eben noch geschlafen haben.

Nur ein Ziel vor dem Rüssel: schnurgerade laufen sie auf die Kühe zu und fangen an, neben dem Kalb am Euter der Kuh zu trinken. Meistens stehen die Schweine hinter der Kuh und stehlen die Milch zwischen den Hinterbeinen der Kuh hindurch. Wie ist dies nur möglich, gerade Anguskühe sind weltweit bekannt dafür, dass sie extrem gute Mutterkühe sind und nur ihr eigenes Kalb trinken lassen und dann trinken da völlig im Freien plötzlich Schweine an der Kuh.

Begonnen hat alles damit: in einem Salzburger Freilaufstall leben auf Tiefstreu eine kleine Herde Angusrinder, eine Jersey Milchkuh und eine Familie Schwäbisch Hällischer Schweine glücklich zusammen. Dies ist schon außergewöhnlich, denn Kühe, die keine Schweine kennen geraten in Panik und greifen die Schweine an. Diese Tiere aber leben friedlich vereint mit- und nebeneinander. Die Jerseykuh wird regelmäßig auch für den Eigenbedarf gemolken. Jersey´s sind für ihren Milchreichtum bekannt und so kam es vor, dass früh morgens das Euter prall und voll war und teilweise beim Warten auf den Melker die Milch bereits aus den Zitzen getröpfelt hat. Die Schweine mit ihrem ausgezeichneten Geruchssinn registrierten dies sofort, schlürften die Milch vom Boden und probierten es dann an den Zitzen und die Kuh, die das Saugen des Kalbes und das Melken gewöhnt war, duldete auch die Schweine und war froh, ihren Druck los zu werden.

Damit war der Grundstock der Schweine, die bei den Kühen trinken, gelegt. Die schlauen Schweine wussten von da an, dass bei den Kühen das kostbare weiße Gold zu holen ist und versuchten es mit sehr viel Geschick auch bei den Anguskühen. Diese Angewohnheit wird seitdem von Schweinegeneration zu Generation alljährlich weitergegeben. Die Kühe und ein Teil der Schweine gehen den Sommer über auf eine Alm auch dort wird das Schauspiel wiederholt. Interessant ist auch, dass die Schweine auf der Alm nicht umgraben, das hängt vermutlich damit zusammen, dass die Schweine mit der Milch entsprechend mit Eiweiß versorgt werden und deshalb an Larven, Käfern und Würmern gar nicht interessiert sind.

Eine Perma Symbiose zwischen Hausschwein und Hausrind, die wie ein Märchen klingen mag.

Diese wahre Geschichte soll zeigen, dass es vielmehr gibt als nur rosa, stinkende Sauen, die eingepfercht auf einen halben Quadratmeter zu Millionen auch im romantischen Österreich, degradiert zu Aktionsware, die Woche für Woche durch Dumpingpreise die Kundschaft in die Einkaufstempel der Großkonzerne lockt.

Weltbestände an Schweinen 1999 – 915,3 Mio.

Asien 527,2 Mio.
Europa 208,7 Mio.
USA und Kanada 74,6 Mio.
Lateinamerika und Karibik 72,2 Mio.
Afrika 27,2 Mio.
Ozeanien 5,3 Mio.
Österreich ca. 5 Mio.
China 429,1 Mio.
USA 62,2 Mio.
Brasilien 27,4 Mio.
Deutschland 26,3 Mio.
Polen 22,0 Mio.
Spanien 21,7 Mio.
Vietnam 18,9 Mio.
Russland 16,4 Mio.
Frankreich 16,2 Mio.
Indien 16,0 Mio.
Mexiko 13,8 Mio.
Niederlande 13,4 Mio.
Kanada 12,4 Mio.
Nigeria 12,4 Mio.
Dänemark 12,0 Mio.
Philippinen 10,4 Mio.
Indonesien 10,1 Mio.
Ukraine 10,1 Mio.
Japan 9,9 Mio.
Italien 8,2 Mio.
Korea 7,9 Mio.
Belgien + Luxemburg 7,7 Mio.
Großbritannien 7,3 Mio.
Thailand 7,2 Mio.
Rumänien 7,0 Mio.
Ungarn 5,5 Mio.

[Quelle: FAOSTAT. -- URL: http://apps.fao.org/lim500/nph-wrap.pl?Production.Livestock.Stocks&Domain=SUA&servlet=1. -- Zugriff am 16.3.2000]

unten: Moderne Stallhaltung: ein Eisengestell, Plastik- oder Spaltenboden bei Kunstlicht, klimatisierter Luft und gentechnisch verändertem Futter (Soja).

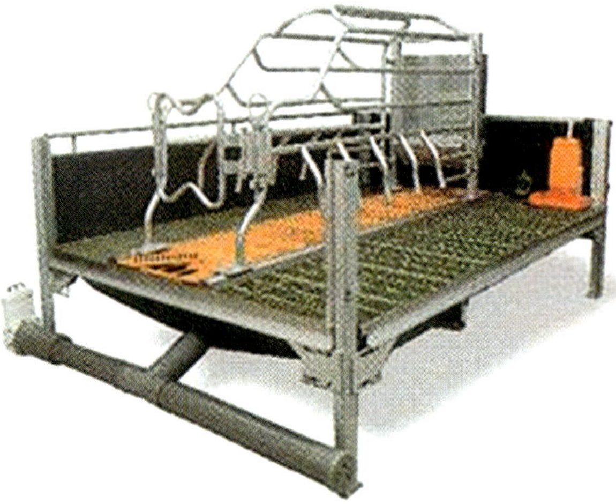

Industrielle Haltung von Schweinen

Die starke Technisierung und die Einengung des Lebensraumes der Schweine bei konventioneller Haltung bringt eine drastische Verarmung des Lebensraumes für die Schweine mit sich, sodass eine Reihe von haltungsbedingten Verhaltensstörungen auftreten.

Durch die negativen Haltungsbedingungen wie Reizarmut und sozialer Stress wird das Immunsystem des Einzeltieres geschwächt (DANTZER 1988). Die hohe Besatzdichte in der intensiven Schweineproduktion ruft einen starken Keimdruck hervor. Hierdurch und durch Mängel im Stallbau, der Klimaführung, der Fütterung und des Managements können auch relativ harmlose Erreger zu Auslösern von Krankheiten werden. Zudem können an der Entstehung einer Krankheit verschiedene Erreger gemeinsam beteiligt sein.

Es entstehen die sogenannten Faktorenkrankheiten wie z.B. MMA-Komplex (Gebärmutter- bzw. Gesäugeentzündung und Milchmangel), Ferkelgrippe, Coli-Diarrhoe oder Schnüffelkrankheit. Es gibt auch Krankheitserreger, die bei der großen Tierzahl durch häufige Tierpassagen noch aggressiver werden (Schweinemüdigkeit). Daher wird die Krankheitsbekämpfung bei der Intensivhaltung immer schwieriger.

Quelle: Artgemäße Schweinehaltung, Bernhard Hörning, SÖL/Stiftung Ökologie und Landbau, Bad Dürkheim

Links: Schweinetransport auf chinesisch.
Rechts: Tiertransporte auf hoher See, Marke Holland – wo der Tierschutz die Augen schließt.

Stall und Stallklima

Heute ist die Sau aus dem Kuhstall eliminiert, die Hygienevorschriften erlauben es nicht mehr, dass in den "Milcherzeugungsräumen" andere Tiere leben, so mussten Schweine und Schwalben weichen, ein ökologischer Schildbürgerstreich der "Agrartechnokraten", denen vernünftiges Denken und der Durchblick über die Zusammenhänge der Natur abhanden gekommen ist. Einst – zu Zeiten natürlicher Haltungs- und Fütterungsmethoden der verschiedenen Tiere auf einem Bauernhof – stellte sich bei deren gemeinsamer Haltung im Stall im Regelfall kein Problem. Kühe, Schweine, Ziegen, Schafe, Hühner, Katzen und Schwalben lebten in einer Gemeinschaft, deren bakterielles Gleichgewicht sich von selbst regulierte.

Dann hielt die Technik Einzug im Stall und bei der Fütterung. Nicht der Bauer beurteilte mehr, was die Tiere für ihr Wohlbefinden brauchten, sondern Technokraten, Wissenschafter und Laboranten entschieden, was ein Stallklima, eine gesunde Fütterung oder ein genetisches Bedürfnis zu sein hat. Der Umlaufstall mit natürlichem Untergrund wich einem Beton- oder Kunststoffboden, der Futtertrog, ehemals aus Holz wurde durch Betonwannen, das Tageslicht und die Sonne durch Kunstlicht und Klimaanlage ersetzt. "Großtaten der Technik", wie z.B. der "Kuhtrainer" und die "eiserne Jungfrau" hielten Einzug im Stall, ungeachtet einer ethisch-moralischen Überprüfung, ob die Tiere damit in ihrer natürlichen Art zu leben nicht massiv beeinträchtigt werden.

Und zu allem Überfluss schaffte man den Großteil natürlichen Futters (Grünfutter, Heu, natürlich angebautes Getreide, Saurüben, Kartoffeln usw. ab und ersetzte dies alles durch eine von Wissenschaftern und Futtermittelbetrieben zusammengestellte Einheitskost (im Regelfall "Maismus" + Zusatzstoffe), deren gesundheitlicher Wert in vielerlei Hinsicht als äußerst bedenklich angesehen werden muss.

Durch all diese Maßnahmen kippten Stallklima, Verdauung, Immunsystem und Gesundheit, die Schwalben zu entfernen, war nur mehr das Alibigehabe jener, die sich in den Wahn eines "Maximalprofitdenkens" verrannt haben.

Einfluss verschiedener Klimafaktoren

Die negativen Auswirkungen eines schlechten Stallklimas auf Tiergesundheit und Leistungen werden oft unterschätzt. Ein gutes Stallklima muss nicht im Zusammenhang mit der Verwendung einer Klimaanlage stehen. Bevor einige Hinweise zur Klimagestaltung gegeben werden, soll zunächst die Wirkungsweise verschiedener Klimafaktoren beschrieben werden.

Lufttemperatur: Schweine sind die Nutztiere mit dem schlechtesten physiologischen Temperaturregulationsvermögen. Daher besitzen sie sehr charakteristische artspezifische Verhaltensweisen zur Temperaturregulation (vgl. Kap. 3.9). Schweine sind gegen Hitze sehr empfindlich, da sie nicht schwitzen können. In den Ställen ist es im Sommer oft viel zu heiß. Wenn die Schweine dann nicht ihre arteigenen Verhaltensanpassungen zur Abkühlung einsetzen können, zeigen sie Wärmehecheln und sondern vermehrt Speichel ab. Die Kreislaufbelastung bei Hitze äußert sich auch in einer Erhöhung der Pulsfrequenz und einem Abfall des Blutdrucks. Bei älteren Schweinen ist das Temperaturregulationsvermögen schon ab 30°C überfordert, d.h. sie können ihre Körpertemperatur nicht aufrechterhalten. Eine hohe Luftfeuchtigkeit verstärkt noch die Belastung des Organismus bei Hitze.

Schweine reagieren weniger empfindlich auf Kälte als auf Hitze. Bei Kälte liegen sie auf dem Bauch, um die Körperoberfläche zu reduzieren, und suchen sich eine isolierende Unterlage. Ferner meiden sie zugige Stellen und wärmen sich gegenseitig durch Körperkontakt. Können sie diese Verhaltensweisen nicht einsetzen, kommt es zu einem Abfall der Körpertemperatur was bei einstreulosen Ställen ein Problem mehr bedeutet. Die hundesitzartige Stellung kann z.B. ein Anzeichen für Frieren sein.

Ferkelidylle bei Karl Ludwig Schweisfurth
auf Gut Herrmannsdorf

Sowohl zu hohe als auch zu tiefe Temperaturen, denen Schweine nicht durch Verhaltensanpassung begegnen können, bewirken eine Schwächung des Immunsystems und begünstigen daher die Krankheitsanfälligkeit. Klimaanlagen stellen keine natürlichen Klima- und Temperaturbedingungen her.

Luftfeuchtigkeit: Bei Hitze bewirkt eine hohe Luftfeuchtigkeit eine Verschlechterung der Abgabe von körpereigener Feuchtigkeit zur Verdunstungskühlung und bei Kälte eine erhöhte Ableitung der Körperwärme. Ferner wird hierdurch auch die isolierende Wirkung der Einstreu reduziert. Zu hohe Luftfeuchtigkeit entsteht bei nasskalter Witterung und mangelnder Belüftung. Die Luftfeuchtigkeit im Stall ergibt sich vor allem aus der ausgeatmeten Luft der Tiere. Eine zu trockene Atemluft, wie sie im Sommer vorkommen kann, führt zu einer Reizung der Atemwege. Dies wird durch einen hohen Staubgehalt noch verstärkt.

Luftgeschwindigkeit: Auch auf Luftbewegung reagieren Schweine mit Verhaltensanpassung. Bei Hitze suchen sie schattige Stellen auf, bei Kälte meiden sie jeden Luftzug. Negativ wirkt sich unter Haltungsbedingungen vor allem Zugluft aus. Bei ungünstiger Klimaführung kann es leicht zu Zugluft kommen. Zugluft entsteht durch einen Luftstrahl, der auf einen begrenzten Teil des Körpers trifft. Die hierdurch hervorgerufene ungleichmäßige Abkühlung wirkt sich negativ aus. Zugluft tritt im Freien viel seltener auf, da Windbewegungen den ganzen Körper gleichmäßig treffen. Eine gewisse Luftbewegung ist im Stall jedoch für den Luftaustausch erforderlich. Im Temperatur-Optimalbereich sind Luftbewegungen von 0,1 bis 0,2 m/sek tolerabel. Sowohl bei zu niedrigen als auch bei zu hohen Luftbewegungen wird die negative Wirkung der Staubbelastung erhöht.

Staubgehalt: Der Stallstaub besteht aus kleinen Haut-, Haar-, Futter-, Einstreu-, Kot- und sonstigen Umweltpartikeln. Je feiner die Staubpartikel sind, desto tiefer können sie in die Lunge gelangen und hier schädigend wirken. In den heutigen Mastschweineställen herrscht oft eine zu hohe Staubkonzentration, die durch Trockenfütterung noch erhöht wird. Es bestehen eindeutige Zusammenhänge zwischen der Staubbelastung der Stallluft und der Rate der Atemwegserkrankungen bei Schweinen (und ihren Betreuern). Die Staubbelastung reizt die Atemschleimhäute und führt zu Husten. An die Staubpartikel werden Mikroorganismen bzw. Schadgase gebunden und somit die negative Wirkung verstärkt.

Schadgasgehalt: Ammoniak und Schwefelwasserstoff werden bei der Zersetzung der Fäkalien gebildet. In Ställen mit Flüssigmist und Unterflurlagerung der Gülle ist eine höhere Konzentration vorhanden als in eingestreuten Ställen. Ferner ist der

Ferkel bei Karl Schardax, Bio-Noah-Hof

Schadgasgehalt bei einer hohen Besatzdichte und einer unzureichenden Entlüftung erhöht. Diese Schadgase führen zu einer Reizung der Atemwegs- und Augenschleimhäute. Die Filterwirkung der Luftwege gegen Bakterien wird herabgesetzt. Lungenentzündungen sind die Folge. Es ist erwiesen, dass eine erhöhte Ammoniakkonzentration die Krankheitskomplexe Ferkelgrippe und –durchfall begünstigt, ebenso Schwanzbeißen bei Mastschweinen. Kohlendioxid wird bei der Ausatmung freigesetzt und bewirkt in zu hoher Konzentration Apathie und Fressunlust.

Die Grenzwerte der DIN-Norm richten sich nach der maximalen Arbeitsplatzkonzentration (MAK) für den Menschen, wobei von einem Acht-Stunden-Tag ausgegangen wird. Hierbei wird jedoch übersehen, dass die Tiere im Gegensatz zu den Betreuern den Schadgasen 24 Stunden am Tag ausgesetzt sind. Ferner sei an die ausgesprochen feine Nase der Schweine erinnert, mit der sie sich zudem knapp über dem Boden, in der Zone der höchsten Schadgaskonzentration, befinden. Schweine sind z.B. in der Lage, Zonen mit einem zu hohen Ammoniakgehalt zu meiden. Dies ist in Vollspaltenbuchten nicht möglich. KALICH und SCHUH (1979) konnten zeigen, dass schon Schadgaskonzentrationen, die weit unter den Höchstwerten der DIN-Normen liegen (30 ppm NH3 und 5 ppm H2S), zu Leistungseinbußen von über 16% im Schweinemaststall und zu vermehrten Ausfällen führten. Zu beachten ist ferner, dass sich verschiedene Schadgase in ihrer negativen Wirkung summieren können.

Keimgehalt der Luft: Zu den Keimen in der Stallluft gehören Bakterien, Viren und andere Mikroorganismen. Diese werden von den Tieren über Haut und Ausatemluft sowie aus dem Darm an die Stallluft abgegeben. Ferner können Pilzsporen durch das Futter freigesetzt werden. Die Keime werden in der Regel an Staubpartikel oder Flüssigkeitströpfchen angelagert, so dass Zusammenhänge mit deren Konzentration bestehen. Ein hoher Keimgehalt ist vor allem bei mangelnder Entlüftung und einer hohen Besatzdichte anzutreffen. So ist bekannt, dass normalerweise wenig krankmachende Keime bei einer hohen Besatzdichte zum Auslöser von Krankheiten werden können.

Licht: Das Licht dient nicht nur als jahres- und tageszeitlicher Zeitgeber für die Abläufe im tierischen Organismus, sondern hat auch in seiner natürlichen Zusammensetzung eine physiologische und resistenzsteigernde Wirkung. Hierzu tragen unter anderem die UV-Strahlen bei. Zum Beispiel konnte bei Saugferkeln ein höheres Absetzgewicht und ein höherer Anteil an weißen Blutkörperchen bei 16 anstelle von 8 Stunden Licht am Tag festgestellt werden (DECHAMPS und NICKS 1989). Tages- bzw. Sonnenlicht hat demnach über die Helligkeit hinausgehende physiologische Auswirkungen, die im Einzelnen noch gar nicht vollständig bekannt sind. Häufig werden in der intensiven Schweineproduktion fensterlose Ställe verwendet. Nach der bundesdeutschen Schweinehaltungs-Verordnung sind mindestens 50 Lux an mindestens acht Stunden des Tages vorgeschrieben.

Quelle: Artgemäße Schweinehaltung, Bernhard Hörning, SÖL/Stiftung Ökologie und Landbau, Bad Dürkheim

Am Labonca Biohof Norbert Hackl - Foto Jürgen Radspieler, Kronen Zeitung

Das Verhalten von Schweinen

Das Verhalten von Schweinen

Wahrscheinlich ist heute unter allen gängigen Nutztierarten vom arteigenen Verhalten der Schweine das meiste Wissen verlorengegangen. Rinder erhalten oft noch Sommerweidegang, auch Hühner können noch häufig beim Grünauslauf beobachtet werden. Schweine auf der Weide sind jedoch weitgehend verschwunden, und unter den intensiven Haltungsbedingungen sind sehr charakteristische Verhaltensweisen von Schweinen wie Wühlen, Nestbau oder Suhlen unmöglich geworden. Diese typischen Verhaltensweisen sind daher vielen nicht (mehr) bekannt und sollen deshalb im Folgenden beschrieben werden.

Bei der Beschreibung des arteigenen Verhaltens von Schweinen wird, soweit möglich, auf Freilandbeobachtungen zurückgegriffen, bei denen das arteigene Verhalten am deutlichsten wird. Neben den Beobachtungen an Hausschweinen im Freigehege werden zur Ergänzung auch Beobachtungen an verwilderten Hausschweinen und Wildschweinen aus freier Wildbahn herangezogen. Wie die heute vorliegenden Ergebnisse zeigen, bestehen kaum Unterschiede im Verhalten von Wild- und Hausschweinen. Daher können Verhaltensstudien an Wildschweinen wertvolle Informationen zu Verhaltensweisen liefern, von denen noch zu wenig Erkenntnisse beim Hausschwein vorliegen.

Beim Schwein sind z.B. Verhaltensweisen der Umgebungserkundung, der Nahrungsaufnahme und der Fortbewegung eng verknüpft und häufig nicht zu trennen.

Turopolje beim Jagawirt Werner Goach

Ruheverhalten

Sowohl Wildschweine als auch Hausschweine haben verschiedene Ruheplätze in ihrem Freilandrevier, die je nach Nahrungsangebot und klimatischen Verhältnissen abwechselnd genutzt werden. Bei heißem Wetter suchten die von MEYNHARDT (1988) beschriebenen Schweine luftige, schattige Bestände auf und polstern ihre Ruheplätze zur Isolation gegen den heißen Sand zusätzlich mit einer Unterlage aus Adlerfarn. Bei warmem Wetter bevorzugten sie zum Sonnen lichte Stellen einer Kiefernschonung, häufig ohne besondere Unterlage. Bei kaltem Wetter ruhten sie im Windschatten eines Hügels, und bei Schnee verkrochen sie sich in einem fast undurchdringlichen Dickicht aus Kiefernstangen und Birken mit Unterholz.

Je nach Wetterlage veränderte Ruhenester werden auch für verwilderte Schweine beschrieben (GRAVES 1984). Im Freigehege benutzten die Hausschweine windgeschützte und nach Süden offene Schlafnester, die häufig auf einem Kamm angeordnet waren (STOLBA und WOOG-GUSH 1989). Daher ist sowohl eine geschützte Lage als auch ein Überblick wichtig. Bei einem Versuch mit acht Wochen alten Ferkeln im Freigehege zogen diese sich erst bei Temperaturen unter 5°C oder bei starkem Regen in die Schutzhütte zurück. Allerdings waren die Ferkel bestrebt, Wind aus dem Weg zu gehen (INGRAM und LEGGE 1970).

Am Abend wird von den Hausschweinen im Freigehege ein gemeinsames Nest bezogen, wo zunächst die Begrüßungen stattfinden. Einige Tiere tragen Grasbüschel und kleine Zweige zusammen, andere scharren das Material in eine muldenartige Form. Hierbei sind die älteren Tiere stärker beteiligt. Ungefähr zwei Drittel der Nester waren über 60 m vom Futterplatz entfernt (STOLBA und WODD-GUSH 1989). Das Abliegen heißt in der Jägersprache bezeichnenderweise "Einschieben". Hierbei wird zunächst mit der Schnauze in der Bodeneinstreu gewühlt. Wild- und Hausschweine legen sich meistens rinderartig ab und stehen pferdeartig auf. diese Bewegungsformen sind bei älteren Tieren etwas stärker ausgeprägt (MARX et al.

Duroc-Schweine in Russland

1989).

Schweine ruhen bzw. schlafen etwa 13 bis 16 Stunden des Tages. Dies dient der Energieeinsparung, vielleicht weil die Tiere bei der Nahrungsaufnahme so viel Energie aufwenden. Unter normalen Bedingungen wird ein Großteil der Ruhezeit (ca. 11 Stunden) in den Nachtstunden verbracht, eine zweite größere Ruhephase (2 bis 5 Stunden) findet zur Mittagszeit statt.

Die eigentliche Funktion des Schlafes ist bis heute noch nicht geklärt. Es können aber vier Stadien des Ruheverhaltens bei Schweinen unterschieden werden: Aufmerksames Wachen, Dösen, leichter Schlaf und tiefer Schlaf. Diese Stadien können durch Gehirnstrommessungen festgestellt werden oder z.B. durch Gesichts- und Gliedmaßenzuckungen. Es werden drei Liegepositionen unterschieden, die auch im Zusammenhang mit dem Wachheitsgrad stehen.

In der Kauerlage liegen die Schweine auf dem Bauch mit untergeschlagenen Beinen. Hierdurch sind sie in der Lage, schnell aufzufahren; diese Position wird daher auch nur bei kurzer Rast eingenommen. Die Schweine sind hierbei recht aufmerksam. Fangen die Schweine an zu dösen, geht diese Haltung in die gestreckte Bauchlage über, wobei die Gliedmaßen ausgestreckt sind. Gewöhnlich zeigt ein Blinzeln der Augen oder ein Zucken von Schnauze oder Ohren, dass die Schweine noch nicht vollständig schlafen. Geschlafen wird in der gestreckten Bauch- oder Seitenlage. Wenn Schweine nicht mehr auf leichte Umgebungsreize reagieren oder über längere Zeit die gleiche Position beibehalten, kann man davon ausgehen, dass sie schlafen.

Erkundungsverhalten

Das Erkundungsverhalten dient Tieren dazu, sich ein Bild von der Umwelt zu machen und mit dieser vertraut zu werden. Hierzu verarbeitet ein Tier die Sinneseindrücke, die es in Form von Reizen aus seiner Umgebung erhält. Für viele Tiere ist das Erkundungsverhalten von großer Bedeutung. Nur durch ständige Informationen über die Umgebung kann das Verhalten neuen Situationen optimal angepasst werden.

Zum Erkundungsverhalten zählt z.B. die regelmäßige Kontrolle der Umgebung auf etwaige Veränderungen hin, die Reaktion auf neue Reize in der vertrauten Umgebung oder das anfängliche Erkunden einer neuen Umgebung. Erkundungsverhalten kann beim Einzeltier durch Neugier, Langeweile, Furcht oder Erregung ausgelöst werden. Bei der Umgebungserkundung sind optische, geruchliche und umgebungsverändernde Elemente beteiligt. Häufig sind mehrere Sinne gleichzeitig beteiligt.

Wie erwähnt zeichnen sich Schweine durch ein sehr gut ausgebildetes Riechvermögen aus. Dieses stellt ihre Hauptinformationsquelle dar. Sie besitzen die weitaus höchste Riechzellenzahl aller bisher untersuchten Säugetiere (GÜNTHERSCHULZE 1979) und somit mehr als der für seine feine Nase bekannte Hund. Z.B. kann der Mensch bei entsprechendem Wind auf mehrere hundert Meter Entfernung gewittert werden (MEYNHARDT 1989), das ist für den Menschen mit seinem schwach entwickelten Geruchsvermögen nur schwer vorstellbar.

So wie sich uns eine lichtüberflutete Landschaft mit ihren zahllosen Farbabstufungen, Formen und Entfernungen darbietet, erschließt sich den Schweinen ein lebhaftes "Riechbild" ihrer Umgebung mit entsprechender Vielfalt. Denn die bodennahe Luftschicht ist mit einer Fülle feinster gasförmiger Geruchspartikel in unterschiedlichen Nuancen angefüllt.

Bei jedem Atemzug dringen sie in die Nasenhöhlen, werden in der dort feucht-warmen Luft gelöst und als Riechinformationen wahrgenommen (BRIEDERMANN 1990). Schweine erkunden ihre Umgebung vor allem mit Hilfe der sehr empfindlichen Rüsselscheibe. Verhaltensweisen der Umgebungserkundung und der Nahrungsaufnahme sind bei den Schweinen eng verknüpft und häufig nicht zu trennen.

Sonnenschweine Bio-Hof Norbert Hackl

Komfortverhalten

Zum Komfortverhalten zählen Verhaltensweisen, die dem Ausdruck des körperlichen Wohlbefindens dienen, z.B. Behaglichkeitsausdrücke wie gähnen, sich strecken und schütteln. Ferner gehört die Körperpflege dazu. Die Haut dient als Schutz gegen schädliche Einwirkungen aus der Umwelt. Die Körperpflege soll Haut und Haarkleid sauber und in guter Kondition halten. Wegen des relativ massigen Rumpfes können Schweine nicht alle Körperteile durch Kratzen mit den Vorder- oder Hinterbeinen erreichen. Die Körperteile, die durch Kratzen nicht zu erreichen sind, werden gescheuert. Die Schweine beginnen mit dem Scheuern am Kopf und gehen dann über die Flanken bis um Körperende, wobei sie sehr genau je nach Körperteil die Intensität des Scheuerns dosieren können.

Für das Scheuern benutzt eine Wildschweingruppe oft jahrelang dieselben Bäume (Malbäume). Hierbei handelt es sich zumeist um Baumarten mit einem intensiven Geruch (SARDIN und CARGNELUTTI 1987). Dies könnte auch der gegenseitigen Wiedererkennung von Schweinen derselben Gruppe dienen. Das Scheuern findet regelmäßig nach einem Schlammbad, zu Beginn einer Aktivitätsperiode oder nach der Nahrungsaufnahme statt (MARTYS 1986). Hausschweine im Freigehege zeigen dieselben Verhaltensweisen.

Sehr charakteristisch für das Komfortverhalten von Schweinen ist das Suhlen. Suhlen dient der Hautpflege und vor allem der Abkühlung. Die Fettschicht unter der Haut von Schweinen vermindert die Wärmeabgabe; die Haut weist keine Schweißdrüsen auf. Daher leiden Schweine sehr unter Hitze. Die Suhlen haben eine ganz wichtige Bedeutung für das Wohlbefinden der Wildschweine. Trocknen sie aus, wandern die Tiere in andere Gebiete ab. Durch die Domestikation haben Hausschweine weniger Haare und eine hellere Farbe als Wildschweine und sind damit einer Sonneneinstrahlung stärker ausgesetzt. Zudem haben sie einen recht labilen Kreislauf. Schweine suchen deshalb Hitze zu vermeiden durch Aufsuchen von Schatten oder durch Suhlen. Wildschweine legen ihre Suhlen an kühlen, schattigen und feuchten Stellen an, etwa neben einem kleinen, langsam fließenden Bach oder auch in matschigen Fahrspuren auf Waldwegen. Die Suhlen haben eine ovale Form mit Maßen von durchschnittlich 1,3 x 0,8 x 0,2 m (BELDEN und PELTON 1976). Der Suhlvorgang wird durch einige Wühlbewegungen eingeleitet, wobei die Schweine festes Erdreich

vom Rand in die Suhle schaufeln und auf dem Boden wühlen. So verschaffen sie sich ein richtiges Schlammbad, einfach im Wasser liegen reicht ihnen nicht.

Die Schlammbedeckung nach dem Suhlen hat verschiedene Funktionen: Durch den feuchten Schlamm wird der Abkühleffekt im Vergleich zu Wasser verdreifacht, und die Schlammschicht schützt gegen direkte Sonneneinstrahlung sowie gegen Insekten und Parasiten. In der Suhle rollen sich die Schweine dann seitlich ab. In etwas tieferem Wasser liegen sie auch auf dem Bauch; Rücken und Ohren bleiben meistens frei. Die Tiere liegen entweder passiv in der Suhle oder wälzen sich hin und her. Nach dem Suhlen schütteln sich die Schweine, häufig noch in der Suhle. Oft wird der leicht angetrocknete Schlamm später an den Malbäumen wieder abgescheuert. Im Freigehege waren zehn jeweils sehr offen gelegene Suhlstellen am Bach oder in einem sumpfigen Bereich in Gebrauch (STOLBA und WOOD-GUSH 1989). Quelle: Artgemäße Schweinehaltung, Bernhard Hörning, SÖL/Stiftung Ökologie und Landbau, Bad Dürkheim.

Oben: Nach der Suhle
Unten: Das typische „Scheuern" zur Pflege von Haut und Fell

Schweinefutter & Schweinemenüs vergangener Tage

In mehr als 95 % der heimischen Füttertröge landet hochkonzentriertes Kraftfutter, bestehend aus verschiedensten Getreidesorten und sehr hohen Anteilen an Mais und Soja, verabreicht in Breiform, die so genannte Flüssigfütterung. Die Flüssigfütterung ist eine Form der Fütterung, die ganz und gar nicht der Natur des Schweins entspricht. Der Einsatz beruht auf arbeitswirtschaftlichten und gewinnbringenden Argumenten.
Der extrem hohe Eiweißeinsatz (früher auch Tiermehl, heute Soja) hat weltweite Auswirkungen, die kaum jemandem bekannt sind. Soja gibt es in der gesamten EU viel zu wenig, deshalb müssen riesige Mengen aus Übersee importiert werden. Österreich verbraucht soviel Soja wie in der gesamten EU erzeugt wird. Soja ist größtenteils genmanipuliert und wird unter katastrophalen Umständen produziert. Hoher Einsatz von Kunstdünger und Spritzmitteln im Monokulturanbau usw.

Welche Pflanzen fressen Schweine? Im Wandel von der Weidehaltung zur heutigen Stallhaltung (Industriehaltung) gab es noch Vorstufen, die selten aber doch auch heute noch vereinzelt zu finden sind. Nämlich jene Bauern, die ihren Zuchtsauen noch das Saugras mähen. Die Sauen sind zwar im Stall, ihre Besitzer wissen aber, dass sie mit der Verfütterung von Saugras gesündere Sauen haben. Und jene Bauern und natürlich auch die Freilandschweinehalter wissen ganz genau, welche Vorliebe Schweine bei der pflanzlichen Kost haben. Klee, Löwenzahn und junges Gras, eine Delikatesse sind

Bei Karl Ludwig Schweisfurth auf Gut Herrmannsdorf

Kohldisteln, diese lieben sie ganz besonders. Jung und saftig muss das Saugras sein, dann schmeckt es und der Schweinemagen kann das Futter auch noch ganz gut verwerten.

Da gibt es auch ein allerorts bekanntes Sprichwort. Der/die hat einen "Saumagen". Wenn jemand alles essen kann und dann auch noch durcheinander.
Aber haben Schwein wirklich einen "Saumagen"? Wenn sie die Wahl haben, auf gar keinen Fall. So lässt sich auf Schweineweiden, wo die Tiere frei wählen können, leicht feststellen, welche Pflanzen verschmäht werden, das sind z.B. Hahnenfuß, Ampfer, Ackerkamille, Schachtelhalm, Wegerich, um nur einige zu nennen.

Im Winter sollten extra für die Schweine angebaute Futterrüben, Karotten, Kartoffeln und Topinambur als Saftfutter verfüttert werden. Die Schweine haben damit auch eine Beschäftigung und benötigen zur Futteraufnahme viel mehr Zeit, als dies bei der Breifütterung der Fall ist. Dies ist für ihre Verdauung besonders wichtig.

Kürbisse
Früher wurden nach dem Entkernen der Kürbisse zur Ölgewinnung, die Kürbishälften an Schweine verfüttert. Daneben gab es noch die so genannten "Saukürbisse" von denen ältere Bauern und Bäuerinnen auch heute noch wissen, wie diese angebaut wurden.

Süßkartoffel Topinambur – die tolle Knolle
Schon früh hat man in Europa entdeckt, dass Topinambur eine hervorragende Futterpflanze ist, das Kraut lieben nicht nur Schweine, sondern auch alle anderen Nutztiere. Im Winter hat man die Schweine auf Topinamburfelder getrieben, wo sie sich die Knollen selber ausgegraben haben. Heute wird dies von einigen wenigen, engagierten Freilandschweinehaltern (Permakultur, Permaschweine) wieder betrieben.

Noch in den Kriegszeiten als sattmachende Knollenfrucht bekannt, ist Topinambur in den letzten Jahrzehnten leider in Vergessenheit geraten. Im 17. Jahrhundert wurde sie nach Europa importiert und war als wertvolle Kulturpflanze der Indianer sehr geschätzt. Darum ist sie auch als Indianerknolle bekannt. Sie trägt unter anderen, auch noch viele volkstümliche Namen: Erdbirne, Erdschocke, Jerusalemknolle, Erdartischocke, Grundbirne, knollige Sonnenrose und Weißwurzel. Die Bezeichnung Rosskartoffel wird noch vielen in Erinnerung sein. Diese erstaunlich nützliche Pflanze zählt zu der Familie der Korbblütler und ist somit ein Sonnenblumengewächs.

Topinambur wächst zu einer imposanten Höhe von 2,5 m bis 4,0 m heran. Die Blüten zeigen ihre gelben bis zu 8 cm breiten Köpfe zu Zeiten, wo fast nichts mehr blüht.
Wie anspruchslos, jedoch widerstandsfähig sie ist, erkennt man daran, wie die Topinamburpflanze gedeiht. Selbst auf kargem Boden oder auf Flugsand den sie bindet, wächst sie recht gut. Nasse Böden verträgt sie schlecht. Gegen Frost unempfindlich, überwintert die Knolle. Die Lagerung muss sorgfältig bedacht sein, da sie durch den Fruchtzuckergehalt sehr bakterienanfällig ist.

Ihr Vorteil gegenüber der Kartoffel ist:
Höhere Erträge je Hektar
Kann den Winter über in der Erde verbleiben (frost-

sicher) und ist demzufolge immer frisch zur Verfügung
Kein Lageraufwand
Wirkt antibakteriell (Ein natürliches Antibiotikum für Mensch und Tier, das Kraut kann im Unterschied zur Karoffel verfüttert werden).

Topinamburen sind gesunde, basische Lebensmittel für Mensch und Tier!

Eichelmast
Schweine lieben Eicheln, Haselnüsse, Walnüsse und Edelkastanien. Rostkastanien sind ihnen meistens zu bitter. Je nach Region gab es im Herbst da und dort noch Beweidungen durch Schweine im Eichenwald. In der Schweiz und Italien auch in Kastanienwäldern oder Nusshainen. Die Zeit der Eicheln und Kastanien ist natürlich kurz, die Hochwertigkeit und der Ertrag an Eicheln eines guten Waldes sind bei weitem höher, als sie auf einem Getreidefeld erzielt werden können.
So wurden die Wälder früher auch nicht nach dem Holz, sondern nach dem Weidewert beurteilt.

Sauerdäpfel
Ein Begriff, der auch heute noch relativ häufig bekannt ist. Immer wieder geraten ältere Bauern ins Schwärmen, wenn man sie nach der Erdäpfelfütterung fragt. "Die guade oide Zeit, wia ma no die Sau mit Erdäpfln und Müch gfudat haum. Des woa a Fleisch, des woa a Speck, des woa wos Gscheits, des kriagst heit nimma". Kartoffeln wurden gekocht und zerstampft, mancherorts gab es fahrbare Kartoffeldämpfer die von Hof zu Hof zogen, die gekochten Kartoffeln wurden dann in Silos eingelagert. Kleinbauern kochten täglich die Kartoffeln. Das ist aber auch Geschichte von längst vergangenen Tagen.

Heute werden leider Unmengen von Kartoffeln einfach kompostiert, weil sie nicht markttauglich sind, die Qualität ist zu groß, zu klein, Form und Farbe sind nicht korrekt usw. Selbst bei Schweine- Bauern

mit Kartoffelanbau landen die Kartoffeln auf dem Misthaufen, da sie nicht in das standardisierte Fütterungskonzept passen und in der Flüssigfütterungsanlage nicht verwertet werden können. Vielfach wird berichtet, dass Schweine rohe Kartoffeln nicht fressen würden. Das stimmt definitiv nicht, Wildschweine richten teilweise auf Kartoffeläckern großen Schaden an. Gerade robuste, alte Schweinerassen können auch rohe Kartoffeln hervorragend verwerten und fressen diese mit Vorliebe.

Die Sausuppe
Noch vor zwanzig Jahren gab es auch in Österreich Kleinbauern, die ihren Schweinen täglich eine Suppe gekocht haben. Hauptbestandteile waren Wasser, Kleie, Gerstenschrot, dazu kamen je nach Verfügbarkeit Kartoffeln, Milch, Brot, Brennnessel. Hatte man gar nichts mehr zur Verfügung, wurde die Suppe mit Heublumen gestreckt. Nicht selten standen bei den Kleinhäuslern neben den Schweinen auch ein, zwei Ziegen im Stall, so wurde das Schwein regelmäßig mit Ziegenmilch versorgt.

Milch in der Schweinezucht
Bis vor einigen Jahrzehnten waren die Auszugsprodukte der Milch nach ihrer Weiterverarbeitung noch beliebter Bestandteil der Schweinefütterung.

Vor allem das Nebenprodukt der Milch beim Käsen, die Molke, also das Käsewasser, das bei der Herstellung von Käse übrig blieb, aber auch die Buttermilch wurden an Schweine verfüttert. Auf den Almen in Tirol und Vorarlberg war und ist es teilweise auch heute noch Tradition Schweine zu halten, um die Molke aus der Herstellung von Bergkäse zu verwerten. Aber auch überschüssige Kolostralmilch (Biestmilch) wurde verfüttert.

Obst und Gemüse

Schweine lieben alle Obstsorten und Gemüse, ob Zwetschken, Äpfel, Birnen, Tomaten, Paprika, Gurken und Zucchini. In Oberösterreich gab es bei sehr vielen Höfen seinerzeit das "Saugartl" (Schweinegarten). Auch so manches Feldstück trägt heute noch den Namen "Saugartl" und obwohl dieser Garten nichts mit Gemüse zu tun hatte, besaß er eine ganz wichtige Funktion: Nicht weit vom Stall (Gehöft) entfernt, eingezäunt mit einem Holzzaun und ein paar alten Obstbäumen oder Holunderstauden bot er Schatten, Bewegung und frische Luft. Die Sauen konnten nach Herzenslust in der Erde wühlen und all jenes Obst und Gemüse, das man geerntet hatte und welches übrig geblieben war, landete bei den Schweinen im "Saugartl".

Heute verkommt es unbeachtet auf den Wiesen oder auf der Strasse. Man kauft stattdessen für den Ei-

genbedarf lieber belastetes Obst aus Übersee.

Prossholz

Dabei werden Knospen und Triebe von Obstbäumen, Haselstauden, Weiden, Pappeln, Eschen, Hainbuchen, Wildkirsche, Aspen, Vogelbeere, Mehlbeere, Pfaffenhütchen, rotem und schwarzem Holunder und anderen Weichhölzern abgeäst.

Das Prossholz erfüllt neben der Abdeckung des Nahrungsbedarfes auch das Bedürfnis der Tiere nach strukturierter Nahrung – dies gilt für Schalenwild und Hasen, genauso wie für Rinder, Ziegen, Schafe und Schweine, die sich gleichermaßen am Prossholz gütlich tun. Der noch wichtigere Effekt der Prossholz-Nahrung besteht darin, dass in der Rinde und den Knospen der Triebe Bittergerbstoffe enthalten sind, die die Tiere unbedingt für eine geregelte Verdauung und ein intaktes Immunsystem benötigen. Schweine ohne Freilauf ins Grüne kommen daher ohne Tierarzt nicht aus.

Als "Notmaßnahme" für eingesperrte Tiere kann man Prossholz auch geschnitten anbieten. Hierfür wird abgeschnittenes Prossholz gebündelt und im Stall für die Schweine erreichbar angemacht. Die Tiere fressen die Knospen, Triebe und Rinde ab, ihre Gesundheit verbessert sich dabei beträchtlich. Das Prossholz kann, wenn man es nicht immer frisch schneiden mag, für den Winter auch in Bündeln eingelagert werden und die ganze Wintersaison über als Zusatzfutter angeboten werden. Die Schweine, aber auch Ziegen, Schafe, Pferde, Esel und Rinder knabbern gerne an den angetrockneten Ästen und fressen die Rinde und das dürre Laub mit Begeisterung. Es entspricht in diesem Zustand etwa dem eines guten Heues.

Quelle: Amt für Wald, Natur und Landschaft des Fürstentums Liechtenstein

Was für den Wiederkäuer der Pansen ist für das Schwein der Waldboden

Gedanken zur Schweineernährung

Dr. Ernst-Jürgen von Magnus

Im Grunde ist alles sehr einfach: Ein Großteil der Energie, die wir hier auf unserer Mutter Erde nutzen können, stammt von der Sonne (Halt! Die Atomenergie nicht – also fast alle!).

Ein großer Teil der Sonnenenergie wird physikalisch gebunden und umgesetzt z.b.: Wind und Wasserkraft.

Ein anderer Teil der Sonnenenergie wird von der grünen Pflanze durch Lebensprozesse als Zucker, Stärke, Öl und Zellulose gespeichert. Diese durch die Pflanzen gespeicherten Energieformen stehen allen anderen Lebewesen auf unserer Erde für die Ernährung zur Verfügung.

Gott hat seine Geschöpfe aufs Vollkommenste mit Werkzeugen ausgerüstet, um diese Speicherformen zu nutzen. Zucker, Stärke und Öle sind von den höheren Lebewesen direkt nutzbar, die Erschließung der Zellulose als Zuckerquelle ist den Einzellern vorbehalten.

Zwei Beispiele: 1. Der Holzwurm bezieht seine Lebensenergie für Wachstum und zur Fortpflanzung ausschließlich aus der Verdauung der Zellulose. Die dafür benötigten Bakterien erhält er als Impfpaket über das Ei von seiner Mutter. Setzt man den Holzwurm in eine Semmel, er würde verhungern. Stärke kann er nicht verdauen.

Der Wiederkäuer ist das zweite Beispiel: Seine Vormägen gleichen einem großen Gärkessel, in dem bei konstanter Temperatur und Feuchtigkeit eine unvorstellbare Zahl von Bakterien, Hefen und Infusorien (kleine, mittlere und große Pantoffeltierchen) leben. Diese Organismen schließen die vorzerkleinerten Pflanzenteile auf und bauen die Zellulose in resorbierbare Stoffe ab. Das Eiweiß der Pflanzen wird ebenfalls zerlegt und dient den Bakterien zum Aufbau der eigenen Körpersubstanz. Der Wiederkäuer bezieht also seine Lebensenergie aus den Abbauprodukten der Zellulose und seinen Eiweißbedarf aus der Verdauung des hochwertigen Eiweißes seiner Pansenorganismen. So verdaut z.B. das Rind ungefähr 3 _ bis 4 kg Mikroorganismen aus seinen eigenen Vormägen.

Wie liegen nun die Verhältnisse beim Schwein?

Der ursprüngliche Lebensraum des Schweins ist der Wald. Der Waldboden ist das vollkommenste Beispiel für die Umsetzung der Sonnenenergie (Zellulose) in lebendigen Kreisläufen. Er ist der Lebensraum einer unvorstellbaren Vielfalt von Wurzeln, Bakterien, Pilzen, Hefen, Algen, Flechten, Insekten, Würmern, Kalt- und Warmblüter. Jedes dieser Lebewesen hat eine spezifische Aufgabe, dient aber dem Ganzen, dem Abbau von Sonnenenergie (Zellulose) und dem Aufbau von Leben. Diese belebte Schicht von 5 bis 20 cm Stärke ist die Nahrungsquelle des Wildschweins. Es verfügt zwar nicht über die Fähigkeit der Zelluloseverdauung durch Mikroorganismen in mehreren Mägen, wie der Wiederkäuer, aber es ist ausgerüstet mit einem hochsensiblen Such- und Sortierwerkzeug, dem

Dr. Ernst-Jürgen von Magnus

Rüssel und dem vollständigsten Gebiss unserer Haustiere. Die Zelluloseaufspaltung und ihre Verlebendigung findet beim Schwein außerhalb des eigenen Körpers im Waldboden statt.
Der Waldboden liefert dem Schwein Energie in Form von Gras, Blättern, Wurzeln und Knollen und Eiweiß in Form von Bakterien, Insekten, Würmer, Käfer, Aas und kleinen Wirbeltieren. Diese Eingliederung in die natürlichen Nahrungskreisläufe ist dem Wildschwein und auch seinem Nachkommen dem Hausschwein von der Schöpfung vorgegeben.
Das Hausschwein ist von seiner Anlage her somit kein Getreidefresser. Bei weitgehender Getreidefütterung, wie es heute üblich ist, verkümmert seine Verdauungskraft, es wird zum Nahrungskonkurrenten des Menschen und in der Folge krank.
Eigenheiten in der Anatomie des Schweinedarmes, wie z.B. die besondere Ausbildung des Dickdarmes sind von der Forschung weitgehend noch nicht hinterfragt und gedeutet worden. Hier einige Fragen dazu: Findet im Dickdarm eine weitere bakterielle Spaltung der Zellulose statt, werden dort Vitamine gebildet, wird hier durch intensive Rückresorption von bakteriellen Spaltprodukten die Verdauung noch effektiver? Dabei sind das sehr wichtige Fragen, deren Beantwortung Aufschluss in Hinblick einer energie-, eiweißsparenden und artgerechten Schweinefütterung geben kann.

Aus diesen Überlegungen heraus stellt sich die Frage: Ernähren wir unsere Hausschweine richtig und was ist schweinegerechte Fütterung eigentlich?

In der Anatomie ihrer Verdauungsorgane und Sinnesorgane gleichen sich das Wildschwein und unser Hausschwein als Nachfahre. Übertragen wir das Bild des Waldbodens auf die Fütterung unserer Hausschweine, so ergeben sich folgende Forderungen: Das Schwein braucht ein verlebendigtes Futter, das bereits durch Bakterien, Pilze und Hefen aufgeschlossen ist. Auf diese Art kann das Schwein zellulosereiches Futter verdauen und wird unabhängiger von Stärke- und Eiweißfütterung.

Der Waldboden ist ein Bild führt uns, um eine schweinegerechte Fütterung, die sparsam, für das Tier artgerecht und damit gesund ist, zu finden.

Dr. vet. Ernst-Jürgen von Magnus
Lohen 1, 4880 St. Georgen i. A

Dr. Ernst Jürgen von Magnus ist nicht nur Veterinär sondern beschäftigt sich im Zusammenhang mit seiner Arbeit als Tierarzt intensiv mit der Symbiose biologischer Kreisläufe zwischen Boden, Pflanzen, Tier und Mensch. Als solcher ist er auch Mitinitiator und Teammitglied der Schägler Biogespräche.

Fehler in der Fütterung

Wie bereits oben angeführt, werden mehr als 95% der Schweine im Prinzip naturwidrig gefüttert, das heißt, mit einem Futter versorgt, das es in der Natur gar nicht oder in dieser Form nicht gibt. Dies betrifft ja leider nicht nur die Schweine, sondern in ähnlichem Maße auch Rinder, Hühner und Puten.

Die heute gebräuchlichen, unnatürlichen Fütterungsmethoden:
Gentechnisch verändertes Soja aus Südamerika (Risikofütterung, da bis heute die Folgen in Bezug auf ihre gesundheitlichen Auswirkungen für Mensch und Tier nicht abgeklärt sind)

Brot- und Backwaren (sind durch das heutige darin verbackene minderwertige Mehl und die darin enthaltenen Zusätze, wie z.B. gentechnisch veränderte Hefe etc. für Tiere krank machend)

Bei den so genannten "Ferkelstartern" wird wertvolle Muttermilch durch ein Pulver ersetzt, was auf keinen Fall ein Ersatz für diese ist.

Die Ferkel werden zu schnell (nach 3 - 4 Wochen) "abgesetzt" (von der Mutter entfernt), dies bringt durch das Fehlen von gesunder Muttermilch ein Gesundheitsdefizit sowie ein gestörtes Verhalten der Tiere ein (kurzes) Leben lang mit sich.

Nur die Fütterung mit biologischen Futtermitteln ergibt Bio-Fleisch in hochwertiger Qualität

Flüssig-Kraftfutter bringt zwar raschen Zuwachs an Fleisch, es ist aber ein unnatürliches, "gepuschtes" Wachstum, das die Fleisch- und Fettqualität stark vermindert. Der "Schrumpfvorgang" des Fleisches beim Kochen ist ein solches Merkmal dafür. Flüssig-Fütterung - "Mais-Mus": Ein Freilandschwein beschäftigt sich fast den ganzen Tag mit Futtersuche und Nahrungsaufnahme. Es ist durch das natürliche Futterangebot (Gras, Heu, Wurzeln etc.) dazu gezwungen, das Gefressene auch zu kauen, was – ähnlich wie beim Menschen - eine Vorverdauung bewirkt. Eingesperrte, silogefütterte Schweine würgen zweimal am Tag binnen weniger Minuten den Flüssigbrei ohne zu Kauen hinunter, was im Verdauungstrakt der Tiere ein Chaos auslöst. Solche Schweine überleben (unter Umständen) gerade noch die kurzen rund 6 Monate ihres Lebens, ein längeres Dasein wäre unter solchen Fütterungsumständen wahrscheinlich ohnehin für die meisten nicht möglich.

Die Tränke unserer Nutztiere, sprich deren Versorgung mit Wasser, ist vielerorts ebenfalls keinesfalls artgerecht. Tiere müssen im Stall, aber auch auf der Weide, jederzeit Zugang zu einer Wasserstelle haben.

Problematisch für die Gesundheit der Schweine ist aber auch noch ein anderer Punkt der Fütterung, der ihnen im Falle herkömmlicher, so genannter "konventioneller Fütterung" vorenthalten bzw. aufgezwungen wird. Die Futteraufnahme war ursprünglich bei Schweinen, und ist heute noch bei Freilandschweinen den ganzen Tag über auf kleine Portionen verteilt. Magen und Verdauungstrakt der Tiere sind über Jahrtausende daran gewöhnt. Bei konventioneller Fütterung passiert die Futteraufnahme innerhalb weniger Minuten, es kommt zu einem, durch den Konkurrenzdruck noch verschärften Hinunterschlingen des Futters, was für den Verdauungstrakt gesundheitlich nicht ohne Folgen bleibt. Dauerdurchfälle sind oft die Folge.

Das „Abferkeln“

Heute werden fast alle Sauen beim Abferkeln fixiert. Als Argument für ein Abferkeln mit Fixierung des Muttertieres wird stets die vermeintliche Gefahr des Ferkelerdrückens angeführt. Bei umfassenden Vergleichen zwischen dem Abferkeln in der herkömmlichen Einraumbucht mit Abweisstangen und dem fixierten Abferkeln kommen eine Reihe von Autoren zu dem Schluss, dass ein freies Abferkeln nur geringfügig höhere Ferkelverluste hervorruft (z.B. CARNELL 1983). Hieran zeigt sich, dass die pauschale Behauptung, ein freies Abferkeln würde zu hohen Ferkelverlusten durch Erdrücken führen, so nicht haltbar ist. Ferner wurden mittlerweile auch Abferkelbuchten entwickelt, die das arteigene Verhalten von Sau und Ferkeln besser berücksichtigen.

Die Natur hat im Prinzip dafür vorgesorgt, dass sowohl Sau als auch Ferkel arteigene Verhaltenssicherungen gegen das Erdrücken entwickelt haben, die aufeinander abgestimmt sind. Bevor sich die Sau hinlegt, scharrt sie im Nestmaterial und sucht mit der Schnauze den Kontakt zu ihren Ferkeln. Wenn sich die Sau zum Abliegen hinkniet, gruppieren sich die Ferkel auf einer Seite der Sau. Die Sau legt sich dann mit der Hinterhand zur gegenüberliegenden Seite ab, wobei sie die Ferkel beachtet. Eventuell noch vorhandene Ferkel vollführen einen schnellen Seitensprung. Falls doch ein Ferkel eingeklemmt wird, reagiert es mit lautem Quieken, woraufhin die Muttersau das entsprechende Körperteil anhebt. Zum Teil können sich Ferkel durch heftiges Strampeln auch selbst befreien (SCHMID 1990).Diese natürlichen Abläufe können jedoch nie hundertprozentig dafür garantieren, dass das eine oder andere

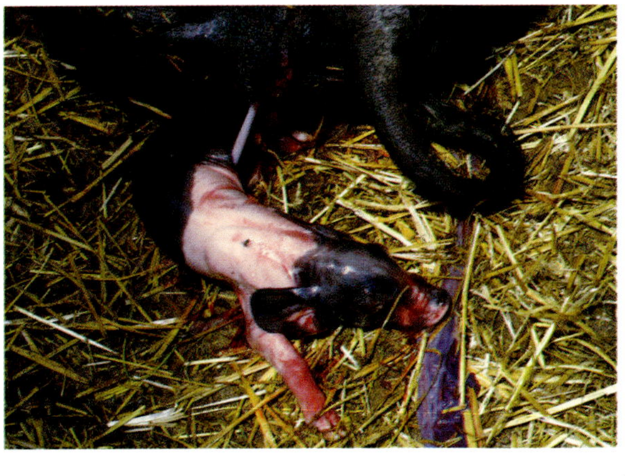

Mal trotzdem was passiert. Quelle: Artgemäße Schweinehaltung, Bernhard Hörning, SÖL/Stiftung Ökologie und Landbau, Bad Dürkheim

Anmerkung

Dass es bei der Freilandhaltung zu einem gewissen Ausfall an Ferkeln kommt, die trotz aller Vorsorge der Muttersau erdrückt werden, ist normal und ein Teil der evolutionären Geschichte dieser Welt. Bis heute ist es noch keinem noch so guten Freilandhalter geglückt, dieses Problem zur Gänze zu lösen. Das Problem ist – laut August Pölsler, der sich seit Jahrzehnten dieser Problematik annimmt - dass sich Muttersauen bei Freilandhaltung zum Abferkeln ein tiefes Nest in die Erde wühlen, das sie zwar sorgsam mit Gras, Farnen und anderem Grünzeug ausbetten, das aber nicht immer flach und groß genug ist, um die Ferkel beim Niederlegen nicht zu gefährden.

Mit entsprechenden, im Freien aufgestellten "Abferkelhütten" lässt sich aber auch dieses Problem beheben, wie das Beispiel "Bio Noah",
Karl Schardax in Vöcklamarkt, O.Ö. zeigt.

Abferkeln ohne eiserne Jungfrau bei Karl Ludwig Schweisfurth auf Gut Herrmannsdorf

Der „Schweineberater“

Wenn man ein Buch wie dieses schreibt, wird man einiges gewöhnt und muss wahrhaftig einen "Saumagen" haben. Aber nicht der Schweine wegen, sondern der Menschen wegen und wegen der Art und Weise, wie diese teilweise mit der ihnen anvertrauten Kreatur umgehen.

Die Geschichten, die sich im Zusammenhang mit der Recherche des Buches ergeben haben, würden ein eigenes Buch füllen. Aus Platzgründen sei eine von ihnen, stellvertretend für alle anderen erzählt.

Die Geschichte beginnt in Oberösterreich, bei einem Schweinemäster konventioneller Art. Er ist befreundet mit einem, der seine Schweine in einem anderen Bundesland im Freien hält, was naturgemäß immer wieder zu intensiven Gesprächen und Debatten zwischen den beiden führt, ohne dass es dabei zu Emotionen kommt, dazu kennt man sich zu lange und ist vernünftig genug. Der Intensiv-Mäster, stolzer Besitzer eines "modernen" Massentierstalls mit "air condition" beklagt wieder einmal den schlechten Gesundheitszustand seiner Tiere, was den Freilandhalter zu folgender Aussage bewegt: "Vielleicht brauchen deine Schweine mehr Frischluft und vertragen die Klimaanlage nicht", was letztlich dem betroffenen Bauern einzuleuchten scheint und er seinen Freund um Rat bittet, wie er dies bewerkstelligen sollte?

"Reiß' die kleinen Fensterln und die Klima-Anlage heraus und mach' große Fenster hinein, damit genug Frischluft in den Stall kommt". Gesagt getan, sechs Wochen später präsentiert sich der Stall im neuen Look mit großen Fenstern ohne Ventilatoren. Zwei Monate später ein neuerlicher Besuch des Freilandhalters beim Freund in Oberösterreich. Was er dort sieht, droht im die Rede zu verschlagen.

Die neuen, großen Fenster sind mit riesigen Plastik-Abdeckungen fast bis zum Boden herunter zugehüllt. "Ja was ist denn da passiert"?, meint der Ankömmling zu seinem Freund. Darauf dieser: "Ja weißt du, vor einigen Wochen war mein "Schweineberater" bei mir und hat mir gesagt, ich sollte die Fenster unbedingt nach dieser Art verbauen". Denn, die Schweine müssen finster haben, dann nehmen sie schneller zu. Alles andere wäre unwirtschaftlich"!
Ohne weiteren Kommentar.

Massentierstall-Image: Ein Silo und kleine Fenster die Licht und Luft fernhalten.

Wissenschaft am Ende?

Sie schafft schon lange kein Wissen mehr, sondern gereicht uns mehr und mehr zur Abkehr von Vernunft und Lebensqualität.

Albert Einstein

Das ewige Bejubeln neuer wissenschaftlicher "Erfolge", die immer wieder durch die Medien geistern, reduzieren sich immer öfter auf den "Durchbruch" in der Genforschung oder im Eindämmen von Seuchen, die bei einem "wirklichen Wissen" der Wissenschaft und der Umsetzung deren stets mit Stolz vorgebrachten Erfahrungswerte erst gar nicht hätten auftreten dürfen. Aber auch die Forschungserfolge im Bereich des Genoms von Menschen, Tieren und Pflanzen sind mehr als zweischneidig.

Einerseits deswegen, weil uns die Gentechnikforschung im Bereich von Landwirtschaft und Lebensmittel an den Rand einer ökologischen Katastrophe gebracht hat und einigen wenigen Konzernen (wie z.B. Monsanto, Bayer, Syngenta und Co) andererseits die Möglichkeit eröffnet wurde, über die Ernährung und Patentierung von Pflanzen- und Tier-Genen ungeheuren Machteinfluss im Agrar- und Lebensmittelbereich zu erlangen. Die Wissenschaft war und ist derzeit in diesem Bereich leider immer öfter Steigbügelhalter multinationaler Interessen, ungeachtet der dadurch auftretenden gesundheitlichen Risken einer weitgehend unerforschten Technologie.

Die Industrieabhängigkeit der Wissenschaft wird heute geradezu herausgefordert, da dieser Bereich immer mehr in die Hände privater Großunternehmen und Industriemultis gerät. Durch den angeblichen Mangel an Geld, das anderswo für wesentlich unwichtigere Dinge mit vollen Händen ausgegeben wird, öffnet man multinationalen Konzernen die Türen der Universitäten, unabhängige Forschung wird dadurch zur Unmöglichkeit.

Bei der Gentechnik-Forschung im Bereich der Medizin stellen sich gleich zwei Fragen? Wäre es nicht sinnvoller, die jährlich "verforschten" Milliardenbeträge im Sinne von Prävention und Vermeidung von Krankheiten einzusetzen, als diese erst im Nachhinein kurieren zu müssen. Und weiters, wer weist jene – dem Größenwahn anheimfallende Wissenschafter in die Schranken, die meinen, den lieben Gott ersetzen zu müssen.

Die Euphorie des zu Ende gegangenen, vorigen Jahrhunderts, alles und jedes entdeckt und entschlüsselt zu haben, hat in Kreisen seriöser Wissenschafter der Ernüchterung Platz gemacht, dass wir von den wesentlichern Vorgängen unseres Lebens so gut wie nichts wissen und auch nichts verstehen. Längst totgesagte Epidemien und "Krankheiten" feiern fröhlich Auferstehung, hinzu gesellen sich neue bösartige Seuchen, denen die Schulmedizin machtlos gegenübersteht. Was wir aber mit Sicherheit inzwischen wissen, ist, dass wir mittlerweilen von der Natur die Rechnung für ein Jahrhundert und mehr an Überheblichkeit, wissenschaftlichem Größenwahn und Umweltfeindlichkeit präsentiert bekommen und zwar in einer Form, die unser aller Zukunft in Frage stellen wird.

Dagegen wissen wir heute konkret sehr wenig über das Heilen von Krankheit Bescheid, Symptombehandlung, die von der Schulmedizin fälschlicher-

Landwirtschaft in Bali – eine andere Form von Rinderwahn?

weise als "Heilung" bezeichnet wird, ausgenommen. Auch wissen wir so gut wie nichts über Gentechnik und deren Auswirkungen, kennen nicht die Zusammenhänge von psychischen Störungen im Krankheitsfall, haben den Welthunger trotz mehrfacher Überproduktion von Lebensmitteln bis heute nicht im Griff, wissen nicht, wie man zu weniger Arbeit und einem Mehr an Lebensqualität gelangen kann, haben die Vorgeburtsphase, den vielleicht wichtigsten Teil von Lebenszeit weitgehendst unerforscht zurückgelassen, verursachen durch Lemmingverhalten den Untergang unserer Kultur und Umwelt, vermitteln immer weniger nutzbares Wissen unseren Schülern und Studenten, regieren mit Bürgerferne und Arroganz, huldigen den Götzen Wirtschaftswachstum, Cashflow und Rendite und finden zum Leben selbst keine Zeit mehr und auch nicht dafür, unsere Kinder zu erziehen.

Wir sehen die Zukunft unserer Gesellschaft in Altenheimen und Tagesaufbewahrungsstätten für unsere Kinder, weisen mit Stolz auf die Überlebensraten bei Chemotherapien hin, reden von erfüllter Gleichberechtigung, die in Bezug auf Frauen in den letzten 2000 Jahren nie stattgefunden hat, verbreiten über Werbung und Medien Berge von Info-Müll, dem kein Gehirn mehr gewachsen ist und verkünden die Message, es wäre uns noch nie so gut gegangen, wie heute. Dies trifft aber nur insofern zu, als dass wir noch nie so viel billiges Essen erstehen konnten, um unsere Bäuche zu füllen, über die Qualität unserer Nahrung senkt sich besser der Vorhang des Schweigens.

Einer der Grundfehler, warum sich unsere Wissenschaft in vielen Bereichen von einer "Wissen-schaffenden Institution" zu einer lebensfeindlichen Einrichtung entwickelt hat, liegt darin begründet, dass man von Beginn an diese in zwei Bereiche, nämlich die Philosophische Fakultät und die Naturwissenschaftliche Fakultät eingeteilt hatte. Nicht beachtend, dass Philosophie ohne Beachtung der Naturgesetze genau so bedeutungslos sein würde, wie die Naturwissenschaft ohne eine Berücksichtigung darin enthaltener, philosophischer Aspekte. In verhängnisvoller Weise hat sich daraus das heutige Zeitalter der Technokraten und Wirtschafts-Hasardeure entwickelt, die da meinen, mit maschineller, computerunterstützter Technik und einem Bündel von Geldscheinen unter Ausbeutung der Massen

Die Genmaus, das Paradestück unserer Wissenschaft

und im Widerspruch zu herrschenden Naturgesetzen alles und jedes machen zu können.

Der Größenwahn jener Staatsmänner, Industriemultis, Architekten und anderer, so genannter "global players", die auf unserem Planeten herumfuhrwerken wie Kinder im Sandkasten, hat viele Namen: Jangtse-Staudamm, Irak-Krieg, Afghanistan-Krieg, Agent Orange, Contergan, Indianer-Reservate, Abholzung des Regenwaldes oder "Klon-Schaf Dolly". Eines haben diese – trotz unterschiedlicher Lokalität und Thematik – aber alle gemeinsam: Die Überheblichkeit des Menschen gegenüber der Schöpfung, den Eingriff in die Natur, die keiner Nachbesserung durch den Menschen bedarf, da sie selbst perfekt ist und den Missbrauch von Macht, der einigen wenigen vom Wählervolk in die Hände gelegt wurde, ohne zu hinterfragen, ob diese eben dort gut aufgehoben wäre.

Schon Mahatma Ghandi meinte dazu: "Die Größe einer Nation lässt sich daran ermessen, wie diese ihre Tiere behandelt". Wenn dabei die ethische Größe einer Nation gemeint sein sollte, was ich als gegeben annehme, muss ich feststellen, dass wir weltweit ein Konglomorat von "Zwergstaaten" sind, da die Behandlung der uns anvertrauten Kreaturen – der so genannten "Nutztiere" – derzeit jedem einfühlsamen Menschen die Schamesröte ins Gesicht treiben muss.

Kann man hier noch überhaupt von Ethik im Bereich der Gentechnikwissenschaft sprechen?

Karl Ludwig Schweisfurth

Über das achtsame und ethisch gebotene Töten unserer Nutztiere

Karl Ludwig Schweisfurth

Schauen wir zurück in die Geschichte Europas. Nach unserem christlichen, abendländischen Verständnis sind Tiere Mitgeschöpfe eines gemeinsamen Schöpfers, so, wie in der Genesis beschrieben. In alten Zeiten und bis in unsere Zeit wurden Tiere auf den Höfen getötet und geschlachtet und sofort verwurstet, das "Schlachtfest", ein wichtiges Ereignis im dörflichen Leben. Das geschah einfach und unkompliziert, das Tier wurde aus dem Stall und ohne Transport in der Regel "kurz und schmerzlos" getötet. Mit der Entwicklung von Metzgern, vor allem in den Städten des Mittelalters, übernahmen diese immer mehr das Schlachten sowie die professionelle Verarbeitung und Vermarktung.

Die Tiere mussten nun transportiert werden, sie mussten dort geschlachtet werden, wo das Fleisch täglich frisch gebraucht wurde. Mit der Hygiene wurde es nun in den Hinterhöfen problematisch. Ende des 19. Jahrhunderts entstanden so die städtischen Schlachthöfe. Techniker waren gefordert, die Abläufe größerer Mengen von verschiedenen Tieren zu "rationalisieren" und den Schlachtern die schwere körperliche Arbeit zu erleichtern. Die Schlachthöfe von Chicago standen dabei Pate mit ihren ersten Fließbändern und den spezialisierten Handgriffen, immer wiederkehrenden eintönigen und langweiligen Arbeiten.

Die Kirche und die Pfarrer haben sich nicht in die vermeintlich weltlichen Angelegenheiten eingemischt und keine Regeln für achtsames Töten geschaffen (im Gegensatz zum Judentum und Islam, wo es – umstrittene – strenge Regeln bis heute gibt). Die Aufklärung, voran René Descartes, hat das Tier dann endgültig zur Sache gemacht, zur nicht fühlenden Maschine.

Karl Ludwig Schweisfurth auf Gut Herrmannsdorf

Philosophen haben auch lieber weggeschaut und keine Fragen gestellt: Was geschieht da? Wie läuft das ab? Solche Fragen zu stellen und die Fachleute nachdenklich zu machen und mehr Achtsamkeit zu fordern, ist heute dringend notwendig. Die Schlachthäuser haben Megastrukturen bekommen. Weite Transporte sind notwendig. Die meisten Vorgänge beim Töten, Schlachten, Zerlegen, Verarbeiten und Verpacken sind inzwischen automatisiert. Da stehen Roboter an den Fließbändern und nur wenige Menschen, die die letzten Handgriffe tun, ohne zu verstehen, öde, langweilig, zum Werkzeug im großen Getriebe degradiert.

Wo ist dabei der Respekt vor der Würde der Schöpfung geblieben? Wo bleibt die Achtsamkeit vor der Würde von Mensch und Tier? Wo bleibt die Ehrfurcht vor dem Leben?
Wenn wir aus heutigem, umfassenden Verständnis und der Verantwortung für Grundsätze von Ethik und Moral über das Töten nachdenken, müssen wir manches ändern. Töten unserer Nutztiere ist eine sehr ernsthafte, ja tragische Angelegenheit (wir töten, um zu leben, andere Lebewesen, die auch leben wollen).

Mehr "Ehrfurcht vor dem Leben" muss in die Schlachthäuser einkehren und in das Bewusstsein der Menschen , die die Abläufe organisieren und die die tägliche Arbeit tun. Wir müssen uns diese Fragen stellen und Antworten finden, ob wir nur noch "töten lassen", das Töten an Automaten delegieren und uns nicht einmal mehr die Hände blutig machen müssen, wenn wir den lebensnotwendigen, gleichwohl tragischen Akt des Tötens vollziehen. Drei gleichberechtigte Grundsätze sind dabei einzuhalten und zu beachten:

Ethik: Tiere sind Mitgeschöpfe. Wir dürfen ihnen laut Tierschutzgesetz keinen Schmerz und kein Leid zufügen. Angst und Stress sind dem Leid gleichzusetzen. Wir müssen dafür Sorge tragen, dass ihnen beim Transport sowie Schritt für Schritt bis zum Ort des Tötens, dem Ort des "Überganges" vom Leben zum Tode, vom lebendigen Wesen zum Fleisch, keine unnötige Angst und kein unnötiger Stress zugefügt wird.

Hygiene: Hohe Hygienestandards sind einzuhalten. Das gilt für die Sauberkeit des Personals, der Geräte und Maschinen sowie der Räume.

Soziales: Arbeitssicherheit für die Mitarbeiter, helle, luftige Arbeitsräume sowie eine interessante, abwechslungsreiche Arbeitsgestaltung, die alle Sinne fordert und nicht durch Automation und Fließbandarbeit abgestumpft sind.

Die mit Abstand sauberste und fairste Lösung für das Tier ist der gezielte Kleinkaliberschuss aus kurzer Entfernung ins Zentrum des Gehirns inmitten der vertrauten Herde auf der Weide. Optimal, wenn die Weide in unmittelbarer Nähe eines Schlachthauses ist, um zügiges Schlachten sowie die sofort anschließende Warmfleischzerlegung zu ermöglichen.

Begrüßung auf Gut Herrmannsdorf

Slow Food – Die Philosophie vom besseren Leben und vom besserem Fleisch

von Manfred Flieser, Slow Food Styria

Slow Food ist eine Bewegung von und für Menschen, die das Geruhsame, Sinnliche und Bodenständige bewahren wollen. Und das im Zeitalter des "Fast Life". Dem hektischen Treiben der modernen Zeit werden eine Philosophie des Genusses und ein langsamer, bewusster Lebensstil entgegengesetzt. Da jeder Mensch Anspruch darauf hat, nennt sich Slow Food auch "Internationale Bewegung zur Wahrung des Rechts auf Genuss". Das kommt an: Slow Food ist in über 100 Ländern mit mehr als 80.000 Mitgliedern vertreten.

Carlo Petrini gründete 1986 in Bra, Piemont, gemeinsam mit einer Handvoll Gleichgesinnter den Verein Slow Food. Keiner der Beteiligten dachte damals, dass sich aus ihrer Aktion gegen geschmackliche Verflachung durch industrielle Einheitsgerichte eine internationale Bewegung entwickeln würde.

Die Wertschätzung der Geselligkeit und der Anspruch auf das Recht des Wohlgeschmacks sind die grundlegenden Prinzipien, auf denen jede Initiative beruhen soll: zur Verbreitung der Kenntnis der "materiellen" Kultur (jedes Produkt bringt die Düfte der Erde, Riten und alte Produktionstechniken mit sich), für den Schutz der Güter aus Landwirtschaft und Ernährung (die Verteidigung der biologischen Vielfalt, der Kulturen, des Handwerks und der Ernährungstraditionen), den Schutz der historischen, künstlerischen und landschaftlichen Güter der Orte des Genusses und des önogastronomischen Geschmacks (Kaffees, Konditoreien, Gasthäuser, handwerkliche Betriebe, ...).
Durch Informationsarbeit, Verkostungen, Geschmacksschulungen, Veranstaltungen, usw. versucht Slow Food bei Erwachsenen und Kindern ein Bewusstsein für Qualität, Aroma, Duft und Ge-

Der Speckhimmel der Fleischhauerei Anton Kranzlbinder in Maria Lankowitz

Anton Kranzlbinder und Manfred Flieser – SlowFood Austria

schmack von originalen Produkten zu schaffen. Slow Food fördert dadurch kleine Betriebe, die bodenständige Gastronomie sowie die Hersteller von naturnahen, regionaltypischen Lebensmitteln. Nur wer weiß, was ihm verloren geht, ist bereit, sich für das Original und gegen naturidente Ersatzstoffe zu entscheiden.

Slow Food-Adressen:

Slow Food Styria - Manfred Flieser
m.flieser@A1.net

Slow Food Carinthia - Erwin Jäger
erwin@delijaeger.com

Slow Food Linz-Mühlviertel - Philpp Braun
slowfood-linz@gmx.at

Slow Food Lungau - Gunther Naynar
hiasnhof@tele2.at

Slow Food Mostviertel - Johann Weiss
JWeiss@steinschaler.at

Slow Food Osttirol - Alexandra Urso-Tabernig
info@weinphilo.com

Slow Food Pinzgau - Wolfgang Schäffner
w.schaeffner@smc-info.at

Slow Food Tirol - Christian Burkia
c.burkia@tirol.com

Slow Food Vorarlberg - Klaus Breuss
klaus.breuss@slowfoodvorarlberg.at

Slow Food Wachau - Robert Paget
paget.robert@netway.at

Slow Food Waldviertel - Helmut Hundlinger
helmut@hundlinger.at

Slow Food Weinviertel - Gabriele Gansler
gabriele.gansler@exportworks.at

Slow Food Wien - Barbara van Melle
barbara@vanmelle.at

Slow Food Österreich
Gebührenfreie Info-Nummer: Tel. 0800 281141

Slow Food Deutschland
info@slowfood.de
www.slowfood.de

Slow Food Schweiz
info@slowfood.ch
www.slowfood.ch

Slow Food International
P.zza XX Settembre, 5
12042 Bra (Cuneo) - Italien
international@slowfood.com
www.slowfood.com

Die Schinken-Revolution

Die Schinken-Revolution

Manches, was in der Vergangenheit passierte, ist schwer oder gar nicht voraus zu sehen. Dass der "Einzug der Fleischer" in die Supermärkte vor fast 45 Jahren den Untergang nicht nur der Fleischer selbst sondern auch den unzähliger Bauern bedeuten würde, hatten einige kluge Köpfe aber bereits vorausgesehen.

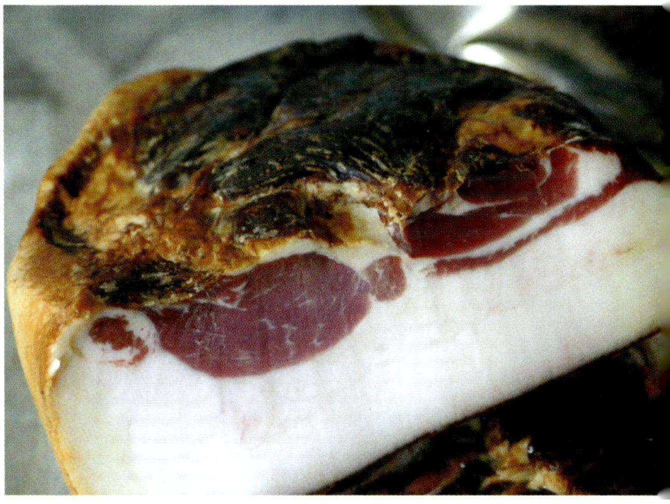

Hochwertiger Mangalitza-Schulterspeck

Die Schinken-Revolution
ROBERT ZECHNER: Was sich manche Leute so ausdenken.
Kleine Zeitung 28.05.2003

Wie Karl Loidl vor 40 Jahren erstmals Fleisch und Wurst im Supermarkt verkaufte und ihm Fleischhauer ein baldiges Scheitern prophezeiten.
Es war 1963, als Karl Loidl die fixe Idee hatte, frisches Fleisch und Wurst im, aufgepasst, Supermarkt zu verkaufen. "Das ist das Blödeste, was es gibt", bescheinigten ihm Fleischhauer ein blamables Scheitern: "Damals kaufte jeder sein Fleisch beim Fleischhauer", wusste auch Loidl, dass sein Vorhaben "revolutionär war".

Die eigentliche Idee hatte ein Sohn des Spar-Großhändlers Poppmeier aus den USA mitgebracht. Weil sich eingesessene Fleischhauer weigerten, an einen Spar-Markt zu liefern, startete der gelernte Fleischer Loidl "als Ein-Mann-Show". Im Spar-Markt in der Grazer Humboldtstraße. Die österreichweit erste Fleisch- und Wurstabteilung eines Supermarktes breitete sich auf zehn Quadratmetern aus. "Und die Belegschaft war ich." Nachdem Loidl, Jahrgang 1934, den Vater im Krieg verloren hatte, musste er die Bulme abbrechen. Lehre. "Alle meine Onkel waren Fleischhauer", die Berufswahl war schnell getroffen.

Weil die Kollegen über den Supermarkt-Fleischer schimpften, legte Loidl gleich noch ein paar Revolutionen nach: Faschiertes aus Magerfleisch, Frischfleisch ohne Knochen: "Das hört sich heute lustig an, damals war das neu." Genau diese Entwicklungen hätten andere Fleischhauer "verschlafen". Für Loidl der wesentliche Grund dafür, dass es Fleischhauereien heute kaum noch gibt.Der Supermarkt-Fleischer jedenfalls gründete die Firma Tann, die exklusiv alle Sparmärkte beliefert und heute der größte Fleisch- und Wurstproduzent Österreichs ist.Karl Loidl selbst ist seit neun Jahren in Pension, als "herzeigbare Betriebsmumie" (Loidl über Loidl) aber ist er derzeit natürlich Hauptgast auf den Tann-Jubiläumsfeierlichkeiten.

Leser-Brief von Manfred Flieser, Slow Food Austria an die Kleine Zeitung
30.5.2003

Betrifft: Steirer des Tages v. 28. Mai 2003

Sehr geehrtere Damen und Herren, sehr geehrter Herr Zechner!

Wenn man die Leistungen des Mannes, den Sie Ihren Lesern am 28. Mai 2003 als "Steirer des Tages" präsentierten, lediglich mit der zahlendenkenden Hirnhälfte betrachtet, ist das Resultat seiner "Schinken-Revolution" eine wahre Erfolgsstory und Karl Loidl ein richtiger Held!

Ehe ich auf die Kehrseite der Medaille eingehe, will noch anmerken, dass Loidls Branchenkollegen ihm vor 40 Jahren wahrscheinlich deshalb ein Scheitern prophezeiten, weil sie nicht mit der Blauäugigkeit und Gier des Verbrauchers rechneten, der sinkende Lebensmittelpreise stets mit Handkuss annimmt.

Ich bin davon überzeugt, dass Herr Karl Loidl 1963 nicht ahnte, welch fatale Auswirkungen seine "Schinken-Revolution" nach sich ziehen wird. Schließlich konnte der Fleischer nicht vorhersehen, dass die Supermarktbranche ihren skrupellosen Konkurrenzkampf bald über den Fleischpreis austrägt, was zur Folge hat, dass:
* Fleisch von "fortschrittlichen" Landwirten und Fleischindustriellen zum Billigprodukt degradiert wurde.
* Ein bedenklicher Wertewandel: der Schweinepreis betrug 1963 pro kg 1,05 Euro. Heute beträgt er 1,21 Euro. Im selben Zeitraum stieg der durchschnittliche Stundenlohn eines Arbeiters (1963 = _ 0,765) um das Elfeinhalbfache auf 8,90 Euro.
* (überlebens)willige Bauern zu Knechten der hemmungslosen Nahrungsmittelindustrie wurden.

Fazit: naturverachtende, entartete Zustände in der Landwirtschaft, degenerierende Zuchtmethoden, skrupellose Massentierhaltung, Ausrottung alter Zuchttierrassen, zweifelhafte Fütterungsmethoden, Antibiotika und Hormone im Tierfutter, Tierquälerei, Masse statt Qualität. Folgen: alle Fleischskandale der letzten Jahre.

* Die Österreicher ihr Ernährungs- und Einkaufsverhalten auf den Kopf stellten. 1963 genossen Herr und Frau Österreicher pro Kopf und Jahr durchschnittlich 56 kg Fleisch. Heute werden pro Kopf und Jahr etwa 82 kg Fleisch verbraucht (+ 47 Prozent). Im selben Zeitraum ging in Österreich der Kartoffelkonsum um 35 Prozent und der Brotverbrauch (Weizen) um 45 Prozent zurück. "Herr gib uns unser tägliches Schnitzel!"
Die stete Zunahme von Zivilisationskrankheiten ab den Sechzigerjahren ist dokumentiert.
* Seit 1963 allein in der Steiermark 705 Fleischhauer zusperren mussten. Das Fleischersterben verursachte unzählige persönliche und familiäre Einzelschicksale (Existenz- und Arbeitsplatzverlust) sowie das Aussterben eines einst geachteten Handwerkstandes und somit auch der Metzgerkunst.

* Die geschmackliche Vielfalt des Wurst- und Selchwarenangebotes verloren ging. Neben Qualitätsfleisch produzierten in der Steiermark bis zum 31. Dezember 1962 930 handwerkliche Fleischerbetriebe Wurst-, Schinken-, Speck- und Selchfleischspezialitäten nach eigenen und überlieferten Rezepturen. Da sich die eigene Wurst- und Selchwarenproduktion für die wenigen verbliebenen kleinen Betriebe angeblich nicht rechnet, verkaufen heute viele Fleischer in ihren eigenen Läden zugekaufte industrielle Massenware.

Vereinheitlichung des Geschmacks - Geschmacksvielfalt ade! Mit den fragwürdigen und unappetitlichen Methoden der industriellen Herstellung von Wurst- und Selchwaren will ich Sie jetzt nicht quälen.

Sehr geehrte Damen und Herren, sehr geehrter Herr Zechner, kann es sein, dass Sie - beeindruckt von den Jubiläumsfeierlichkeiten der Tann Fleischwerke - vergaßen die ethische Seite der "Schinken-Revolution" zu hinterfragen? Anders ist es für mündige Leser und bewusste Konsumenten nämlich sicher nicht nachvollziehbar, dass Ihr Medium diesen Mann zum "Steirer des Tages" erhebt.

"Erst kommt das Fressen, dann kommt die Moral", sagte schon Bertolt Brecht. Gerne stelle ich mich einer Diskussion.

Gespannt auf Ihre Rückäußerung verbleibe ich
mit freundlichen Grüßen

Manfred Flieser eh.
Slow Food Convivium Styria

P. S.: Eine Kopie des Schreibens ergeht an Slow Food Mitglieder

Herbert Schwaiger, Mobile Schlachtsysteme
Grünsting 18, 2651 Reichenau an der Rax
Tel. 02666 53 802 Fax: 02666 54839
handy 0676 341 47 36,
e-mail: office@mobile-schlachtsysteme.at
www.mobile-schlachtsysteme.at

Herbert Schwaiger und sein „Fahrbarer Schlachthof"

Auch Schweine haben manchmal "Schwein gehabt"

Er ist ein echter Pionier in Sachen Fleischqualität und Tierschutz: Herbert Schwaiger, der Erfinder des fahrbaren Schlachthofes, jahrelang von der Industrie bekämpft und ignoriert, feiert mit seiner Erfindung dank eines langsam spürbaren Umdenkens von Politik und Wirtschaft eine Renaissance.

Soweit man im Zusammenhang mit der Schlachtung überhaupt von Tierschutz reden kann, muss man Herbert Schwaiger bescheinigen, dass er mit seinem fahrbaren Schlachthof ein Modell entwickelt hat, wie man Tiere ohne jeden Transport an Ort und Stelle beim Bauern stressfrei schlachten kann. Die Illusion, dass sich alle Menschen fleischlos ernähren, ist nur ein Traum, das zu erreichende Ziel zum Schutz der uns anvertrauten Tiere, die in unsere Nahrungskette einfließen, kann nur lauten: Weniger Fleisch zu essen und nur solches, das von artgerecht gehaltenen, gefütterten und stressfrei geschlachteten Tieren stammt. Ohne Schlachthofleid und endlose Transporte, die selbst aus Qualitätsfleisch "Angstfleisch" machen, das uns krank macht und mit Gewissensbissen belastet.

Das System Herbert Schweigers ist simpel und relativ einfach umzusetzen. Die Tiere werden – ohne es wahrzunehmenen – am Hof stressfrei geschlachtet, auf einen von ihm erfundenen, bereit stehenden Hänger gebracht und dort auch gleich zerlegt. Was dabei an Qualität im Fleisch erhalten bleibt, ist nun auch bereits in wissenschaftlicher Erprobung, die momentan in Zusammenarbeit mit der Universität für Bodenkultur in Wien, Abteilung Nutztierhaltung, im Zuge eines EU-Projektes als Vergleichsschlachtung (Hofschlachtung – Schlachthof-Schlachtung) durchgeführt wird. Die bisherigen Ergebnisse sind gravierend und gestatten die klare Aussage, dass Stressfleisch durch Angst, Adrenalin und Stresshormone belastet ist, die wir beim Verzehr derartigen Fleisches in uns aufnehmen, mit unabsehbaren Folgen für unsere Gesundheit.

Je weniger Belastung (Stress) ein Tier vor der Schlachtung erfährt, desto besser die Fleischqualität. Laut den Erfahrungen von Herbert Schwaiger verdirbt stressig geschlachtetes Fleisch bereits ab dem 3. Tag. Das heißt, dessen Energie nimmt ab, das Fleisch "zerfällt", ist anfälliger auf Bakterien und verfault geradezu.

Die ersten Ergebnisse der von Herbert Schwaiger unter wissenschaftlicher Begleitung durchgeführten Vergleichsschlachtungen ergeben bereits signifikante Qualitätsunterschiede zwischen Angstfleisch und solchem aus natürlicher Hofschlachtung.

Herbert Schwaiger, anfangs bekämpft und belächelt, zeigt diese Problematik seit mehr als einem Jahrzehnt auf. Er erlitt das Schicksal vieler Pionie-

Chemie und Kunstdünger ohne Ende auf unsere Felder, in unsers Böden

denen die reichen Industrieländer mit hohen Subventionen ihre Überschüsse abladen und anderen Ländern aufzwingen" (WEINSCHENK 1990).

Durch die völlig falsche Agrar- bzw. Wirtschaftspolitik, die auf den weltweiten Freihandel setzt und durch den "Eu-Anschluss" eine dramatische Verschärfung erfahren hat, werden sowohl die Entwicklungsländer als auch die westlichen Industriestaaten langfristig geschädigt (DALY 1994). Erstere durch viele Millionen Tonnen Futterexporte, was großteils auf Kosten des Anbaues von Grundnahrungsmitteln für die dortige Bevölkerung geht, und in den Industriestaaten erfordert der ruinöse Preisverfall auf den Weltagrarmärkten immer größere Budgetanteile für die Lagerung und den Export von Überschüssen bzw. Flächenprämien als Preisausgleich. Die Einkommen der Bauern selbst kommen dadurch in beiden Staatengruppen unter starken Druck, so dass die Landflucht zunimmt und die Ballungszentren wie "Krebsgeschwüre" wachsen.

Diese Politik der "billigen Nahrungsmittel" durch Einführung industrieller Produktionsmethoden in der Landwirtschaft (Spezialisierung, Intensivierung und Rationalisierung) hat aber auch gravierende ökologische Schäden verursacht. Die Vervielfachung des Dünge- und Spritzmitteleinsatzes hat schwerwiegende Grundwasserbelastungen zur Folge gehabt. Die Verarmung der Fruchtfolgen bis zur Monokultur und der Einsatz überschwerer Traktoren und Maschinen haben zu argen Bodenverdichtungen und großflächigen Abschwemmungen (Erosionen) geführt.

In den intensiv wirtschaftenden, stark spezialisierten Tierhaltungsbetrieben mit hohen Bestandesdichten (Tiere je Boden- bzw. Stallfläche), aufwendiger Haltungstechnik und maximalen Leistungsanforderungen kommt es zu steigenden Ausfällen, erhöhter Krankheitsanfälligkeit und in der Folge zu vermehrtem Medikamenteneinsatz. Schließlich kann nicht übersehen werden, dass die industriemäßige Landbewirtschaftung auch zu einer radikalen "Ausräumung" der in Jahrhunderten gewachsenen Kulturlandschaft geführt hat, deren Erholungswert völlig verloren gegangen ist ("Agrarsteppe").

Die gemeinsame Agrarpolitik (GAP) der EU schafft zwar Arbeitsplätze und Gewinne für Industrie und Handel mit Dünge-, Spritz- und Futtermitteln, Maschinen, Stalleinrichtungen, Saatgut und Zuchttieren etc., sie berücksichtigt aber den Boden nicht als "lebenden Organismus", das trinkbare Grundwasser nicht als unverzichtbare Voraussetzung menschlichen Lebens und das landwirtschaftliche Nutztier nicht als Geschöpf mit einem Recht auf artgemäße Haltung (rechtlich gelten Tiere in den meisten EU-Staaten auch heute noch als Sache). In letzter Konsequenz führt dieses lebensverachtende Denken zu folgender Aussage eines führenden EU-Bürokraten (THIEDE 1975): "Ob unsere Nahrung auf dem Felde gewachsen, vom Tier erzeugt oder durch eine

Agrar-Gigomanie: Immer schwerer, immer mehr PS, immer höhere Leasingraten

Landwirtschaft im 3. Jahrtausend – Heuballen als Werbeträger

technische Fabrik synthetisch gewonnen wird, ist ernährungsphysiologisch unerheblich, ...
falls sie nur alle erforderlichen Nährstoffe enthält."

KAPITALISMUS
Neo-liberal statt Öko-sozial

Um diese langfristig katastrophalen Entwicklungen zu verstehen und eine wirksame Gegenstrategie entwickeln zu können, müssen wir uns mit deren Ursachen beschäftigen. Die drei wichtigsten Triebfedern, die den "zwiespältigen" Zustand unserer Erde bewirkt haben, sind geisteswissenschaftlich im Materialismus, volkswirtschaftlich im Liberalismus und produktionstechnisch im kritiklosen Technikeinsatz zu sehen. Während diese Ursachen mit ihren Wurzeln etwa 200 Jahre zurückreichen und europäischen Ursprungs sind, ist in den letzten 50 Jahren weltweit auch das enorme Bevölkerungswachstum verschärfend dazu gekommen.

Der Materialismus ist jene Weltanschauung, die in der Anhäufung von Geld und Macht den höchsten Sinn menschlichen Daseins erkennt, sodass Werte wie Bescheidenheit, Nächstenliebe oder Ehrfurcht vor dem Leben zur Erreichung des ersten Zieles nur hinderlich sind. Wie tief verwurzelt inzwischen materialistisches Gedankengut im Alltag ist, erkennt man an Redewendungen wie: "der Mann ist fünf Millionen wert" oder wenn z.B. von Tier-, Patienten- bzw. Schülermaterial gesprochen wird. Der Materialismus wurde im letzten Jahrhundert in zwei Varianten realisiert. Im östlich-kollektiven mit der zentralen Planwirtschaft und im westlich-liberalen mit der freien Marktwirtschaft als Lenkungsinstrument.

Nachdem der Kommunismus offensichtlich die kurzlebigere Variante war, meint der Kapitalismus westlicher Prägung, er sei die richtige Antwort zur Lösung der europäischen, aber auch der weltweiten Probleme. Diese Einschätzung wird sich aber als tödlicher Irrtum erweisen, wenn es nicht gelingt, eine radikale Kurskorrektur (ja kopernikanische Wende) zu vollbringen. Das wird allerdings nicht leicht sein, denn das bestehende Wirtschaftssystem sorgt einerseits dafür, dass auf Kosten der Natur und des "kleinen Mannes" immer mehr Geld und Macht in immer weniger Händen (Kapitalisten und Oligarchen) konzentriert wird. Andererseits sorgen prozentuale Gehaltserhöhungen dafür, dass auch ein auserwählter Kreis der unselbständig Erwerbstätigen (Top-Manager, gefügige Politiker, systemkonforme Wissenschafter) dem Kapitalismus in Ergebenheit dienen.

Der Psychoanalytiker E. FROMM (1979) hat die Situation in seinem Buch "Haben oder Sein", in dem er sich mit den seelischen Grundlagen einer neuen Gesellschaft auseinandersetzt, wie folgt zusammengefasst: "In einer Gesellschaft, in der das oberste Ziel ist, zu haben und immer mehr zu haben,... wie kann es da eine Alternative zwischen Haben und Sein geben? Es scheint im Gegenteil so, als bestehe das eigentliche Wesen des Seins im Haben, so dass nichts ist, wer nichts hat". In diese Geisteshaltung passt auch der Werbespruch: "Man kann nie genug Schuhe haben" (die Schuhe können durch beliebige andere Dinge ersetzt werden). In einem solchen Konsumklima wird eine gewisse Selbstbeschränkung nicht als Freiheitsgewinn empfunden, sondern als religiöser Wahn bezeichnet oder schlicht als Dummheit abgetan.

Seit Beginn des Industriezeitalters wird vom Begründer der kapitalistisch-liberalen Marktwirtschaftslehre, Adam SMITH (1776), in seinem grundlegenden Werk "Die Ursache des Reichtums der Nationen" im weltweiten Freihandel gesehen, damit wurde nachträglich auch der Kolonialismus gerechtfertigt. Er vertritt darin die Auffassung, dass jeder Wirtschaftstreibende - im moralisch vertretbaren Rahmen - nur zu seinem eigenen Vorteil zu handeln brauche, dann wäre die Harmonie der Gesamtwirtschaft wie durch eine "unsichtbare (invisible) Hand" gewährleistet. Diese These wurde dann zum Dogma des Wirtschaftsliberalismus erhoben.

Sehr bald ist aber offensichtlich geworden, dass die "unsichtbare Hand" vom Egoismus geleitet wird und nicht von der Nächstenliebe (Kinderarbeit, Arbeitslosigkeit etc.). Erst 100 Jahre Arbeiterbewegung mit blutigen Auseinandersetzungen haben zu einem gewissen Wohlstand des ganzen Volkes geführt. In den letzten 30 Jahren ist einer wachsenden Zahl von Menschen (Ökologiebewegung) auch bewusst geworden, dass die "unsichtbare Hand" in Form der freien Marktwirtschaft von Naturgesetzen und Kreislaufwirtschaft "keine Ahnung" hat. Nachdem die Natur aber keine Kriege führt, sondern dem Menschen dient bis zum "Umfallen", müssen die "Krieger" abgerüstet werden. Statt einer gewinnmaximierenden Welthandelswirtschaft (WTO) brauchen wir eine kleinräumige öko-soziale Marktwirtschaft, in der mit Naturzerstörung nichts zu verdienen ist (Beispiel: Der Stickstoff aus dem Sack müsste teurer sein als der von den Knöllchenbakterien).

Ein anderer grundlegender Irrtum ist der Glaube an ein unbegrenztes Wachstum auf einer begrenzten Welt. Obwohl dieses Postulat vom "gesunden Hausverstand" und von wissenschaftlichen Studien über die Grenzen des Wachstums (z.B. MEADOWS 1972) als falsch erkannt worden ist, tut die praktische Wirtschaftspolitik so, als gäbe es auf unserer Erde unendliche Rohstoff- und Energievorräte und ebenso unbegrenzte Möglichkeiten der Mülldeponierung für alle Zeit.

Der Atomphysiker W. WILD (1990), langjähriger Präsident der Technischen Universität München, sieht es, stellvertretend für viele Gleichgesinnte Wissenschafter, nur als eine technische Frage an, wenn er meint: "Wir müssen uns nur vom Kleinmut und Pessimismus der grün-alternativen Bewegung frei machen und das Vertrauen in die ("etablierte") Wissenschaft und Technik zurückgewinnen", dann wären alle Probleme gelöst. In der Natur gibt es aber keine Einbahnstraßen im Sinne eines technischen

Bauernstolz heute: Der Silo als Statussymbol

Bauernstolz einst: Ein gemütliches Heim

Bald auch bei uns schon Realität?

Prozesses: Rohstoffe + Energie = Produktion Æ Transport Æ Konsumation Æ Müll. Hingegen entsteht in Form eines Kreislaufes (Recycling) mit möglichst kurzen Transportwegen kein naturbelastender Müll, sondern ein wiederverwertbarer Rohstoff, der mittels erneuerbarer Energie nach einem schadstofffreien Umwandlungsprozess wieder konsumiert werden kann (Regionalität statt Globalisierung).

Schließlich ist eine andere wesentliche Ursache für die lebensbedrohende Entwicklung das Maß des Wohlstandes, das Bruttoinlandsprodukt (BIP) bzw. seine Berechnung, anzuführen. Der zahlenmäßige Wert ist in allen westlichen Industriestaaten seit dem zweiten Weltkrieg (mit kurzfristigen Rückschlägen) ständig gestiegen. Aus dieser Tatsache wird von den maßgebenden Wirtschaftskapitänen, Politikern und etablierten Volkswirtschaftsprofessoren unwidersprochen der Schluss gezogen, dass wir auf dem besten Weg sind und ständig wohlhabender werden, obwohl die Energie- und Rohstoffreserven schrumpfen, die Staatsverschuldung zunimmt und die Umweltschäden weltweit ein katastrophales Ausmaß erreicht haben.

Um sich selbst ein Bild machen zu können, wie wenig das BIP öko-soziale Gesichtspunkte berücksichtigt, muss auf die Art und Weise seiner Berechnung eingegangen werden. Definitionsgemäß ist es die Summe aller zu Marktpreisen bewerteten Güter und Dienstleistungen, die eine Volkswirtschaft in einem Jahr erbringt. Die Wachstumsrate ergibt sich aus dem Vergleich des Bruttoinlandsproduktes eines Jahres mit dem des Vorjahres.

Zweifellos ist das Bruttoinlandsprodukt ein gewisser Gradmesser für die Produktionskraft einer Wirtschaft und die Wachstumsrate ein Hinweis auf dessen jährliche Steigerung. Nachdenklich muss es aber stimmen, wenn man weiß, dass in die Berechnung weder der Bestand des Volksvermögens, noch die Dauerhaftigkeit der erzeugten Güter eingeht und die Vorratsminderung nicht regenerierbarer Rohstoffe keine Berücksichtigung findet. Auch die Umweltbelastung in Form von Luft- und Wasserverschmutzung und der Landschaftsverbrauch stellen keine Abzugsposten in der volkswirtschaftlichen Gesamtrechnung dar (= ökologisches Manko).

Die Fragwürdigkeit des Bruttoinlandsproduktes als umfassender sozialer Wohlstandsanzeiger soll an einem Beispiel gezeigt werden: Eine Mutter, die drei Kinder aufzieht und damit für den Fortbestand der Volkswirtschaft mindestens ebensoviel, wenn nicht mehr getan hat als eine berufstätige Frau ohne Kinder, zählt volkswirtschaftlich nicht. Erst wenn sie einen Unfall hat, ins Krankenhaus muss und eine Haushaltshilfe angestellt wird, wirken sich die Kosten für den Klinikaufenthalt, für die Ersatzarbeitskraft und die Autoreparatur auf das Bruttoinlandsprodukt positiv aus. Volkswirtschaftlich also ein dreifacher "Erfolg", obwohl es für die unmittelbar Betroffenen zweifellos ein Unglück war (= soziales Manko). Es wird also nur addiert, aber nicht gewertet.

LANDWIRTSCHAFT

1. Beispiel:
Die Kuh wird zur "Sau" gemacht

Turopolje-Sau Emmi mit Jungen beim Jagawirt Werner Goach

Das Rind als Wiederkäuer ist in der Lage, das rohfaserreiche Futter vom Grünland - das in Österreich rund 60 % der landwirtschaftlichen Nutzfläche ausmacht - in die hochwertigen Lebens-mittel Milch und Fleisch umzuwandeln. Dabei ist die Kuh bei der Umwandlung von Futter in Milcheiweiß besonders effektiv. Für den Boden sind die Leguminosen die natürlichen Stickstoffsammler, und für das Rind sind es hervorragende Futterpflanzen. So gesehen ist die Milchwirtschaft im Grünland eine sehr natürliche (ökologische) Form der Landbewirtschaftung. Schon durch die EU-Agrarreform 1992, insbesonders aber durch die Vorschläge zur Agenda 2000, mit weiteren Getreidepreissenkungen und zusätzlichen Flächenprämien, haben sich die Futterrationen für Milchkühe drastisch in Richtung weniger Gras und mehr Getreide geändert.

Während bisher die Futterenergie im Gras konkurrenzlos günstig und auch in der Grassilage billiger als im zugekauften Kraftfutter war, ist die Energie im Getreide etwa gleich teuer wie im Gras, jedenfalls aber billiger als im Winterfutter (Silage oder Heu). Betriebswirtschaftliche Berechnungen zeigen auch, dass die Rentabilität mit steigender Leistung je Kuh (und dementsprechend höherem Kraftfuttereinsatz und geringerem Grünlandfutterverbrauch) eindeutig zunimmt. Es werden daher langfristig die Kühe entweder in die Ackerbaugebiete "wandern", oder in den Grünlandgebieten wird Heu, Silage und auch Gras durch zugekauftes Getreide aus der Futterration verdrängt.

In beiden Fällen wird die Kuh fütterungsmäßig zur "Sau" gemacht, mit allen verdauungsphysiologischen Nachteilen für die Kuh, ökologischen Folgen für das Grundwasser (N-Eintrag durch Kraftfutterzukauf) und einer mangelnden Kulturlandschaftspflege in den Tourismusregionen. Diese Reformmaßnahmen sind daher völlig wider die Natur, entsprechen aber der Logik einer industriellen Landwirtschaft, wie sie die EU anstrebt und daher auch Österreich nicht verschont bleibt.

2. Beispiel:
Schweinefleisch zum Schleuderpreis

In den vergangenen vier Jahrzehnten hat sich in der Schweinezucht ein radikaler Wandel vom "Fettschwein" zum "Fleischschwein" vollzogen. Diese Entwicklung - mit ihren gravierenden Veränderungen für das Schwein selbst und das Schweinefleisch als Lebensmittel - wurde durch stark veränderte Preisrelationen zwischen fleisch- und fettreichen Teilstücken ausgelöst. Durch intensive züchterische

Bemühungen konnte der Magerfleischanteil um über 50 % erhöht und der Futterverbrauch etwa um 1/3 verringert werden. Gleichzeitig hat sich die Fleischbeschaffenheit (Qualität) stark verschlechtert. Es kam zum häufigen Auftreten des sogenannten PSE-Fleisches (PSE = pale-soft-exudative). Solches Fleisch zeigt eine hellrosa Farbe, hat eine weiche Konsistenz und an der Anschnittfläche ist ein vermehrter Flüssigkeitsaustritt festzustellen.

Als Frischfleisch ist es unansehnlich und verliert bei der küchenmäßigen Zubereitung (Braten oder Grillen) mehr Wasser, sodass es zäh wird und "strohig" schmeckt. Die einseitige Selektion auf einen hohen Magerfleischanteil hat aber auch eine starke Verminderung des intramuskulären Fettes (Fett zwischen den Muskelfasern) bewirkt, sodass auch die Schmackhaftigkeit und Zartheit abgenommen hat. Durch die einseitige Zucht auf fettarme und fleischreiche Schlachtkörper wurde aber auch die Lebenskraft (Fitness) der Schweine vermindert. Dies äußert sich in einer geringeren Belastbarkeit (Stressanfälligkeit), höheren Ausfallsraten während der Mast beziehungsweise beim Transport und einer geringeren Fruchtbarkeit, das heißt weniger Ferkel pro Wurf.

Diese Misere in der Schweinezucht kann aber nur mit aufgeklärten Konsumenten gemeinsam gelöst werden. Denn offensichtlich ist für ein schmackhaftes Fleisch von einem vitalen Schwein ein gewisser Fettanteil notwendig. Man braucht deshalb nicht zum Wildschwein zurückkehren, sondern kann mit Rassen mit mittlerem Fleisch-Fett-Verhältnis (Edelschwein, Duroc, eventuell auch bestimmte Landrasse-Linien) unter Berücksichtigung von Fleischbeschaffenheit und Fruchtbarkeit weiterzüchten.

Diese Tiere erzielen aber auf dem üblichen Markt nach der derzeit gültigen Handelsklasseneinteilung völlig unbefriedigende Preise. Wer als Konsument zur Überwindung einer unökologischen Zucht-, Haltungs- und Fütterungsweise seinen unverzichtbaren Beitrag leisten will, muss sich auch um die Produktionsrichtlinien der sogenannten "Markenfleischprogramme" kümmern. Das Prädikat "naturgemäß", "ökologisch" "ja natürlich" etc. verdient nur ein Lebensmittel, das auf Basis der eigenen Futterfläche erzeugt wird, von Tieren stammt, die auf Stroh gehalten werden und wo kein extremer Fleischeber (z.B. Pietrain) im Zuchtprogramm verwendet wird (HAIGER 2005).

3. Beispiel:
Gentechnik - wem nützt sie ?

Gentechnik-Transparent bei der Gentechnik-Demo in Wien

Der Bauplan und der gesamte Stoffwechsel eines Lebewesens sind in den Erbanlagen oder Genen in Form von langen DNS-Strängen (den Chromosomen) festgelegt. Würde man alle Chromosomen eines höher entwickelten Säugetiers aneinander reihen, so ergäbe dies rund 3 Milliarden Basenpaare (vergleichbar mit 1.000 Büchern zu je 1.000 Seiten), wobei drei Basenpaare einer Aminosäure entsprechen. Beim Gentransfer wird nun mittels spezieller Techniken ein ganz bestimmter, winzig kleiner Abschnitt, ein sogenanntes Genkonstrukt, dieses DNS-Fadens mittels Restriktionsenzymen "herausgeschnitten" und auf Tiere, Pflanzen oder Mikroorganismen einer anderen Art übertragen. Die so entstandenen Lebewesen werden als transgen beziehungsweise als genetisch veränderte Organismen (GVO) bezeichnet.

Als Beispiel sei ein Schweine-Resistenzgen angeführt, das von einer Münchner Arbeitsgruppe bearbeitet wird (BREM 1989). Es ist bekannt, dass bestimmte Mäuselinien, die ein Gen MX+ tragen, wesentlich unempfindlicher für Influenzainfektionen sind als Mäuse, die das Allel MX- besitzen. Diese Arbeitsgruppe versucht daher, ein MX+-Genkonstrukt von der Maus in das Schwein zu transferieren, um influenzaresistente Schweineli-

Spruch-Groteske am Landwirteverband-Silo

nien zu erzeugen. Die Influenza, bekannter unter der Bezeichnung Grippekrankheit, wird aber vorwiegend in der Massentierhaltung zum Problem, wo viele Schweine, einseitig auf extrem hohen Muskelfleischanteil gezüchtet, auf engstem Raum und ohne Einstreu auf Betonspaltenböden über den eigenen Exkrementen ein Leben lang gehalten werden. Die Gentechnik dient daher in diesem Fall der Anpassung von Lebewesen an künstlich erzeugte lebenswidrige Umstände.

Die Anwendung der Gentechnik in der Landwirtschaft ist ein beispielloser Anschlag auf die Prinzipien der Naturordnung. Wem nützt dann die Anwendung solcher Techniken in der landwirtschaftlichen Nutztierzucht? Auf jeden Fall einigen multinationalen Konzernen und den von ihnen mit Forschungsaufträgen geförderten Wissenschaftern. Bezeichnenderweise wird die Situation der Patentierung gentechnisch veränderter Lebewesen von einem einflussreichen Wissenschafter der Universität München so zusammengefasst (KRÄUSSLICH 1989): "Das Bedürfnis nach einem wirksamen Rechtsschutz wächst, da der mit moderner Genomforschung verbundene finanzielle Aufwand die Kosten traditioneller Tierzüchtung erheblich übersteigt. Die notwendigen Investitionen werden jedoch nur dann erfolgen, wenn eine Ausbeutung moderner tierzüchterischer Ergebnisse durch Dritte verhindert werden kann".

Mit anderen Worten bedeutet dies, man möchte auch in Europa erreichen, was in Amerika schon möglich ist, nämlich gentechnisch veränderte Bakterien, Pflanzen und Tiere patentrechtlich schützen zu lassen und von den Nutzern (Bauern bzw. Konsumenten) Lizenzgebühren zu verlangen. Auf eine in Millionen Jahren entstandene Pflanzen- oder Tierart mit vielen tausend verschiedenen Erbanlagen wird eine einzige Erbanlage einer anderen vorhandenen Art mittels Gentransfer übertragen und diese "Neuschöpfung" soll patentrechtlich geschützt werden.

Ein Teil der Schöpfung soll einem gewinnmaximierenden Konzern, einer winzig kleinen, aber mächtigen Gruppe von Geschöpfen, zur alleinigen kommerziellen "Ausbeutung" überlassen werden.

Auch in diesem Zusammenhang drückt H. MAUCHER wieder unmissverständlich das aus, was in den Chefetagen der Nahrungsmittelkonzerne ausgebrütet wird, wenn er meint: "Gen-Food ist das Essen der Zukunft. Wer in zehn Jahren Lebensmittel essen will, die nicht genmanipuliert sind, muss entweder verhungern oder sehr reich sein" (Bunte, 34/1997).

BESINNUNG UND UMKEHR
ist not-wendig

Wahrscheinlich ist eine kopernikanische Wende der Verhältnisse erst nach einem Zusammenbruch des Systems von Zinseszinsnahme und Naturausbeutung durch Katastrophen möglich. Trotzdem sollten sich möglichst viele Menschen schon heute mit System-Alternativen beschäftigen, um das Ärgste zu verhindern und nach einer Katastrophe neue Wege zur Hand zu haben.

WIRTSCHAFTS-ALTERNATIVEN

Ein radikaler Wandel in der Landbewirtschaftung, im Sinne einer Agrikultur statt einer Petrokultur, kann aber nur gelingen, wenn es im gesamten Wirtschaftsleben zu einer Abkehr von unbegrenztem Wachstum, weltweiten Freihandel und kritiklosem Technikeinsatz kommt und das "Bruttosozialprodukt durch ein Ökosozialprodukt" ersetzt wird (DIEREN 1995). Wenn auch die offizielle Wirtschaftspolitik und die Mehrheit der etablierten Wirtschaftswissenschafter heute noch die Probleme mit dem Instrumentarium von gestern lösen will, gibt es doch auch eine wachsende Zahl von alternativen Experten, die schon vor 30 Jahren "Wege aus der Wohlstandsfalle" aufgezeigt haben (BINSWANGER u. Ma. 1979).

In einem Buch mit diesem Titel zeigt eine interdisziplinäre Arbeitsgruppe in der Schweiz Strategien gegen Arbeitslosigkeit und Umweltzerstörung auf und widmet auch der Landwirtschaft die gebührende Beachtung. Es beginnt mit der Feststellung, dass die Zukunft vom Mut zur Veränderung abhängt. So gebe es nur dann eine ökologische angepasste Wirtschaft, wenn sie vom Wachstumszwang entlastet und in einen stabilen Gleichgewichtszustand überführt wird. Eine drastische Steuererhöhung auf primäre Rohstoffe und fossile Energie und eine entsprechende Steuerentlastung der menschlichen Arbeit wären marktwirtschaftliche Maßnahmen mit positiven ökologischen Folgen. Der Energieverbrauch würde gedrosselt, die Wiedergewinnung von Rohstoffen (Recycling) gefördert und der Rationalisierungsdruck auf die Arbeitsplätze vermindert. Das derzeitige Steuersystem wirkt gerade umgekehrt, es ist eben nicht öko-sozial!

Der zweite Eckpfeiler einer neuen Wirtschaftsordnung muss sich mit dem Geldwesen, insbesondere mit dem Zinseszins befassen. Schon der Begründer der klassischen Volkswirtschaftslehre, der englische Moralphilosoph Adam SMITH (1723-1790) hat sich offensichtlich geirrt, wenn er neben Boden und Arbeit auch das Kapital zu den Produktionsfaktoren zählt und als gerechtes Entgelt neben Pacht und Lohn den Zinseszins nennt. Sogar Religionsstifter wie Christus und Mohammed haben hingegen ein Zinsverbot gefordert und das Zinsnehmen als unmoralisch abgelehnt. Während die christlichen Kirchen an vielen Geboten und Verboten festhielten, haben sie das Zinsverbot längst aufgehoben, vielleicht auch wegen des eigenen Nutzens einer reich gewordenen Organisation (SENF 1996).

Üblicherweise wird der Zins als Preis für ausgeliehenes Geld (Kapital) begründet, stellt daher für den Geldverleiher ein arbeitsloses Einkommen dar. Der Zins hat die volkswirtschaftliche Aufgabe, das Geld in Umlauf zu halten und so gegen Hortung und Spekulation zu wirken. Da Geld als Tauschmittel und Verrechnungseinheit das Angebot von Gütern und Dienstleistungen von der Nachfrage zeitlich und räumlich entkoppelt, ist es durch nichts Besseres zu ersetzen.

Es müsste allerdings von der destruktiven Wirkung des exponentiellen Zinseszinswachstums befreit werden. Damit haben sich schon vor fast 100 Jahren u.a. Silvio GESELL in seiner "Natürlichen Wirt-

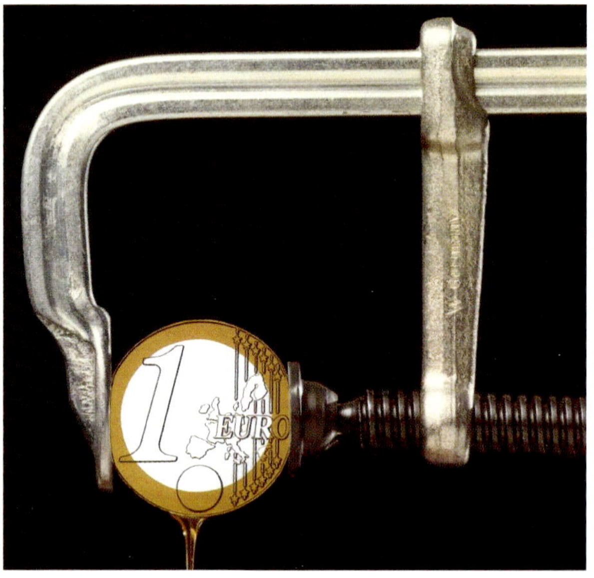

schaftsordnung" (1916) und Rudolf STEINER im "Nationalökonomischen Kurs" (1922) beschäftigt. Die kürzeste und verständlichste Einführung in die Problematik wird von Margit KENNEDY (1992) in ihrem auflagenstarken Taschenbuch "Geld ohne Zins und Inflation" gegeben.
Anfang der 1930er Jahre kam es wegen der Weltwirtschaftskrise mit der verheerenden Massenarbeitslosigkeit in Wörgl in Tirol auch zu einem weltweit beachteten Experiment mit dem sog. Freigeld nach der Idee von Silvio GESELL. Dieses "Alter-

nativgeld" war vom Zins befreit. Damit es aber nicht gehortet wurde, musste eine geringe "Nutzungsgebühr" entrichtet werden, die allen Beteiligten zugute kam. Das Experiment von Wörgl ist auch nicht gescheitert, sondern wurde von der österreichischen Zentralbank durch einen Gerichtsprozess verboten, weil es so erfolgreich war (SENF 1996).

Will man die weltweite Spekulation durch blitzschnellen Kapitaltransfer tatsächlich einbremsen, so darf der Geldverkehr nicht liberalisiert werden (EU-Freiheit), sondern jede Transaktion müsste mit entsprechend hohen Gebühren belegt werden (ATTAC-Forderung, Tobin-Steuer).

LANDWIRTSCHAFTS-ALTERNATIVE = BIOLOGISCHER LANDBAU

In der geschilderten Situation (siehe Einleitung) ist der biologische Landbau schlechthin die Alternative zu jenem ruinösen und kostspieligen Landbewirtschaftungssystem, das unsere Lebensgrundlagen (Boden, Wasser, Luft, Pflanzen und Tiere) arg gefährdet. Er beruht auf der natürlichen Bodenfruchtbarkeit, einer artgemäßen Viehwirtschaft (Haltung, Fütterung, Zucht) und pflegt gleichzeitig die gewachsene Kulturlandschaft. Zielkonforme politische Maßnahmen wären: eine rigorose Produktionsbeschränkung auf das Ausmaß der natürlichen Bodenfruchtbarkeit, die Bindung der Tierhaltung an die Fläche, die Abstockung übergroßer Bestände gegen finanziellen Ausgleich bzw. die Einhebung entsprechender Abgaben, ein wirksamer Außenhandelsschutz und die Förderung von Alternativen (Eiweißfutter, Ölsaaten und naturgemäße Schweinehaltung in Ackerbaugebieten, Milch- bzw. Mutterkuh- und Schafhaltung in Grünlandregionen). Schließlich sind für eine gewisse Übergangsperiode auch produktionsneutrale Einkommentransfers nach ökologischen und sozialen Gesichtspunkten denkbar. Mittelfristig müsste das Einkommen der ökologisch wirtschaftenden Bauern allerdings über entsprechende Produktpreise gesichert werden (HAIGER 2005).

Die Gentechnik löst in der Landwirtschaft offensichtlich keine Probleme, die mit den herkömmlichen Zuchtmethoden nicht auch beherrschbar wären. Da aber unvorhersehbare Risiken nicht auszuschließen sind, ist es wohl nur vernünftig, diese Technik zumindest vorläufig nicht anzuwenden. Auf keinen Fall sollte aber die "Zellkernspaltung" wie die Atomkernspaltung unter Ausschluss der Öffentlichkeit entwickelt werden. Vielmehr müsste die Entscheidung über das in diesem Bereich Erlaubte nicht den "Betreibern", also Konzernen und davon abhängigen Wissenschaftern, überlassen werden, sondern diese sollte nach einer alle Aspekte umfassenden Diskussion von einer demokratischen Mehrheit gefällt werden. Dabei sind wir auf keinen Fall in Zeitnot. Wer allerdings auf dem Standpunkt steht, dass der Naturwissenschafter

Monokulturen oder...

Bio-Landwirtschaft?

nicht zwischen verantwortbarem Tun und notwendigem Unterlassen abzuwägen bräuchte, muss sich den Vorwurf von C.F. v. WEIZSÄCKER gefallen lassen: " Eine Wissenschaft ist nicht erwachsen, wenn sie ihre Folgen nicht bedenkt".

Schlusswort

Will die Menschheit als Ganzes in Frieden mit sich und der Natur überleben, bleibt ihr nur eine kopernikanische Wende von der kapitalistisch-industriellen zu einer ökologisch-sozialen Lebensweise. Dieser radikale Kurswechsel ist aber nur möglich, wenn die Politiker zuerst auf die Ökologen hören und dann erst auf die Ökonomen (Gestaltungs- statt Gefälligkeitspolitik), die Wissenschafter sich an den Naturgesetzen und nicht am freien Markt orientieren (Paradigmenwechsel), aus Landwirten wieder Bauern werden (Humusmehrer) und die Konsumenten durch ihr Kauf- und Stimmverhalten den notwendigen Druck erzeugen (praktizierte Ethik).

Als Konsument – und das sind wir alle – kann man sehr viel tun! Beispielsweise keine Kiwi aus Neuseeland oder Granny Smith-Äpfel aus Südafrika kaufen, sondern Obst und Gemüse der Saison (Salat im Sommer, Kraut im Winter) aus heimischen Landen (burgenländische Erdbeeren, steirische Äpfel); Eier von Hennen aus Boden- oder Freilandhaltung, Fleisch von der Mutterkuhhaltung, von Weidemastgeflügel oder Schweinen, die auf Stroh gehalten werden und Milch von Kühen, die in den Grünlandgebieten weiden und keine großen Kraftfuttermengen verzehren.

Die Plastikkuh am Bauernhof – Die Zukunft?

Literaturverzeichnis

BINSWANGER, H. Ch. (1979): Wege aus der Wohlstandsfalle. Fischer Taschenbuch Verlag, Frankfurt a. M.

BREM, G. (1989): Zur Entwicklung des Gentransfers beim Nutztier. Int. Agrarentwicklung 30-45, TU Berlin.

DALY, E. (1994): Die Gefahren des freien Handels. Spektrum d. Wissenschaft, Jänner, 40-46.

DIEREN, W.v. (1995): Mit der Natur rechnen. Birkhäuser Verlag, Basel.

FROMM, E. (1979): Haben oder Sein. Dt. Verlagsanstalt, Stuttgart.

GESELL, S. (1916): Natürliche Wirtschaftsordnung. Rudolf Zitzmann-Verlag, Nürnberg.

HAIGER, A., (2005): Naturgemäße Tierzucht bei Rindern und Schweinen. Österr. Agrarverlag, Wien.

KENNEDY, Margit (1992): Geld ohne Zinsen und Inflation. Goldmann Verlag, München.

KRÄUSSLICH, H. (1989): Patentierte Tiere? Tierzucht 41, 539.

MEADOWS, D. (1972): Die Grenzen des Wachstums. Deutsche Verlagsanstalt, Stuttgart.

SCHUMACHER, E. F. (1980): Das Ende unserer Epoche. Rowohlt Verlag, Hamburg.

SENF, B. (1996): Der Nebel um das Geld. Gauke A. Verlag, Lütjenburg, BRD.

STEINER, R. (1979): Nationalökonomischer Kurs (14 Vorträge). R. Steiner Verlag, Donach, Schweiz.

THIEDE, G. (1975): Europas grüne Zukunft. Econ Verlag, Düsseldorf.

WEINSCHENK, G. (1990): Wieviel Freihandel erträgt die Landwirtschaft? Förderungsdienst 38, 6-8.

WILD, W. (1990): Die Auswirkungen des grün-alternativen Wissenschaftsverständnisses auf die Forschung. Conturen 25 A, 45-62.

Anmerkungen: (1) Es wurde bewusst ältere Literatur verwendet, um deutlich zu machen, wie lange diese Situation schon besteht.

Monsanto und „Das Schweinepatent"

Ein Schwein ist keine Erfindung!

Röntgenstrahlen, Aspirin oder Staubsauger - all diese Erfindungen sind patentiert worden. Aber kann man ein Schwein als Erfindung bezeichnen? Der amerikanische Agrar-Konzern Monsanto tut genau dies und hat bei der Weltpatentbehörde in Genf verschiedene Patentanträge angemeldet, in denen ganze Schweinerassen als Erfindung beansprucht werden.

"Ein Schwein ist keine Erfindung", erklärt Christoph Then, Patentexperte von Greenpeace. "Monsanto will Züchter und Landwirte beklauen, diese Patentanträge stellen an Dreistigkeit alles Bisherige in den Schatten. Mit der Patentierung von Tieren, Saatgut und Genen muss endlich Schluss sein."

In insgesamt zwölf Patentanmeldungen beschreibt Monsanto unter anderem genetische Merkmale, die für fast alle europäischen Schweinerassen typisch sind. Werden diese Erbanlagen gefunden, können die Nachkommen der Schweine von Monsanto als Erfindung beansprucht werden. Greenpeace hat auf Grundlage der Beschreibung eines dieser Patente ein Testsystem für die Erbanlagen der Tiere entwickeln lassen und stichprobenartig 30 Schweine von neun Rassen beziehungsweise deren Kreuzungen untersucht.

Das Ergebnis: Acht Rassen und etwa 50 Prozent der Borstentiere sind von dem Patent betroffen. Darunter sind moderne Hochleistungsrassen ebenso wie Schweine, die vorwiegend in naturnaher und ökologischer Landwirtschaft gehalten werden. Sogar die Rotbunten Husumer Schweine und Angler Sattelschweine, die unter anderem in der Arche Warder gehalten und gezüchtet werden, erfüllen zum Teil die im Patent beschriebenen Kriterien. Die Arche ist ein Projekt von Greenpeace und gilt als Europas größter Tierpark für seltene und vom Aussterben bedrohte Haustierrassen.

Auch in der Rasse der "Schwäbisch-Hallischen" Landschweine finden sich jene Erbanlagen, für die Monsanto jetzt ein Monopol will. Deswegen hat die Bäuerliche Erzeugergemeinschaft Schwäbisch Hall aus der Region Hohenlohe in Baden-Württemberg einen Wurf der entsprechenden Ferkel nach München gebracht. Damit wollen sie dem Patentamt Beweise anbieten, dass diese Schweine keine Erfindung des US-Konzerns sind. Die Zuchtgeschichte der Schweinerasse reicht bis ins Jahr 1820 zurück.

Andere Konzerne fühlen sich durch die Praxis der Patentämter ermutigt, immer unverschämtere Anträge zu stellen", sagt Christopher Then. Im Jahr 2005 wurden vom Europäischen Patentamt über 100 Patente auf Pflanzen, über 40 Patente auf Tiere und etwa 200 Patente auf menschliche Gene erteilt. Nie zuvor wurden in einem einzigen Jahr mehr Patente auf Leben erteilt.
Dieses neuerliche, an Größenwahn grenzende Ansinnen Monsantos macht einmal mehr klar, was dieses Unternehmen mit seinen Aktivitäten anstrebt: Die Weltherrschaft über die Ernährung. Diese Suppe sollen und werden wir Monsanto in einem weltweiten Aufschrei der Empörung aber gemeinsam "versalzen".

Quelle: Greenpeace, US-Konzern beansprucht Patent auf ganze Schweinerassen
Artikel veröffentlicht von: Helge Holler, München am 16.12.2005

Skrupelloses Europäisches Patentamt

Große "Sauerei": Patent auf schnell wachsende Schweine

Quelle: Greenpeace – Magazin Zeit&Raum Online, August 2008

Arme Schweine! Zeit zum Wachsen lässt man ihnen ja schon lange nicht mehr. Nun werden europäische Schweinerassen auch noch vom Patentgesetz vereinnahmt.
Der Konzern Monsanto hatte im Jahre 2005 ein Patent beantragt, das ihm die Rechte an einem Zuchtverfahren mit Schweinen sichern soll, die Dank bestimmter Erbanlagen besonders schnell wachsen (EP 1651777). Dieses Verfahren übernahm dann das US-Unternehmen Newsham Choice Genetics, das angekündigt hat, eng mit Monsanto zusammenarbeiten zu wollen. Am 16. Juli 2008 verkündete das Europäische Patentamt, dass es das Patent erteilt hat. Damit hat Newsham Choice Genetics nicht nur Ansprüche auf das Zuchtverfahren, sondern auch auf die Schweine selbst und ihre Nachkommen(!), so die Ergebnisse einer Greenpeace-Untersuchung.

Josef Feilmeier von der NGO Nivilcourage befürchtet: "Patentierte Schweine dürfen dann nur noch patentiertes genverändertes Futter bekommen. "Weiterhin erstrecken sich die Rechte nicht nur auf einen kleinen Prozentsatz der Zuchtschweine, sondern auf alle europäischen Schweinerassen. Unabhängige Laboruntersuchungen ergaben nämlich, dass in ihnen allen die im Patent beschriebenen Erbanlagen zu finden sind. Wenn Newsham Choice Genetics eine ähnlich mutwillige Prozessfreudigkeit wie Monsanto an den Tag legt, dürften europäische Bauern und Züchter in Zukunft nicht mehr viel zu lachen haben. (siehe "Gen-Klage",raum&zeit Nr.154, S.51)
Eigentlich sind Patente dazu da, um technische Erfindungen zu schützen. Agrokonzerne wie Monsanto, Dupont oder W. R. Grace arbeiten jedoch schon einige Jahre daran, Naturprodukte und -baupläne an sich zu reißen. Laut Greenpeace "richtet sich das Interesse der Konzerne jetzt zunehmend auf die Tierzucht."

Laut Europäischen Patentgesetz ist es jedoch verboten, Patente auf "im Wesentlichen biologischen Verfahren zur Züchtung von Pflanzen und Tieren" zu erteilen. Anlässlich der zunehmenden Anträge in diesem Bereich hat das Patentamt eine so genannte Große Beschwerdekammer eingesetzt, die eine genaue Interpretation dieser Vorschrift erarbeiten soll. Vor 2009 ist jedoch nicht mit einem Ergebnis zu rechnen. Greenpeace wirft dem Europäischen Patentamt in München vor, es hätte diese Entscheidung abwarten sollen, bevor es Newsham Choice Genetics das Patent erteilt.

Seit Juli letzten Jahres wurden darüber hinaus noch zwei andere Patente auf Tierzuchtverfahren genehmigt. Auch hier vereinnahmen Konzerne Rechte auf Zuchtverfahren, die schon lange angewendet werden. Die Zielrichtung der Konzerne ist klar: Wer die Nahrungsversorgung im Griff hat, hat die Macht, und solange die Menschen noch einfach so auf die Natur zurückgreifen können, können sie sich dieser Macht entziehen. Greenpeace wird Einspruch gegen das Patent einreichen. Die Umweltorganisation setzt sich zusammen mit dem Organisationsbündnis "No patents on seeds" gegen Patente auf Saatgut und Nutztiere ein.

Anmerkungen des Autors:
Bereits einige Monate, nachdem der Beitrag zum Buch: "Das Monsanto Schweinepatent" verfasst wurde, stellten sich die darin geäußerten Befürchtungen als nur allzu berechtigt heraus, indem die unfassbare Tatsache, die Gene von Schweinen zu patentieren, durch den ungeheuerlichen und schöpfungsverachtenden Schulterschluss von Gentechnikkonzernen und Europäischem Patentamt traurige Wirklichkeit wurde. Schweinebauern und Schweinezüchter in aller Welt - die es ohnehin schon schwer genug haben – dürften nun zu Recht endgültig um Ihre Existenz fürchten, da im Bereich von Landwirtschaft und Tierzucht die Macht der Konzerne scheinbar jedes politische Einschreiten gegen derlei Machenschaften lahmgelegt zu haben sein scheint.

Roundup Ready: Gentechnik-Tücken für Ernährung und Umwelt Verschleierte Risken und Schäden durch das Herbizid Glyphosat

von
Univ.-Prof. Dr. Roland PECHLANER
Limnologe; ehemaliger Vorstand des Instituts für Zoologie und Limnologie der Universität Innsbruck

"Roundup" ist die Produktbezeichnung für ein von Monsanto entwickeltes Herbizid (Unkrautvernichtungsmittel) mit dem Wirkstoff Glyphosat. Als "Totalherbizid" vernichtet es alle damit behandelten Pflanzen, denen man etwa acht Tage lang nicht ansieht, dass sie dieses Gift enthalten und bald verwelken. Aber als "Roundup-Leichen" liegen Gräser und Kräuter dann lange herum, weil Glyphosat auf die allermeisten an Abbau und Humusbildung beteiligten Organismen tödlich wirkt.
"Roundup Ready" heißen die gen-manipulierten Saaten von Mais und Soja, Raps und Baumwolle, die gegen Roundup unempfindlich gemacht wurden. Dadurch sichert sich der Hersteller weiteren Absatz "seines" Herbizids, diese Marktausweitung hat aber auch die mit Glyphosat-Anwendung verbundenen Risikopotentiale sowie die Schwere daraus resultierender Schäden erheblich gesteigert.

"Arme Schweine", das sind Mensch und Tier, aber auch Böden und Gewässer, weil sie weltweit Opfer einer Schönrede-Taktik sind, durch die - "dank" schuldhafter Prüfungsdefizite bei den Überwachungsbehörden - bis heute verschleiert werden konnte, welch tödliche "Nebenwirkungen" die üppige Glyphosat-Anwendung durch die Schädigung von Mikroorganismen hat. Mit Roundup gespritztes Gras ist Gift für die Pansen-Flora von Wiederkäuern, von Glyphosat-hältiger Nahrung müssen aber auch für die Darmflora von Menschen und Schweinen Beeinträchtigungen ausgehen. Fachlich unbestreitbar sind weiters durch Glyphosat als "Breitband-Antibiotikum" angerichtete (zugelassene und totgeschwiegene) Umweltschäden in Böden und Gewässer-Ökosystemen.

Das "Glyphosat-Problem" hat schon lange vor den Drangsalen der "Gentechnik-Landwirtschaft" begonnen. Im Jahr 1970 war das Pflanzenvernichtungspotential von Glyphosat vom Monsanto-Chemiker John FRANZ entdeckt worden. Als "Roundup"-Herbizid 1974 patentiert, konnte es aus diesem Konzern 25 Jahre später als "the world's biggest selling and fastest growing agrochemical" bejubelt werden. Die angeblich gründliche Re-Evaluierung des Wirkstoffes Glyphosat durch EU-Behörden krankte gut erkennbar an erheblichem Desinteresse der beteiligten Institutionen unter Federführung von Deutschlands Biologischer Bundesanstalt (BBA), den Risken und Schäden für die Böden der Herbizid-Anwender und für die Konsumenten Glyphosat-hältiger Produkte, die wegen der generellen Tödlichkeit dieses Wirkstoffes für Mikroorganismen drohen, auf den Grund zu gehen (siehe dazu R. PECHLANER (2005): Das wahre Gesicht des Herbizids Glyphosat In: Manfred GRÖSSLER (Hrsg.): Gefahr Gentechnik. Irrweg und Ausweg; Concord Verlag, S. 254–264, sowie R. PECHLANER (2002): Glyphosate in herbicides: an overlooked threat to bottom-up processes in freshwater systems; Verh.Internat.Verein.Limnol. 28:1831–1835).
Heute liegt in Österreich die Kompetenz (im Sinne von behördlicher Zuständigkeit für Prüfung, Zulassung und Kontrolle) bei der Österreichischen Agentur für Gesundheit und Ernährungssicherheit (AGES). Aber AGES und BBA legen hinsichtlich des Glyphosat-Problems eine mit Wahrheitsverweigerung gepaarte Sorglosigkeit an den Tag, deretwegen es aufzuschreien, aufzuzeigen und zu trommeln gilt, damit sowohl das nachweisliche Leistungsdefizit der Prüfbehörden als auch die ver-

nachlässigten Risken und Schäden für Gesundheit und Umwelt unter dem Druck einer informierten Öffentlichkeit bald ein Ende finden.

Verschleiernde Halbwahrheiten und falsche Behauptungen

Aus Interesse an "grünstichiger" Produktinformation werden in der Werbung für Glyphosat-hältige Herbizide bis heute drei unwahre Behauptungen aufgestellt, deren Duldung für mangelndes Wissen und ein Sich-nicht-befassen-Wollen der Prüfbehörden auf nationaler und EU-Ebene spricht.

Die folgenschwerste "Glyphosat-Lüge" betrifft die Verharmlosung der Toxizität dieses Wirkstoffes für Mensch und Tier. Wie kann eine das Unkraut abtötende Glyphosat-Dosis für Mensch und Tier ungefährlich sein, wenn der Wirkstoff sowohl für (fast) alle Pflanzen als auch für (fast) sämtliche Mikroorganismen tödlich ist?

Aus der Kenntnis von Glyphosat-Folgen für Mikroorganismen ist abzuleiten, dass bei Toxizitätsprüfungen auch eventuelle Schädigungen gesundheitlich wichtiger Symbionten in Betracht gezogen werden müssen. Dies ist jedoch weder vor noch während oder nach der Glyphosat-Evaluierung durch die EU-Behörden geschehen. Dass mikrobielle Symbionten im Pansen von Rindern und anderen Wiederkäuern für den Aufschluss pflanzlicher Nahrung lebenswichtig sind, gehört zum Lehrplan der 5. AHS-Schulstufe. Viele andere Pflanzenfresser, von den Pferden bis zum Regenwurm und sonstigen Humus-bildenden Bodentieren sind bei ihrer Ernährung auf mikrobielle Symbionten angewiesen. Im Hinblick auf die Darmflora von Menschen und Schweinen als Allesfresser ist ebenfalls mit gesundheitlichen Schäden durch Glyphosat-Rückstände zu rechnen. Wie aber soll man sinnvolle Grenzwerte festlegen, ohne vorher mit verlässlicher Methodik die Glyphosat-Empfindlichkeit relevanter Mikroorganismen erforscht zu haben?

Werbung mit rascher Abbaubarkeit von Glyphosat in agrarischen und forstlichen Böden ist erst seit kurzem verboten, obwohl von Anfang an keine wissenschaftlich seriösen Belege für diese Behauptung vorgelegt worden sind. Dass Glyphosat in lebenden Pflanzen extrem langsam abgebaut wird, sollte den Prüfbehörden bekannt sein. Nach dem, was dazu J. FRANZ et al. (1997; ISBN 0-8412-3458-2) in der Glyphosat-Monographie aus dem Hause Monsanto schreiben, sind empfohlene oder geforderte "Wartezeiten" zwischen dem Spritzmitteleinsatz und dem Konsum von Produkten sinnlos bzw. reine Augenauswischerei.

Naiv bis lügnerisch ist auch die Behauptung, auf Pflanzenbestände versprühtes Glyphosat könne außerhalb des engsten Anwendungsbereiches keinen Schaden stiften, weil der zu Boden tropfende Wirkstoff nicht in tiefere Bodenschichten oder bis zum Grundwasser gelange, und - wenn überhaupt - nur in biologisch unwirksamer Form in Gewässer gerate, so dass deren Ökologie nicht bedroht werde. Die Wahrheit sieht anders aus, wie bei R. PECHLANER (2002 und 2005) nachzulesen ist (siehe oben).

Papst Benedikt der XVI

Die katholische Kirche und die Gentechnik

Um die Einstellung der katholischen Kirche zum Thema Gentechnik beurteilen zu können, lohnt es sich anzuhören, was die verschiedenen führenden Häupter des Klerus zum Thema Gentechnik verlauten lassen. Stellvertretend für viele andere seien aus Platzgründen drei Aussagen wiedergegeben und zwar von:

Papst Benedikt dem XVI., der in seiner Osterbotschaft 2006 die Gentechnik als "gefährliches Abenteuer" hinstellte und das Bestreben des Menschen, an die Stelle Gottes treten zu wollen, als "dumme Arroganz" bezeichnete.

Abt Univ. Professor Dr. Dr. Joachim Angerer,
der 37 Jahre lang Prälat und wirtschaftlicher Leiter des Stiftes Geras in Niederösterreich war. (In dieser Zeit auch verantwortlich für 1.850 Hektar Grundbesitz inkl. einer aktiv betriebenen Land- und Forstwirtschaft)
Er meint: Die Technologie der Gentechnik ist mit dem Schöpfungsgedanken unvereinbar und schon deshalb aus der Sicht des christlichen Glaubens ein Bestreben, das aufs Schärfste abzulehnen ist.

Der Bischof aus Brasilien, seine Eminenz Rodrigues Almaraz meint zur Gentechnik:
"Gentechnik ist das Werkzeug des Teufels, durch das wir eine neue, zusätzliche Hölle auf Erden erfahren werden."

Diese klare Absage bedeutender kirchlicher Würdenträger an eine nicht ausreichend auf Ihre Risken überprüfte Technologie steht im krassen Widerspruch zur Einstellung und zum Handeln vieler "Schäflein" der katholischen Kirche, die gerade im landwirtschaftlichen Bereich immer öfter den Schönreden und den Versprechungen der Gentechnik-Lobby zum Opfer fallen, statt den Worten ihres Oberhirten zu folgen.

Der Papst als „Bio-Bauer"

Er ist der kleinste Staat der Welt und doch fasziniert er jedes Jahr Millionen Menschen: der Vatikan. Über 4.000 Mitarbeiter sorgen dafür, dass alles glänzt und funktioniert und der Papst sein Amt als Oberhaupt der katholischen Kirche ausüben kann. Hinter die prunkvolle Fassade zu schauen ist nicht einfach, gelingt es doch, gibt es manchmal Beeindruckendes zu sehen. Papst Benedikt XVI. ist nicht nur der Oberhirte von weltweit rund 1,2 Milliarden von Katholiken (1,9 Millionen Christen), er ist auch Betreiber eines Biobauernhofes, nur 23 Kilometer von Rom entfernt. Schon Papst Pius XI. (Papst zwischen 1922 bis 1939) ließ in Castel Gandolfo eine eigene Lebensmittelproduktion aufbauen. Nicht zuletzt um zu verhindern, dass Päpste durch Lebensmittel vergiftet werden können. Fast alles, was Papst Benedikt isst, kommt aus diesem Bauernhof.

Der Bauernhof und Park in Castel Gandolfo ist mit 0,55 Quadratkilometern größer als der Vatikan selbst (0,44 Quadratkilometer). Die komplette Produktion der Lebensmittel kommt ohne den Einsatz von Düngemitteln oder Unkrautvernichtungsmitteln aus. Was in der päpstlichen Wohnung auf den Tisch kommt, stammt aus einer Bio-Produktion erster Güte. Giuseppe Bellapadrona, der Chef der vatikanischen Landwirtschaft, versucht das Wenige, das der Papst dann isst, zusammen mit Emiliano Areiero so schmackhaft wie möglich herzustellen.

So produziert der Bauernhof des Papstes Früchte aller Art, die zu Marmeladen verarbeitet werden. Frei laufende Hühner legen Bio-Eier, Schweine liegen behaglich grunzend in der Sonne oder wälzen sich genüsslich im Schlamm der großzügig angelegten Suhle. Wenn es kalt wird oder regnet, bietet der Freilaufstall kuscheliges Stroh, in dem sich vor allem die Muttersauen mit ihren Ferkeln wohlfühlen. Emiliano Arciero arbeitet am Bio-Bauernhof der päpstlichen Sommerresidenz Castel Gandolfo mit Futtereimer und Forke, ganz wie anno dazumal. "Die Tiere", sagt er, "werden hier fast wie Menschen behandelt." Vor allem das Lamm, das der Papst ein Jahr zuvor geschenkt bekam, 15 Tage alt damals und drei Kilo leicht. Emiliano hat es mit dem Fläschchen selbst großgezogen. Den päpstlichen Speiseplan wird dieses Lamm auf keinen Fall bereichern, macht Emiliano unmissverständlich klar: "Solange ich darauf aufpasse, wird es nicht gegessen. Nein. Niemals."

Besonders stolz ist Giuseppe Bellapadrona über das auf dem Bauernhof hergestellte Olivenöl, gepflückt wird mit der Hand. In der Fastenzeit wird im Vatikan manchmal nur eine warme Scheibe Brot mit etwas Olivenöl serviert. Täglich bringt ein kleiner Lkw verschiedenste frische Lebensmittel, wie Fleisch, Obst Gemüse und frische Milch von Castel Gandolfo hinunter zum päpstlichen Hof. Für Ostern allerdings bereitet Giuseppe Bellapadrona dem Papst immer eine kleine Überraschung vor, die besten Masthähnchen sowie der klassische Osterschinken werden für den Papst reserviert, denn dieser ist keinesfalls Vegetarier. Aber auch eine köstliche Schweinshaxe mit Sauerkraut, Weißwürste oder eine Portion Leberkäse weiß der Papst als Liebhaber bayrischer Küchen gelegentlich zu schätzen.

Abt Joachim Angerer

Abt Joachim – Ein Visionär Gottes

Prälat Univ. Prof. Dr. Dr. Joachim Angerer

Immer wieder standen Projekte, die "Abt Joachim" im Laufe seiner Zeit als Abt des Klosters Geras ins Leben gerufen hatte, im Kreuzfeuer der Kritik von Menschen, die dem visionären Denken des fortschrittlichen und tierliebenden Kirchenoberhauptes nicht folgen konnten oder ihre eigenen Interessen dadurch gefährdet sahen.

Sein immer wieder bekräftigter Ausspruch: "Tiere verdienen unsere Wertschätzung, weil sie Geschöpfe Gottes sind" und sein Engagement, im Meierhof des Stiftes Geras zur Jahrtausendwende an die fünfzig freilebende Schweine zu halten, stieß da und dort auf Kopfschütteln und Unverständnis. Ein Vertreter Gottes, der sich zu den Schweinen und deren würdevoller, artgerechter Behandlung bekennt, passte wohl nicht allzu sehr in die Klischeevorstellung jener, die Schweine nur als "Nutztiere" betrachten und beim Konsum des Schweinebratens nicht nach dem "wie," "woher" und "womit" fragen.

Aber nicht nur der Erfolg seiner Schweinezucht im Gutsbetrieb des Stiftes wurde angezweifelt, wie mir Abt Joachim im Interview schmunzelnd erzählt: "Als ich 1979 den konkreten Plan fasste, den ehemaligen Schüttkasten des Stiftes in einen eleganten Hotel- und Restaurantbetrieb umzubauen, meinten viele, dies sei – nur sechs Kilometer vom eisernen Vorhang nahe der tschechischen Grenze – ein mehr als gewagtes Unterfangen. Nun hatte ich in Rom einen Professor und Doktorvater gehabt, der uns lehrte und erklärte": "Keine Diktatur der Weltgeschichte hat länger als 70 bis 80 Jahre überlebt. Baue ruhig dein Hotel, der Kommunismus ist gerade 65 Jahre alt, der Vorhang fällt bestimmt in nächster Zeit. Der Stacheldraht rostet, lautete meine Maxime". Das war tatsächlich so und heute sind Hotel und Restaurant zu einer Drehscheibe im Fremdenverkehr der gesamten Region geworden.

Alles in allem schreibt der "Visionär Gottes" eine durchwegs positive Bilanz, was die von ihm umgesetzten Projekte angeht. Die Generalsanierung der Abtei Geras und deren Aufstieg zu einer der bedeutendsten Stifte Österreichs sowie der Um- und Ausbau des Klosters Pernegg zum Fasten- und Seminarzentrum ist genauso dem dynamischen Handeln und dem Weitblick des weltoffenen Abtes zu verdanken wie die Gründung von "Klösterreich", eine Stifte- und Klöster- Kooperation, die in der Öffentlichkeit als Tourismusattraktion große Popularität genießt.

Anlässlich seines Rücktritts als Prälat und Leiter des Stiftes Geras zu seinem 70. Geburtstag übergab Abt Joachim auch den Naturpark und das Modell Freilandschweine in die Obhut seiner Nachfolger bzw. der Landwirte. Das "Unternehmen Freilandschweine", das er zusammen mit der Universität für Bodenkultur und der Tierschutzorganisation "Vier Pfoten" als Pilotprojekt ins Leben rief, wird vom Verein "Verus" (Horn) und Bauern des Waldviertels weitergeführt. Nach Jahrzehnten, die im Stift Geras für ihn von einer Menge an Arbeit und großer Verantwortung erfüllt waren, hat nun die Pfarrgemeinde Eibenstein ihren geliebten Pfarrer, Abt Joachim wieder für sich allein. Der Musikwissenschafter und Musiker besitzt nun auch ein wenig mehr Zeit, sich selbst zum Flügel zu setzen.

An die Zeit, die er mit den Schweinen im Stift Geras verbringen konnte, erinnert er sich mit großer Freude zurück: "Ich hoffe sehr, dass die Einstellung der Menschen den Tieren und im Speziellen den Schweinen gegenüber in naher Zukunft eine grundlegende Veränderung erfährt. Schweine sind intelligente und liebenswerte Tiere, die keinesfalls als schmutzig eingestuft werden können. Nicht das Schwein ist an seinem schlechtern Image schuld, sondern der Mensch, hat das Schwein im wahrsten Sinne des Wortes "zur Sau" gemacht hat!

Percy Schmeiser – der Alternative Nobelpreisträger: sein Kampf gegen die Agro-Gentechnik

Anton Moser DI Dr techn Univ Prof iR
Biotechnologie TU Graz
Vorstandsmitglied Europ. Federation Biotech EFB & Intern. Ecol. Engng. Society IEES sowie Intern. Organisation Biotech & Bioengng. IOBB als europ. Repräsentant bis 1996

Zurzeit, wo die USA Österreich verklagen wollen, wegen des Importverbotes von GMO-Mais, kommt die Vortragsreihe von Percy Schmeiser gerade recht: er, der 2007 den Alternativ-Nobelpreis für seine Erfahrungen in Kanada im Kampf gegen das US-Agrobusiness Monsanto gemeinsam mit seiner Frau erhalten hat.

Sein Bericht über 12 Jahre konkrete Erfahrungen mit GMO (genetically modified organism) beinhaltet klare Aussagen auf Basis seiner 50-jährigen Arbeit als Bauer, die weit über die nicht vorhandenen weil unter-drückten wissenschaftlichen Studien (die freilich hoch komplex & teuer wären) hinausgehen.

1) die Koexistenz, die von der Politik, auch der EU, auf Druck des Agrobusiness verlangt wird, ist völlig unrealistisch: es gibt keinen noch so großen Grenzwert, der die Auskreuzung von GMO-Pflanzen verhindern kann! In Kanada, wo seit 1996 Raps, Soja, Baumwolle und Mais als GMO angepflanzt werden müssen, obwohl 91% der Bevölkerung dies ablehnt, gibt es kein natürliches Raps & Soja-samengut.

2) Die sog. "substantielle Äquivalenz" d.h. Gleichwertigkeit von GMO und natürlichen Pflanzen - die ja nicht von der Wissenschaft sondern der von geldabhängiger Politik (Präsident G. Bush sen.) bestimmt wurde, ist ebenfalls eine höchstgefährliche Sache: das Immunsystem (Mensch, Biene, Vögel etc) wird stark in Mitleidenschaft gezogen; Fremdgene durchdringen die Darmwände von Warmblütern und sind in Blut, Fleisch & Organen anzutreffen, mit bedenklichen Wirkungen, die z.B. die Fruchtbarkeit von Zuchttieren wie Schwein & Rind stark beeinträchtigen. Darin zeigt sich an sich ja bekannte Tatsache, dass die Übertragung von 1 Gen nicht nur 1 Protein -1 Eigenschaft überträgt sondern ein Vielfaches. Gentransfer in GMO ist also nicht als natürlich sondern anti-evolutionär einzustufen! Das "Buch des Lebens" ist also viel komplexer! Horizontaler Gentransfer bei GMO ist viel gefährlicher als in der Natur verursacht durch sehr instabile Transgene, die neue Virus-& Bakterien-Krankheiten verursachen!

3) Das treibende Prinzip hinter der Gentechnik kann klar als Profitmaximierung des Agrobusiness erkannt werden, die in keinster Weise eine Agri-"Kultur" mehr ist. Dass die GT-Industrie auch Mensch & Natur nicht schont entspricht dem herrschenden neo-liberalen Kapitalismus. Die Machenschaften des Agrobusiness sind unfassbar und sind als kriminell einzustufen, sind aber in Amerika durch Politik legal abgedeckt!

Den 1. Prozeß 1998 hat die Familie Schmeiser gegen Monsanto verloren, da der eine (!) Richter der Meinung war "gleich woher die GMO-Pflanzen kommen, der Grund-besitzer ist verantwortlich und daher schuldig". Im 2. Prozeß 2005 sollten Schmeisers 1 Mio $ Strafe zahlen, da sie ja keine Lizenz für Monsanto-GMO hatte, wurden jedoch freigesprochen. Nunmehr 2008 klagten Schmeisers auf "Schadenersatz für die Kontamination". Außergerichtlich räumte Monsanto die Verantwortung dafür ein! Demokratie ist also prinzipiell in Gefahr, es braucht Aufmerksamkeit & Zivilcourage!

Percy Schmeiser
Träger des alternativen
Nobelpreises

4) Die Versprechungen des Agrobusiness sind nicht nur nicht eingetroffen sondern zeigten sich ins Gegenteil verkehrt und verletzen Menschenrechte (§1, 6, 11, 12, 15):

* der Ertrag nicht gestiegen sondern um 10 % (Raps) & 15 % (Soja) verringert

* der Nährwert sank um ca 50%, der Verbrauch an Chemikalien stieg um 300%!
(mit großer Gefährdung der Gesundheit von Natur & Mensch!).

5) Durch unvermeidbare Auskreuzung der Fremdgene in GMO werden die natürlichen Pflanzenfamilien sehr beeinträchtigt (das "Terminatorgen" bewirkt sterile Samen, das sog. "Schummelgen" lässt die Samen nur bei anwesenden Chemikalien keimen!).

Die Natur, die ja auch Lebensbasis des Menschen ist, ist demnach äußerst gefährdet!
Schmeiser´s Wunsch lautet "Die Parlamentarier müssen das Agrobusiness stoppen".

Details in www.percy-schmeiser-on-tour.org und in www.naturschutzbundsteiermark.at über Agro-Gentechnik (Grüne Gentechnik mit GenetischManipuliertenOrganismen GMO: die 10 Dogmen) mit Hinweis auf genauere Literatur.

Ergänzt sei an dieser Stelle der Hinweis, dass es einer völlig neuen Weltsicht bedarf, um derartige Probleme lebensgerecht zu lösen. Dies ist im "Grazer Manifest zur NATUR-KULTUR", das von Anton Moser für den Naturschutzbund Österreich 2006 verfasstwurde umfassend beschrieben (www.naturschutzbundsteiermark.at).

Anmerkung des Autors: Aus eben genau den, von Professor Dr Anton Moser angeführten Gründen, nämlich der Unmöglichkeit einer Koexistenz zwischen gentechnischem und konventionellen, bzw. biologischem Anbau der Gefährlichkeit fremder Gene, die (wie im Falle von Gen-Soja) im Tiermagen nicht abgebaut werden, sondern auch nach dem Verdauungsprozess noch im Blut im Harn und Stuhl der Tiere nachweisbar sind und damit zur Gefahr für Mensch und Umwelt werden und der unglaublichen Ignoranz und brutaler Vorgehensweisen (wie im Falle Percy Schmeisers in Kanada) der Gentechnikkonzerne ist der Anbau bzw. die Fütterung von Schweinen mit Futter, das gentechnisch veränderte Organismen enthält aufs strikteste abzulehnen.

GENFREI GEHEN
GENFREI GEHEN

„Genfrei Gehen"

Der große Gentechnikmarsch von Joseph Wilhelm - Rapunzel 1200 Km zu Fuß für eine gentechnikfreie Welt

Sein sieben Wochen lang dauernder Marsch für eine gentechnikfreie Welt (44 Etappen, 1.185 km und Millionen von Schritten) vom 28. Juli bis zum 15. September 2007 längs durch Deutschland – von Lübeck nach Lindau - von der Ostsee bis zum Bodensee hat fast 4.000 Menschen begeistert mitzuwandern. Gemeinsam setzten sie damit ein Zeichen der Aktivität und zeigten vor allem den Landwirtschaftspolitikern und der dahinter stehenden Gentechnik-Lobby die rote Karte. Joseph Wilhelm löste eine Bewegung aus, die jedoch nur der Anfang einer viel weiter reichenden Protestbewegung sein kann.

Auf die Frage, was er damit zu bewegen glaubt, meint Joseph Wilhelm: "Ich bin mir sicher, dass wir mit dieser Aktion einen guten und aufsehenerregenden Impuls gesetzt haben und darauf kommt es an. Es gab Tausende Mitwanderer, die sich und auch vieles andere bewegt haben. Ich glaube, dass viele der Mitwanderer auch bei sich vor Ort noch weitere Aktivitäten für unser gemeinsames Projekt – eine gentechnikfreie Welt – entwickeln werden und somit der "Genfrei-Marsch" als Initialzündung gesehen werden kann.

Auch mit den rund 20 Veranstaltungen entlang der Tour haben wir eine große Menge an Menschen erreicht, die von uns über den Grund und die Ziele des Marsches informiert wurden. Und täglich konnten wir entlang des Weges mit vielen Menschen sprechen, manche von ihnen waren dann so begeistert, dass sie am nächsten Tag mitwanderten oder uns zum Beispiel mit Tee und Kuchen beschenkten. Ich bin mir sicher: Wir haben viel zur Bewusstseinsbildung beigetragen.

Auch hat die friedliche Ausdrucksform des Laufens, ohne jede Aggression viele dazu animiert, dabei mitzumachen. Wir haben sehr oft gesagt bekommen, dass es für sie ganz wichtig war, dass wir nicht gegen etwas sind, sondern der Marsch ausdrücklich "für eine gentechnikfreie Welt" ist. Es sollte kein Protestmarsch im üblichen Sinne sein. Wir haben unterwegs dazu ein neues Wort kreiert und unseren Marsch als "DAFÜR-STRATION" bezeichnet. Außerdem sind viele Menschen zu uns gekommen, die sich ausführlich informieren wollten und nach Ideen suchen, um Ihre Meinung kundzutun. Viele haben auch davon profitiert, dass wir immer wieder Mut machen, um nicht zu resignieren.

Das Schöne an diesen sieben Wochen war auch, täglich auf dem Weg zu sein und in intensivem Austausch mit anderen Gleichgesinnten zu stehen, das ist eine ganz besondere Herausforderung. Die Intensität der persönlichen Kontakte und den tiefen Gedankenaustausch beim Gehen betrachte ich als besonderes Geschenk dieses, für mich einzigartigen Lebensprojektes.

Mit der Ankunft in Lindau ist der Marsch aber noch lange nicht zu Ende. Ungeachtet der Gesetzesnovelle stehen wir noch vor einem langen Marsch durch die Institutionen. Dies ist sicher nur ein Beitrag zu einer Entwicklung hin zu einem gentechnikfreien Deutschland, vielleicht zu einem gentechnikfreien Europa. Ein großes Ziel ist die Mobilisierung der Verbraucher und Bauern, die ja als gesamtes Potential eine gewaltige Macht bilden. Von ihnen konnten wir während des Marsches sicher viele erreichen. Denn eines ist klar: Verkauft werden kann nur, was der Kunde will. Wenn keiner Lebensmittel mit Gentechnik kauft, wird sich die Industrie daran orientieren müssen.

Ob es ein Anschlussprojekt in Form eines Marsches von Berlin nach Brüssel geben wird, um dieses Thema an die Hauptwurzel des Problems zu tragen, zum Sitz der EU, fühle ich mich im Moment noch nicht in der Lage mit Sicherheit zu sagen. Noch bin zu sehr im Hier und Jetzt des Marsches von Lübeck nach Lindau.

Joseph Wilhelm, Initiator der Aktion "GENFREI GEHEN" während des Gentechikmarsches
Er ist Geschäftsführer und Vorstand der Rapunzel Naturkost AG

Pioniere artgerechter, ethisch-moralisch vertretbarer Schweinehaltung

Pioniere artgerechter, ethisch-moralisch vertretbarer Schweinehaltung

Rudolf Bühler und die Bäuerliche Erzeugergemeinschaft Schwäbisch-Hall / Züchtervereinigung Schwäbisch-Hällisches Schwein

Beschreibung der Aktivitäten:

Die von Rudolf Bühler ins Leben gerufene Bäuerliche Erzeugergemeinschaft Schwäbisch Hall gilt mit ihrer Tochterorganisation, der Züchtervereinigung Schwäbisch-Hällisches Schwein, als eine der ältesten Initiativen für artgerechte Tierhaltung, ökologische Tierzucht und Sicherung der genetischen Vielfalt im Haustierbereich in Deutschland.

Die Anfänge der Aktivitäten und Projekte gehen auf das Jahr 1983 zurück, als Agraringenieur Rudolf Bühler nach langjährigem Aufenthalt als Entwicklungshelfer in Afrika und Asien in seine Heimat Hohenlohe zurückkehrte und auf dem Hof seiner Vorfahren (in 13. Generation) begann, die Reste einer bereits als ausgestorben geltenden Schweinerasse – dem Schwäbisch-Hällischen Landschwein – zusammenzutragen und eine neue Zuchtpopulation aufzubauen. Lediglich sieben Tiere konnten damals gefunden werden, die reinrassig waren.

Die Schwäbisch-Hällische Landrasse, seit 1820 in Schwäbisch Hall gezüchtet und damit älteste Hausschweinrasse in Deutschland, gilt als klassisches Beispiel für den Niedergang und Verlust alter und traditioneller Landrassen und damit genetischer Ressourcen. Und ebenso weit über die Grenzen Deutschlands hinaus als Modell, wie es gelingen kann, eine als ausgestorben gegoltene Rasse wieder neu zu beleben, eine gesicherte Zuchtpopulation aufzubauen und diese wieder in Wert zu setzen mit geeigneten Vermarktungskonzepten.

Die Züchtervereinigung Schwäbisch Hällisches Schwein e.V. wurde 1986 von 17 Bauern und "Sympathisanten" gegründet und hat zurzeit 120 Mitglieder. Sie ist ein gemeinnütziger Verein und bundesweit für die Erhaltung und die Zucht des Schwäbisch Hällischen Landschweins tätig.

Eine alte Landrasse muss es schaffen, wieder in der bäuerlichen Landwirtschaft verankert zu sein und damit wirtschaftlich zu werden. Mit Haltung von Restpopulationen in Haustierparks und Hobbybetrieben einhergehend mit Genbanken – so wichtig diese Begleitmaßnahmen sind – kann eine lebende Population nicht erhalten werden und die notwendige Zuchtarbeit mit Selektion und gezielter Anpaarung nicht erfolgen oder aufrecht erhalten werden. Langfristig ist die nachhaltige Erhaltung einer Zuchtpopulation nur dann möglich, wenn ihre Produkte einer geordneten und florierenden Vermarktung zugeführt werden können.

Aus dieser Erkenntnis gründete Rudolf Bühler 1988 mit sieben Berufskollegen die Bäuerliche Erzeugergemeinschaft Schwäbisch Hall als Vermarktungsorganisation für die Produkte der Schwäbisch-Hällischen Schweinezucht. Die Erzeugergemeinschaft versteht sich als Träger ländlicher Regionalentwicklung in Hohenlohe und ist eine bäuerliche Solidargemeinschaft. Sie entwickelte eines der ersten Qualitätsfleischprogramme in Deutschland unter Abstimmung verbindlicher Erzeugerrichtlinien mit den Tierschutz-, Umweltschutz- und Verbraucherschutzorganisationen sowie Vertretern aus Kirche, Wissenschaft und Verwaltung. Mittlerweile ist die Zahl der Mitgliedsbetriebe in der Region auf 980 angestiegen, darunter 230 Landwirte, die nach den Richtlinien des ökologischen Landbaus wirtschaften.

Die teilnehmenden Bauern erhalten in dem Qualitätsfleischprogramm in der Regel einen Mehrpreis von 25 Prozent auf den handelsüblichen Auszahlungspreis und kompensieren so die höheren Aufwendungen für den Einsatz der alten Rasse und die artgerechte Tierhaltung. Für Bio-Schweinefleisch erhalten die Mitglieder mehr als das Doppelte des handelsüblichen Auszahlungspreises!

Rudolf Bühler

Die wichtigsten Merkmale des Qualitätsfleisch-programmes sind:

- Stroheinstreu
- Verbot von Vollspaltenböden und Anbindehaltung
- Gruppenhaltung
- Helle, luftige Ställe
- 1,2 qm Platzangebot pro Tier (Mastschwein in der Endmast)
- Kein prophylaktischer Medikamenteneinsatz
- Ausschluss der Tiere aus dem Qualitätsfleisch programm bei therapeutischem Einsatz von Medikamenten
- Flächenbindung auf 2 Großvieheinheiten pro Hektar
- Kein Einsatz von Leistungsförderern oder tierischen Futtermitteln
- Kein Einsatz gentechnisch veränderter Futtermittel
- Mindestens 80 Prozent heimisches Futter (aus Baden-Württemberg)
- Maximal 1 Stunde Transportzeit zum Erzeugerschlachthof Schwäbisch-Hall

Spitzengastronomie und Feinkosthandel schätzen die Qualität des Fleisches des Hällischen Schweins. Robustheit, Mütterlichkeit, gute Grundfutterverwertung, die Tauglichkeit für verschiedene Haltungssysteme und hohe Fruchtbarkeit werden von den Haltern des Schwäbisch-Hällischen Schweines als wichtige Punkte bei der Wahl der Rasse angesehen.

Die Zuchtwertschätzung muss genau diese besonderen Eigenschaften der alten Rasse aufgreifen und zur Grundlage der Zuchtarbeit machen. Bundesweit einzigartig im Bereich der Schweinezucht ist das Projekt "Ökologischer Gesamtzuchtwert Schwäbisch-Hällisches Schwein", bei dem tierzüchterische Belange, Fleischqualität und ökologische Werte mit in die Zuchtwertschätzung einfließen sollen (wiss. Leitung: Dr. Günter Postler). Das Projekt ist im Rahmen des Bundesprogramms Ökologischer Landbau durch das BMVEL gefördert worden, nicht zuletzt weil es Modellcharakter für andere alte Rassen und deren Erhalt hat.

Seit 1995 hat die Erzeugergemeinschaft ein Weiderinderprogramm eingerichtet, mit dem brachliegende Flusstäler Hohenlohes zu Gemeinschaftsweiden zusammengefasst und mit Mutterkuhhaltung beweidet werden. Hierbei kommt überwiegend die alte Landrasse Limpurger Rind zum Einsatz, was einen entscheidenden Beitrag zum Erhalt dieser Rasse leistet. Dieses Rind ist besonders leicht und für die Beweidung der Talhänge bestens geeignet. Das Fleisch aus dieser landschaftspflegerischen Haltung wird unter der historischen Bezeichnung "boeuf de Hohenlohe" vermarktet (in Anknüpfung an die Rinderhaltung in der Region Hohenlohe und deren Vermarktung bis in die Pariser Gourmetrestaurants gegen Ende des 18. Jahrhunderts).

Seit dem Jahr 2002 ist die Erzeugergemeinschaft eine Partnerschaft mit dem Unilever-Konzern eingegangen und hat hierzu ein weiteres Qualitätsfleischprogramm eingerichtet, das zu einem deutlichen Zuwachs bei den Mitgliedsbetrieben geführt hat. Dadurch ist die artgerechte Tierhaltung in der Region endgültig aus der Nische herausgetreten und bietet der breiten Landwirtschaft Einkommens- und Zukunftsperspektiven.

Gründe für die Juryentscheidung:

Erhaltung und Wiederaufbau einer alten, als ausgestorben gegoltenen Landrasse und deren wirtschaftliche Inwertsetzung durch geschickte Vermarktungskonzepte.
Aufbau eines der ersten Qualitätsfleischprogramme mit verbindlichen Erzeugerrichtlinien in Abstimmung mit Tierschutz-, Umwelt- und Verbraucherschutzorganisationen (1988).
Modellcharakter für andere bedrohte Rassen und Haustierarten.
Sicherung und Schaffung neuer Arbeitsplätze auf dem Land (980 Mitgliedsbetriebe in der Region) und Impulsgeber für die ländliche Regionalentwicklung.
Entwicklung tiergerechter Zuchtmethoden, die gut für den ökologischen Landbau geeignet sind ("ökologischer Gesamtzuchtwert Schwäbisch-Hällisches Schwein").
Die genannten Initiativen gehen maßgeblich auf den persönlichen Einsatz von Rudolf Bühler zurück.

Kontakt:
Rudolf Bühler
Bäuerliche Erzeugergemeinschaft Schwäbisch Hall
Züchtervereinigung Schwäbisch Hällisches Schwein e.V.
Hallerstr. 20, D-74549 Wolpertshausen
Tel: +43 (0)7904 / 9797-0, Fax: 07904 / 9797-29
info@besh.de, www.besh.de

Rudolf Bühler mit „Schwäbisch-Hällischen"

Der Sonnenhof in Wolpertshausen

Der Sonnenhof in Wolpertshausen ist seit Ende des 14. Jahrhunderts im Besitz der Familie Bühler. Er liegt auf der Hochebene des Hohenloher Landes und umfasst 35 ha landwirtschaftliche Nutzfläche. Er wird vom derzeitigen Besitzer Rudolf Bühler als anerkannt ökologischer Betrieb, anerkannter Herdebuchzuchtbetrieb und anerkannter Ausbildungsbetrieb geführt. Auf dem Betrieb befindet sich auch die Geschäftsstelle der Züchtervereinigung Schwäbisch-Hällisches Schwein, deren Gründer und Vorsitzender Rudolf Bühler ist.

Seit dem Neubeginn der Schwäbisch-Hällischen Schweinezucht im Jahr 1984 werden auf dem Sonnenhof Schwäbisch-Hällische Zuchtschweine gehalten, zur Zeit 35 eingetragene Muttersauen und die Nachzucht davon. Auf dem Betrieb befindet sich auch eine 2 ha große Schweineweide, die von 30 Schwäbisch-Hällischen Schweinen bevölkert wird. Die Schwäbisch-Hällischen Zuchtschweine des Sonnenhofes wurden mehrfach ausgezeichnet.

Sie errangen auf der Internationalen Grünen Woche in Berlin den Siegerpreis der deutschen Herdbuchzucht für beste Fleischqualität. Die Bergschafe beweiden die betriebseigenen Talwiesen im Bühlertal, die Gänse beweiden die hofeigene Gänseweide.

Kontakt:

Rudolf Bühler
Bäuerliche Erzeugergemeinschaft Schwäbisch Hall
Züchtervereinigung Schwäbisch Hällisches Schwein e.V.
Hallerstr. 20, 74549 Wolpertshausen
Tel: 07904 / 9797-0, Fax: 07904 / 9797-29
info@besh.de, www.besh.de

Schwein gehabt

"Schwäbisch Hällische" Schweine galten bereits als ausgestorben, als Rudolf Bühler sich der Tiere annahm. Eine Erfolgsgeschichte.

Sechs Jahre hat Rudolf Bühler in Afrika und Asien gelebt und als Agraringenieur Entwicklungshilfeprojekte betreut. "In der Arbeit vor Ort ist mir aufgefallen, dass Nutztiere und Kulturpflanzen, welche an die regionalen Bedingungen angepasst sind, stets robuster sind und ökologisch nachhaltiger", beschreibt er seine Erkenntnisse. "Ich habe erlebt, wie Projekte mit Hochleistungskühen und Hochertragssorten kläglich scheiterten, weil die Tiere nicht das gewohnte Futter bekamen oder die Reissorte nicht resistent war gegen die lokalen Krankheiten und Schädlinge."

Solche Erfahrungen haben Bühlers Blick geschärft für die Bedeutung lokaler Rassen hierzulande. Als der Agraringenieur Ende 1983 nach Deutschland zurückkehrte, um den elterlichen Hof in Wolpertshausen bei Schwäbisch Hall zu übernehmen, stellte er erstaunt fest: Es gibt in Deutschland nur noch zwei Standardrassen für die industrielle Schweineproduktion.

Artgerechte Haltung

Gab es nach dem Zweiten Weltkrieg 15 verschiedene Schweinerassen in deutschen Landen, so konnte man Mitte der 80er Jahre nur noch Deutsche Edelschweine oder Deutsche Landschweine in einer größeren Anzahl antreffen – regionale Rassen, wie das "Schwäbisch Hällische" Schwein, galten als ausgestorben. Im Stall des elterlichen Hofes, wo sich die lebhaften schwarz-weiß-gestreiften Tiere einst in großer Anzahl tummelten, fand Rudolf Bühler noch ein einziges Tier vor. Das brachte ihn zum Handeln.

"Zu dieser Zeit gab es hierzulande noch keine Sensibilität für den Artenschutz", erinnert sich der studierte Landwirt, "weder in der Wissenschaft noch in der Praxis." Durch die Filme von Professor Grzimek habe es zwar ein Bewusstsein für den Schutz der Wildtiere in der Serengeti gegeben, aber nicht für aussterbende Tierrassen und bedrohte Arten in Deutschland. Bühler wollte vor Ort seinen Beitrag zu einer Veränderung leisten. "Es war naheliegend, bei den Schwäbisch Hällischen Schweinen zu beginnen", sagt er. Im Schwarzwald, im Hunsrück und im Hohenloher Land fand der Agraringenieur noch zwei Dutzend Tiere, um auf seinem Hof die Wiederbelebung der alten Rasse zu betreiben.

Schritt für Schritt ging es voran. 1986 gründete Bühler mit Gleichgesinnten einen Züchterverband für die alte Rasse und 1988 die Bäuerliche Erzeugergemeinschaft Schwäbisch Hall, welche die Vermarktung der Schweine organisierte. "Um eine Rasse zu erhalten, muss man sie nutzen und ihr damit einen Wert geben", so ist das Credo des Hohenlohers. "Wir wollten die Tiere ja nicht in den Zoo stellen." Bauern, die zu jener Zeit noch Schwäbisch Hällische Schweine besaßen, konnten diese nicht verkaufen. Die Tiere wachsen zu langsam, hieß es, ihr Fleisch galt als fett. Mager war in Mode.

Mit dem Ziel, die Vorzüge dieser Rasse herauszustellen – aromatisches Fleisch, robuste Konstitution der Tiere – richtete die Erzeugergemeinschaft ein Qualitätsfleisch-Programm ein. Die Räume auf dem Sonnenhof waren da, Bühler arbeitete ehrenamtlich, berappte Telefon und Porto aus eigener Tasche, irgendwann kam ein erster Mitarbeiter hinzu, befristet bezahlt durch das Arbeitsamt.

Heute betreiben 300 Angestellte einen Züchterverband, einen Schlachthof und fünf Märkte, organisieren Logistik und Verwaltung, beraten die angeschlossenen 980 Bauern. Der Umsatz beträgt 80 Millionen Euro jährlich, die Schaltzentrale befindet sich noch auf dem Bühlerschen Sonnenhof in Wolpertshausen. Der Agraringenieur engagierte sich nicht nur als Vorsitzender in der Erzeugergemeinschaft, sondern auch als Fachkoordinator bei der Gesellschaft für bedrohte Haustierrassen, die etwa zeitgleich gegründet wurde. "Wir konnten noch den Bestand zweier weiterer Rassen sichern", sagt er zufrieden, "das Angler Sattelschwein und das Bunte Bentheimer Schwein. Von den einst 15 deutschen Schweinerassen sind damit fünf erhalten geblieben."

Bühler und seine Bundesgenossen waren zudem die ersten, die den Begriff der artgerechten Tierhaltung mit Leben füllten. "Wir haben einen runden Tisch mit Verbrauchern initiiert, um deren Vorstellungen von Qualität zu erfragen." Anbindehaltung, Tiermehl als Futter, Wachstumsstoffe und vorbeugende Medikamente kristallisierten sich als Tabu-Kriterien heraus; auf deren Basis wurde das Paket der artgerechten Tierhaltung geschnürt. Richtlinien zur Tierhaltung gab es bei den Ökoverbänden zu diesem Zeitpunkt noch nicht.

Neben einem Qualitätsfleischprogramm für Schweinefleisch und einem für Öko-Fleisch aus Öko-Betrieben gibt es auch ein Programm für Rindfleisch, das Boeuf de Hohenlohe. Dabei handelt es sich um eine Herkunftsbezeichnung für verschiedene Rassen, die historische Wurzeln hat: Im ausgehenden Mittelalter kannte man in der Landwirtschaft die Dreifelderwirtschaft mit Winter- und Sommergetreide sowie Brachland.

Ab 1780 wurde in Hohenlohe und anderen Landesteilen die Brache durch Leguminosen wie Luzerne und Klee ersetzt. "Das war eine große Innovation in der Landwirtschaft", erklärt Bühler. "Die Bauern schlachteten ihre Kälber nicht mehr als Jungtiere, sondern mästeten diese und verkauften sie als Ochsen und Färsen. Selbst in Bayern kaufte man Jungtiere zu, um diese in Hohenlohe zu mästen. Im Viehtrieb ging's mit den Tieren nach Stuttgart, Mannheim, Straßburg und Paris.
Eine ganze Kultur entwickelte sich um das Rindfleisch aus Hohenlohe, dessen Bekanntheit sich die Erzeugergemeinschaft heute zunutze macht. Das Schwäbisch Hällische Schweinefleisch wiederum ist ein geschütztes geographisches Produkt nach EU-Verordnung wie Parmaschinken, Roquefortkäse oder Champagner. Laut europäischer Bestimmung muss es für solche Produkte eine Tradition geben; Region, Herkunft und Art der Erzeugung sind klar umrissen. Auch der Bauer in Niedersachsen kann Schwäbisch Hällische Schweine züchten, die Bezeichnung Schwäbisch Hällisches Schweinefleisch bei der Vermarktung ist jedoch nur den Hohenlohern erlaubt.

Auf zu neuen Ufern

Biodiversität, alte Rassen und artgerechte Haltung sind Bühlers Thema seit mehr als 20 Jahren. "Ich stelle mit Befriedigung fest, dass tiergerechte Haltung salonfähig geworden ist. Heute kann sich ein Mitarbeiter im Landwirtschaftsamt durch den Einsatz für alte Rassen und artgerechte Haltung profilieren. Vor 20 Jahren hieß es: "Der hat eine Schraube locker." Einst war Bühler von heiligem Zorn erfüllt, jetzt hat er seinen Frieden geschlossen.

Er ist unterwegs zu neuen Ufern, hat die Gewürze für sich entdeckt. "Die Gewürzkultur ist total verkommen, aber zu gutem Fleisch und guter Wurst braucht es gute Gewürze", sagt es und schwärmt von Esskultur, interessanten Reisen und Entdeckungen. Weil es aber stets einen Ort braucht, um ein Thema auch sinnlich zu erfahren, hat er in Schwäbisch Hall das Indian Forum begründet: Naturgewürze, indische Küche, ayurvedische Massage .... Aber das ist ein anderes Thema und möglicherweise eine weitere Erfolgsgeschichte.

Foto rechts:
Als symbolischen Akt um auf die Verbindung und Zusammenhänge zwischen bäuerlichem Wirtschaften, Erhaltung der natürlichen Lebensgrundlagen und bewusstem Essen bei der Stadtbevölkerung aufmerksam zu machen, trieb Rudolf Bühler gemeinsam mit Claus-Peter Hutter und Klaus Beck eine Herde Schwäbisch Hällische Landschweine und Hohenloher Rinder am 14. August 2000 durch die Innenstadt von Stuttgart. Tausende von Schaulustigen, mehrere Fernsehstationen und ein Pulk von Journalisten begleiteten den historischen Viehtrieb.

MARKTHALLE

Theo und Marcus Dürr
Das Ring-Hotel Hohenlohe
Wegbereiter zu „Schwäbisch-Hällischer" Fleischqualität

Familie Theo, Sigrid und Marcus Dürr

Der mutige Schritt von Theo Dürr, Inhaber des Traditionshotels und Restaurants Hohenlohe in Schwäbisch Hall, den Pionier Rudolf Bühler bei der "Errettung des Schwäbisch-Hällischen Landschweins" zu unterstützen, geschah just in einer Zeit, als es äußerst unpopulär war, Gerichte anderer Schweinerassen anzubieten, als es das "moderne" Magerschwein darstellte. Im Kernland der Wiedergeburt des Schwäbisch-Hällischen Landschweins ist das Ringhotel Hohenlohe in Schwäbisch-Hall eine der ersten Adressen, um sich mit dem "Besten vom Schwäbisch-Hällischen Landschwein" vertraut zu machen.

Der Aufbau eines Images für Fleischteile des Schweins, die früher ungerechtfertigterweise eher als untergeordnet oder weniger edel galten, wie z.B. das Bauchfleisch, Schwänze, Haxeln, Rüssel oder Kopffleisch stellt eine berechtigte "Veredelung" dieser aus heutiger Sicht gesehenen Gusto-Stücke dar, die wie die bisher vorwiegend angebotenen Teile von Karree, Schulter, Fischerl oder Stelze bei entsprechender Zubereitung wahre Leckerbissen darstellen.

Heute wird die Speisekarte des Nobel-Restaurants neben ausgewählten Gerichten internationaler Küche von einer Reihe an Spezialitäten und Menüs des Schwäbisch-Hällischen Landschweins dominiert. Unzählige Gäste aus dem In- und Ausland erfreuen sich täglich am kulinarischen Genuss und der vielfältigen Auswahl Schwäbisch-Hällischer Menüs. Im Vordergrund steht dabei das inzwischen legendäre mehrgängige Menü "Das Beste vom Hällischen Landschwein" als das Menü der Region mit je nach Jahreszeit wechselnden Begleitkomponenten.

Küchenchef Helmut Pfitzenmaier war sozusagen ein Mann der ersten Stunde und begleitete seinen Chef, Theo Dürr, viele Jahre lang als Anlaufstelle für die Produkte der Bäuerlichen Erzeugergemeinschaft Schwäbisch-Hall, die unter Rudolf Bühler zu einer äußerst erfolgreichen Gemeinschaft in Bezug auf die Zucht und Vermarktung des Schwäbisch-Hällischen Landschweins heranwuchs. Aber nicht nur das leibliche Wohl seiner Gäste bedeutete Küchenchef Helmut Pfitzenmaier ein persönliches Anliegen. Unterstützt von Theo Dürr, dem Patron und Besitzer des Hotels, gelang es durch zahllose Versuche und Testessen, eine Futterzusammensetzung für das Schwäbisch-Hällische Landschwein zu finden, die nicht nur am artgerechtesten war und aus der eigenen Landschaft kam, sondern auch das optimale Ergebnis in Geschmack und Struktur des Fleisches bot.

Dem Trio Rudolf Bühler, Theo Dürr und Helmut Pfitzenmaier ist deshalb nicht nur der Dank der Feinschmecker sicher, auch die hällischen Landschweine danken es ihm, indem sie immer besser und saftiger im Fleisch stehen und mittlerweile in Bezug auf Schweinefleisch-Qualität zum Marktführer in Deutschland geworden sind. Lukull sei Dank!

Für mehr Information:

Hotel Hohenlohe GmbH, Geschäftsführer Marcus Dürr, Weilertor 14, 74523 Schwäbisch Hall, Telefon: +49 791 7587-0, Telefax: +49 791 7587-84,
E-Mail: hohenlohe@ringhotels.de, Internet: www.Hotel-Hohenlohe.de

Bauern sind die Seele des Volkes

Am Krameterhof bei Sepp Holzer

Sepp Holzer am Krameterhof

Bauern sind die Seele jeden Volkes

Sepp Holzer, Agrar-Rebell

Probleme der Gegenwart und Lösungsvorschläge für eine menschenwürdige Behandlung der Tiere

Du kommst auf die Welt, meist in einer sterilen Klinik und dort werden dir gleich die natürlichen Wurzeln gekappt. Du wirst geimpft und mit unnatürlichem Chemiefraß aufgepäppelt. Eine natürliche Geburt im Familienverband und ein natürliches Aufwachsen wären der richtige Start für das zukünftige Leben des jungen Menschen. Jeder "Erdenbürger" hat ein Anrecht, von Geburt aus, auf ein Stück Erde. Eine Landreform, die dies berücksichtigt, ist längst überfällig.

Durch ein isoliertes Aufwachsen von unserer Natur und ihren Mitlebewesen verlieren wir jede natürliche Beziehung zu unserer Mitwelt. Ein Aufwachsen in Symbiose mit Pflanzen, Tieren und Menschen ermöglicht jedoch ein Erfahren im Miteinander und schärft in dir die Aufgabe deines Handelns als denkendes Individuum, deiner Aufgabe des Lenkens und nicht des Bekämpfens gerecht zu werden. Durch das Beobachten deiner Mitlebewesen wirst du feststellen, dass die Natur perfekt ist und die Schöpfung an alle gedacht hat; dass alles miteinander in Verbindung steht und dass es hier nichts zu verbessern gibt. Es ist deine Aufgabe, das zu bewahren.

Es gibt keinen "Dummen" oder "Gescheiten", jeder kommt zurecht, wenn er/sie nicht bevormundet wird. Die "Dummen" und die "Gescheiten" machen nur wir Menschen selbst, damit die Schwächeren benutzt werden können. Ich habe bei meinen Projekten mit allen Menschen (Erwachsenen, Kindern, Waisen- Straßen- und Müllkindern etc.) auf der ganzen Welt nur die besten Erfahrungen gemacht. Also nicht bevormunden, sondern ihnen die Möglichkeit bieten, ihre Fähigkeiten auszuleben. Erfolgserlebnis, Freude, Anerkennung sind der höchste Lohn, die beste Therapie und ergeben auch einen ökonomischen Sinn.

Ein praktisches Beispiel hierfür wäre mein Projekt BERTA, der Lebenshilfe in Bad Aussee/Steiermark. Dies ist auch die erste rollstuhlgerechte Holzer'sche Permakultur Europas.

Generationenproblem – eine große Lücke in unserer Gesellschaft

Unsere Großeltern langweilen sich in den Altersheimen zu Tode. Die Kinder und Enkelkinder verblöden bei den PC-Spielen/Videospielen und vor dem Fernseher. Sinn der Schöpfung ist es, dass alte Menschen ihre Erfahrungen und Weisheiten den Kindern und Enkelkindern weitergeben. Die Kinder haben ein Recht darauf, und können sich so viel besser auf ihr Leben vorbereiten. Uns muss bewusst werden, dass wir hier einen ganz großen Fehler begehen. Ein Generationenhaus und Gemeinschaftsprojekte sollen ermöglichen, diese Lücke in der Gesellschaft zu schließen. Der Unterricht soll 50:50 Praxis u. Theorie aufgeteilt werden. Zu jedem Kindergarten gehört ein Garten, zu jeder Schule eine Landwirtschaft und zu jeder Universität ein Gutshof. Das sind die praktischen Experimentiermöglichkeiten und Ausbildungsstätten für die Zukunft unserer Kinder und somit für die Zukunft der Gesellschaft.

Sepp Holzer in Norwegen

Sepp Holzer tritt für den Schutz von Natur und Umwelt ein

Sepp Holzer mit Reinhold Messner

Bildung – Spezialisierung – Fortschritt – Verblödung

Durch die heutige moderne, so genannte fortschrittliche Ausbildung, werden junge Menschen von der Natur weg erzogen und entwurzelt. Wenn du die Zusammenhänge, Wechselwirkungen und Symbiosen im Kreislauf der Natur nicht selbst beobachtet hast, kannst du sie auch nicht erkennen und verstehen. Du kannst dich auch nicht einklinken in diesen Kreislauf der Perfektion der Schöpfung.

Was ist die Folge? Anstatt zu begreifen, wie die Kreisläufe der Natur funktionieren, glaubst du, du kannst sie verbessern und fängst an, sie zu bekämpfen, statt zu begreifen. Deine Aufgabe wäre, nur lenkend in die Natur einzugreifen. Hausverstand und kreatives Denken sind gefordert.

Unsere Kinder und Enkelkinder verblöden in den Schulen und Universitäten, ja zum Teil vergammeln sie noch. Nicht vielleicht, weil die Lehrer und Professoren zu "dumm" sind, nein, weil sie nur nach Lehrplan unterrichten müssen, hinter dem sie oft selber gar nicht stehen. Sie lassen sich verwenden von den Politikern und Lobbyisten. Aber wo ein Wille, da gibt's auch einen Weg, Herr Professor!! Ist der Professor aber von einer politischen Partei abhängig, oder von Lobbyisten beeinflusst, dann kann und wird er nichts ändern. Die abgehobene Wissenschaft hat sich so weit von der Praxis entfernt, dass ihre Theorie von der breiten Masse nicht mehr verstanden und angenommen wird. Es fehlen schon mehrere Glieder im Kreislauf dieser Kette.

Die Wissenschaft und Politik haben es bis heute verabsäumt, auf die ungeheuren Umweltzerstörungen (Klimaerwärmung) entsprechend zu reagieren. Der Einfluss von Geld und Korruption verhindert scheinbar die notwendigen Reaktionen und Maßnahmen. Die Katastrophen werden Ausmaße erreichen, die den Kollaps dieses kranken Systems herbeiführen.

Die Verschmutzung der Luft, die Verseuchung des Wassers und der Erde durch Einsatz von Chemie und Kunstdünger in der Monokulturlandwirtschaft berauben uns einer gesunden Lebensgrundlage.

Die Nahrung ist deine Medizin. Der Bauer soll Lebensmittel erzeugen und nicht nur Bauch-füllende, chemieverseuchte, durch Monokultur minderwertige, belastende Nahrungsmittel. Er soll als Lehrer den Mitmenschen einen respektvollen Umgang mit ihren Mitlebewesen, Pflanzen und Tieren der Mutter Erde vermitteln.

Die Realität sieht leider ganz anders aus. Durch EU-Richtlinien, Förderauflagen, hat man den Bauer abhängig und süchtig gemacht. Der Bauer wurde zum Subventionsempfänger degradiert. Prämien sollen die Einschränkungen und Benachteiligungen ausgleichen. Diese Förderungen oder so genannte Ausgleichszahlungen stellen ja nur eine teilweise Schadensabgeltung sowohl einer verfehlten Landwirtschaftspolitik als auch der nationalen und EU-Gesetze und Verordnungen dar. Wachsen oder Weichen ist die Devise der EU.

Spezialisieren, modernisieren, Massentierhaltung. Die Tiere werden nur mehr als Ware behandelt. Die Beziehung zu den Mitlebewesen geht verloren. Massentierquälerei ist die Folge. Weitere Folgen sind die Verstümmelungen der Mitlebewesen durch Enthornen, Kupieren von Schnäbeln u. Flügeln oder Schwänzen, Stromschläge durch Kuhtrainer, Verschandelung durch unnötig große Ohrmarken, usw. Eine derart geschundene Kreatur kann auch keine gesunden Lebensmittel liefern. Fühlt sich das Tier nicht wohl, ist auch das Produkt belastet.

Stirbt der Bauer, stirbt das Land!

Durch die verordnete Landbewirtschaftung geht altes Kulturgut unwiederbringlich verloren. Alte und seit Jahrhunderten bewährte Veredelungs- und Verarbeitungsmethoden werden per EU-Verordnung verhindert bzw. verboten. Zentrale, riesige Verarbeitungsstätten wie Schlachthöfe, Großbäckereien, Brennereien, Molkereien und Käsereien usw. werden mit der Verarbeitung beauftragt und hoch gefördert. Damit diese ausgelastet sind, hat man den Bauern die Möglichkeiten der Selbstverarbeitung

Mit jedem alten Bauernhof der abgerissen wird verschwindet ein Stück unserer Kultur

und Veredlung ihrer eigenen Produkte erschwert bzw. entzogen.
Bei dem verbleibenden, kleinen Rest der Biobauern wurden die Förderungen der EU (Schadensabgeltungen) gekürzt, und die Schikanen (Auflagen) erhöht. Alles weitere, weiß man, regelt sich dann ja von selbst. Der Bauer als Sklave auf seinem eigenen Hof, meist hoch verschuldet durch die Übermechanisierung und Spezialisierung, abgerackert, bevormundet und von all den administrativen Aufgaben und Schikanen unseres aufgeblähten Verwaltungsapparates überfordert, fristet sein Leben in totaler Abhängigkeit. Wen wundert es da noch, wenn die Kinder den Leidensweg der Eltern nicht fortsetzen möchten?

Die Lösung der Probleme

Zivilcourage und nicht Lemmingverhalten ist notwendig, um sich gegen diesen praxisfremden, aufgeblähten Verwaltungsapparat zur Wehr zu setzen. Versetze dich hinein in dein Gegenüber, in die Pflanzen, Tiere, ja auch in den Menschen, und frage dich, ob du dich an dessen Stelle wohl fühlen würdest. Fühlt sich der Regenwurm wohl, ist der Boden gesund. Auch die Pflanze und das Tier fühlen sich wohl, wenn sie im richtigen Biotop und in Freiheit leben können. Den größten Erfolg und Vorteil hast du, wenn du die Geschicke richtig lenkst. Den Boden nutzen und nicht ausnutzen. Vielfalt und nicht Einfalt erhält das System.

Es ist dein Auftrag der Schöpfung, die Geschicke zu lenken und nicht zu bekämpfen. Die Natur ist perfekt. Da gibt es nichts zu verbessern. Wenn du das jedoch versuchst, so ist das Selbstbetrug. Die Natur ist auch vollkommen, die Fehler machen nur wir Menschen. Angst wird dir eingeflößt – befreie dich davon, denn Angst ist der schlechteste Begleiter im Leben.

Durch einen respektvollen Umgang mit der Schöpfung und deinen Mitlebewesen profitierst du selbst am meisten und Bauer sein wird zum schönsten Beruf.

Der Erdstall nach Sepp Holzer

Sepp Holzer am Krameterhof

Erdställe sind die natürlichste Sache der Welt. Der ideale Aufenthaltsort für Schweine in Freilandhaltung, die im Winter Schutz vor der Kälte oder im Sommer Schatten und Kühle suchen. Wenn es draußen schneit, liegt es sich im Erdstall gemütlich in der Gruppe, eng aneinandergekuschelt, wärmt jedes Tier das andere. Behagliches Grunzen erfüllt den Stall, es ist die "Wohlfühlmusik" der Schweine, die den meisten heutigen Bauern nur mehr selten gegrunzt wird.

Mahlzeiten werden den Schweinen am Krameterhof und in der Freilandhaltung generell nicht "serviert", Selbstbedienung ist angesagt. Sommer und Winter wird nach Erdäpfeln, Topinambur und Rüben gewühlt oder auf dem Getreideacker, das in die Erde eingetretene, und wieder angekeimte, vitaminreiche Getreide ausgegraben. So wird selbst der Winter für die Schweine, die im Schnee herumtollen, zur erlebnisreichen Jahreszeit.

Beobachtet man die Schweine, die den Boden der Weide nach Leckerbissen suchend, großräumig aufwühlen, versteht man auch Holzers ernstgemeinten Urwitz, wenn er über die Schweine und deren Gebaren spricht: " Vorne hab'ns den Pflug und hinten den Miststreuer dran", meint er augenzwinkernd und hat die Lacher auf seiner Seite.
Sepp Holzer's Credo: "Ich lasse die Natur für mich arbeiten, die Schweine und Regenwürmer sind meine Mitarbeiter"!

Am Krameterhof

Erdstall beim Jagawirt Werner Goach

Guter Hirte sein von Karl Ludwig Schweisfurth

Eine durchschnittliche Familie – Vater, Mutter und zwei Kinder, ziehen unsichtbar eine ganze Herde Tiere hinter sich her: ein Rind, ein Schwein, ein Schaf und eine Ziege sowie dreizehn Hühner, Enten, Gänse und Puten. In Deutschland leben 30 Millionen Schweine, aber wir sehen sie nicht. In Deutschland leben 90 Millionen Hühner, aber wir sehen sie nicht. In Deutschland leben 13 Millionen Rinder, und wir sehen nur jedes fünfte davon auf der Wiese.

Sie liefern uns Lebens-Mittel, die wir zum Leben brauchen. Sie liefern uns darüber hinaus Leder und vieles andere mehr. Ohne die Tiere könnten wir auf dem Planeten Erde nicht leben. Wir nutzen sie, wir töten sie, wir essen sie. Für uns, als verantwortungsbewusste Menschen, folgt daraus die Pflicht, unsere Tiere anständig zu halten und sie gut zu behandeln, ihnen Gutes zum Fressen zu geben und – ganz wichtig - sie achtsam vom Leben in den Tod zu befördern. Das ist ein Gebot der Ethik nach unserem christlich-abendländischen Verständnis.
Es ist aber auch ein Gebot der Vernunft, denn wir essen ja nicht nur Stoffe, die man messen kann, sondern wir essen auch eine nicht stoffliche Dimension, die wir (noch) nicht messen können: das Wohlergehen eines Tieres im Positiven, seinen Kummer, sein Leid und seine Angst im Negativen. Das ist aber auch Gesetz, denn nach dem deutschen Tierschutzgesetz darf Tieren als Mitgeschöpfen ohne vernünftigen Grund kein Schmerz und kein Leid zugefügt werden.

Albert Schweitzer, der große Theologe, Arzt und Philosoph, der in der Mitte des vergangenen Jahrhunderts mit seinem Urwaldspital Lambarene bekannt und anerkannt wurde, hat uns gedanklich eigentlich alles mitgegeben, was wir für einen achtsamen Umgang mit den Tieren brauchen:
Er sagte: "Tiere sind keine Menschen. Aber es sind Mitgeschöpfe, oft von unerhörter Eigenart und Schönheit, die den Menschen zuweilen zu größten geistigen Leistungen inspirieren können. Sie teilen mit dem Menschen eine entscheidende Eigenschaft – das Leben – und erheben daher mit ihm denselben Anspruch: Ehrfurcht vor dem Leben."

Seit einigen Jahren gibt es in der Landwirtschaft Amerikas eine Bewegung, die sich Good Stockmanship nennt. (Ab und an kommt auch einmal et-

Auftrieb der „Schwäbisch Hällischen" zur Geburtstagsfeier Karl Ludwig Schweisfurths in Herrmannsdorf

was Gutes aus Amerika!). Die Bewegung wurde angestoßen von einer autistischen Frau, Temple Grandin, genannt die Rinderflüsterin.
Good Stockmanship steht für "guter Tierhalter" oder "guter Tierpfleger". Sinngemäß ins Deutsche übertragen bedeutet Good Stock-manship den Tieren ein guter Hirte sein. In der deutschen Sprache ist der Hirte der, der im täglichen Leben Rinder, Schweine oder Schafe hütet.

Der Mensch, der Hirte, dem Tiere zur Haltung und Pflege anvertraut sind, geht mit besonderer Achtsamkeit und liebevoll mit ihnen um. Für den guten Hirten sind seine Tiere keine Sachen, sondern fühlende Lebewesen wie er. Es ist ihm bewusst, dass Tiere Freude und Leid empfinden und dass sie zeigen, wenn sie sich wohlfühlen. Er schafft Vertrauen zwischen sich und seinen Tieren und macht so Tiere zutraulich und freundlich.

Das Wort Hirte hat seit dem Altertum und im christlichen Europa noch eine andere, geistige Bedeutung: "Der Herr ist mein Hirte. Mir wird nichts mangeln." Psalm 23, 1. Die Darstellung des Menschen mit einem Tier auf seinen Schultern ist das gelernte und bekannte Symbol für den guten Hirten. "Guter Hirte sein", das gilt besonders gegenüber Tieren und Kindern, denn beide sind in unserer Hand.
Angesprochen sind Bauern, Metzger, Tierärzte, Transporteure und alle, die mit den Tieren in Kontakt kommen.

Es geht dabei um ganz praktische Dinge, z.B. wie gestalte ich den Lebensraum meiner Tiere, welche Lebens-Mittel gebe ich ihnen zu fressen? Spreche ich mit ihnen, schaue ich sie mit freundlichem Blick an, kann ich mich in die Tiere einfühlen?

Es muss alles unterbleiben, was die Tiere in Angst oder gar Panik versetzt. Das können laute Geräusche oder Gegenstände sein, die die Tiere irritieren. Sie reagieren darauf mit Fluchtversuchen. Ist eine solche Situation entstanden, tut er alles, um die Tiere wieder zu beruhigen. Wie sondere ich ein Tier aus seiner vertrauten Herde aus, wenn ich es impfen oder behandeln muss, wenn ich es auf einen Transportwagen verlade, transportiere? Wie gestalte ich seinen letzten Weg und die letzten Stationen im Schlachthaus?

Denke nach, denn was du den Tieren antust, tust du dir selber an. Mit diesem Grundverständnis wollen wir in Herrmannsdorf uns auf den Weg und auf die Suche machen. Das ist Wachstum in innere Qualität unserer Herrmannsdorfer Lebens-Mittel.

Karl Ludwig Schweisfurth Januar 2007

Erste private landwirtschaftliche Versuchsanstalt

von Karl Ludwig Schweisfurth in Herrmannsdorf für eine sym-biotische* Landwirtschaft

Ziel ist höchstmögliche Lebens-Mittel-Qualität – und nicht der niedrigste Preis – bei gleichzeitiger Wahrung ethischer Grundwerte, vor allem im achtsamen Umgang mit den Tieren.
Angst und Stress der Tiere mindert die Qualität des Fleisches. Das Adrenalin essen wir mit. Das kann man messen. Das kann man auch schmecken und der Körper spürt den Unterschied.

Karl Ludwig Schweisfurth in Russland

1. Die Wirtschaftsweise

"Der Mensch ist, was er isst", diese uralte Weisheit aus der Menschheitsgeschichte gilt in gleicher Weise für unsere landwirtschaftlichen Nutztiere: Sie sind, was sie fressen. Die ganzjährige Weidehaltung soll vor allem Schweine und Masthähnchen mit möglichst viel natürlich gewachsenem Futter über und unter der Erde versorgen, die die Tiere für ein gesundes Leben und eine gute Fleisch- und Fettqualität brauchen. Wir versuchen, den Tieren einen "reichhaltigen Tisch" zu decken zum Selberernten.

Mischkulturen mit stickstoffsammelnden, eiweiß- und ölhaltigen Pflanzen, Flachwurzlern und Tiefwurzlern, verbessern Bodenleben, Bodenfruchtbarkeit und Humusbildung und versorgen vor allem Schweine und Geflügel mit lebendigem Eiweiß (Schnecken, Würmer, etc.), die wir ihnen im Stall nicht anbieten können. Deshalb wühlen Schweine und deshalb picken Hühner. Zusätzlich bekommen die Tiere ökologisch angebautes Kraftfutter, im Sommer weniger, im Winter mehr. Wiederkäuer, wie Mastrinder und Schafe, sind integraler Bestandteil des Systems, Die Tiere wachsen langsamer, leben länger und werden reifer. Die notwendigen Einrichtungen wie Hütten, Futterkisten, etc. sind mobil, einfach aus dem guten Werkstoff Holz gebaut.

Die Tiere gehen im Laufe der Wachstumsperiode von Koppel zu Koppel. Eine Koppel besteht immer aus einer breiten Hecke mit fruchttragenden Bäumen und Sträuchern, die wie ein Waldrand als Schutz- und Ruhezone dient sowie einer breiten Futterweide. Eine Wirtschaftsweise, die als Agro-Forstsystem in anderen Regionen der Welt bekannt ist. Ist eine Koppe abgeerntet und von den Schweinen gepflügt, zieht der "Wanderzirkus" auf die nächste Koppel. Die alte Koppel ist gut vorbereitet für die Neuansaat mit flacher Bodenbearbeitung und leichten Maschinen. Das Koppelsystem verhindert Überweidung und gibt dem Boden die Möglichkeit zu regenerieren, so dass sich Parasiten und Krankheitserreger nicht zu einer Gefahr aufschaukeln können.

Die so beschriebene Weidehaltung ist deutlich mehr als die vor allem in Nordeuropa immer mehr betriebene Freilandhaltung. So entsteht Fleisch in ökologischer "Drei-Sterne"-Qualität.

2. Der Forschungsbedarf

Was wir durch 2 Jahre Beobachtung schon jetzt wissen, ist der besonders gute Gesundheitszustand und ein sichtbares Wohlbefinden der Tiere sowie eine deutlich höhere Geschmacksqualität des Fleisches.

Was wir noch nicht wissen:

• Welche Auswirkungen hat die andere Wirtschaftsweise und der andere Umgang mit den Tieren auf die Bauern, die Mitarbeiter und ihre Familien, ihr Naturverständnis und ihr Naturverhältnis? Wie ist der Einfluss auf ihr ganz normales, tägliches Leben? Können arbeits- und hoffnungslose junge Menschen hier Zukunft finden? (Gute Arbeit, gutes Leben)

• Die betriebswirtschaftliche Effizienz. Wie viel Fläche brauchen wir pro Tier? Was ist ein ausgewogenes Verhältnis von angebautem Futter und Zusatzfutter, unterschiedlich nach Jahreszeit? Wie hoch ist der Investitionsaufwand für Zäune, Maschinen und Betriebseinrichtungen? Wie hoch ist der Arbeitsaufwand? Wie hoch ist der Energieaufwand? (Low cost – low Tech – low Energy).

• Die energetische Bilanz. Die Tiere übernehmen Arbeit durch Selbsternten und Bodenbearbeitung. Sie bekommen mehr "Pflanzenenergie" für die geleistete Arbeit und ersparen so fossile Energie beim technisch hochintensiven Futterpflanzenanbau.

• Die Biodiversität einer Symbiotischen Landwirtschaft muss untersucht und nachvollziehbar gemacht werden. Die Art der Bodenbearbeitung, die Polykulturen und ihre Vielfalt sowie die natürliche Nutzung durch die Tiere schaffen eine andere Bodenqualität mit einer höheren Speicherfähigkeit für Feuchtigkeit und Kohlendioxid. Hier ist ein weites Feld für Beobachtungen, besonders auch im Zusammenhang mit Klimaveränderung und Erderwärmung.

• Die Qualität des so erzeugten Fleisches muss stofflich und bezüglich des Geschmacks- und Gesundheitswerts von Fachleuten (Chemiker, Köche, Ärzte, Ernährungswissenschaftler) untersucht werden. Erste Ergebnisse deuten darauf hin, dass der Anteil an mehrfach ungesättigten Fettsäuren als auch der Anteil an Omega-3-Fettsäuren ansteigt.

• Die Auswirkungen der Symbiotischen Landwirtschaft auf die Landschaftsgestaltung und deren kreative Möglichkeiten muss von Fachleuten untersucht werden. Ein weites Feld mit Bezug auf Entwicklung des ländlichen Raumes und die weitere Entwicklung unserer Kulturlandschaft.

3. Die organisatorische Struktur

Die Leitung der symbiotischen Landwirtschaft liegt in den Händen von Karl Ludwig Schweisfurth. Der wissenschaftliche Mitarbeiter ist Dr. Günter Postler.

Der Beirat besteht aus folgenden Personen:

Wissenschaftsbeirat
Prof. Karl Ganser, Biologe und Geologe, Landschaftsplaner
Prof. Günter Altner, Biologe und evangelischer Theologe, Mitbegründer des Freiburger Ökoinstituts
Olaf Schmid, Präsident der Bayerischen Landesanstalt für Wald- und Forstwirtschaft

Bauernbeirat
Karl Schweisfurth, Geschäftsführer der Herrmannsdorfer Landwerkstätten
Toni Daxenbichler, Bauer in Antersberg und Vorstand des Biokreis e.V. in Bayern
Sepp Braun, Bioland-Bauer aus Freising.

April 2000

(*Symbiose = Zusammenleben von Menschen, Tieren, Pflanzen, Boden und Wasser zum gegenseitigen Nutzen)

Karl Ludwig Schweisfurth mit Gattin Dorothée

Heinz Gerstner und sein „Sonnhof“

Heinz Gerstner und sein "Sonnhof"

Ein Flair von Philosophie und Schweineglück

Als ich von einem meiner letzten Interviews zu diesem Buch mit Heinz Gerstner auf seinem Sonnhof, der diese Bezeichnung mehr als zu Recht trägt, nach Hause zurückkehre, war mir bewusst, dass der Bereich Landwirtschaft beim Thema Schweinehaltung – soferne man diese als verantwortungsvoller Züchter betreibt - nur eine unbedeutende Größe einnimmt. Wesentlich gravierender wiegen dabei die Begriffe: Ethik, Moral, Menschlichkeit, Naturverständnis und die Fähigkeit, auf die Psyche jener Tiere, die mit uns Menschen die größte genetische Identität besitzen, eingehen und einwirken zu können.

Seit meinem Gespräch mit Heinz Gerstner, den man mit einem modernen Wort am treffendsten als "Schweineflüsterer" bezeichnen würde, weiß ich aber auch, dass im Umgang mit Schweinen ein Philosoph, wie Gerstner einer ist, einen direkten Draht zu den Tieren in metaphysischer Hinsicht besitzt.

Als wir gemeinsam an diesem schönen Herbsttag im Oktober von Koppel zu Koppel wanderten und darüber philosophierten, warum der Mensch denn das Schwein, eines der höchst entwickeltsten Lebewesen der Erde, derart schöpfungsverachtend und menschenunwürdig behandelt, erlebte ich Schritt für Schritt "Schweineglück" im wahrsten Sinne des Wortes. Hein Gerstners Rufe: "Oink, oink, oink", quittieren seine Tiere mit unglaublicher Aufmerksamkeit. Die Herde stiebt uns entgegen, ganz in Erwartung einiger Leckerbissen, die "ihr Rudelführer" stets bei sich trägt, wenn er sie besucht.

"Du musst die Psyche der Tiere studieren, dich in sie hineindenken und danach handeln", meint er, "dann wird alles ganz einfach. Und weiter: "Schweine nur zu füttern und im Freien zu halten ist zu wenig. Denn, diese Tiere sind hochintelligente, reinliche und sensible Wesen, die auf feinste Laute, Stimmungen und Aktivitäten reagieren. Sie sind tagelang verunsichert und bedrückt, wenn man einige aus ihrer Herde entfernt, sind ungeheuer lernfähig und werden bei regelmäßigem Kontakt äußerst zutraulich. Es sind liebebedürftige Wesen, die genauso Zuneigung und Streicheleinheiten benötigen, wie wir Menschen, wer das nicht verstehen will, ist für den Umgang mit Tieren nicht geeignet."

Turopolje am Sonnhof – Winter und Sommer im Freien

Auch dem Thema "Schweinegesundheit" wird am Sonnhof breiter Raum eingeräumt. Die Tiere sind durch ihren natürlichen Instinkt in der Lage, sich im Falle einer wirklich adäquaten Freilandhaltung im Falle gesundheitlicher Probleme selbst zu kurieren. Darunter versteht man, dass die Tiere die Möglichkeit besitzen sich aus der "Apotheke Gottes" - sprich aus Wald und Flur - all das zu selektieren , was Sie für ihre Verdauung, ihr Immunsystem und für ihre Gesundheit insgesamt benötigen. Die Liste dieser "Naturmedizin-Ingredienzien" reicht von Pilzmycel, Tannenrinde, Totholz von Föhren, über Disteln, Kletten, Beinwell, bis hin zu Knospen und Trieben verschiedenster Sträucher sowie Pflanzen, die bei uns teilweise als giftig eingestuft sind.

Wenn Heinz Gerstners Turopoljes und Mangalitzas sich vor ihm zum Kraulen ausstrecken oder sich wohlig an seinen Hosenbeinen reiben, wird klar, wie eminent wichtig dieser persönliche Kontakt für die Tiere ist. Kein einziges Tier wirkt nervös oder verunsichert, Ruhe, Gelassenheit und Wohlbefinden ist bei jeder Herde hautnah spürbar. Unwillkürlich drängt sich einem beim Anblick dieses Idylls der Gedanke auf, wie viele Menschen wohl ein derartig sorgenloses und wohlbehütetes Leben führen können?

Aber nicht nur den Schweinen geht es am Sonnhof bei Heinz Gerstner gut. Auch Jugendliche, die resozialisiert werden sollen und Behinderte, die dem Unverständnis unserer Gesellschaft entflohen und am Sonnhof ihre Entfaltung finden, leben in Symbiose mit der Natur, mit Eseln, Schafen, Hühnern, Gänsen und Schweinen. So wandeln sich ehemals gewalttätige Kids in tierliebende und pflichtbewusste Tierbetreuer und neurotische Jugendliche mit psychischen Störungen in unproblematische Menschenkinder.

"Der direkte, tägliche Kontakt mit der Natur und der Umgang mit den Tieren heilt unsere Seele", meint Heinz Gerstner. "Ein Großteil aller unserer gesundheitlichen und psychischen Probleme ist auf einen

Mangel an Naturnähe zurückzuführen. Bei mir lernen Jugendliche, aber auch Erwachsene, die zu meinen Seminaren kommen, wieder eins zu werden mit Natur und Schöpfung. Dazu braucht man einen Glauben und den Willen zur Veränderung. Wer nicht bereit dazu ist, sich zu verändern, wird verändert, unser Leben ist zu vielfältig, um immer nur einen Weg zu gehen".

Als wir die Schweinekoppeln verlassen und zum Sonnhof zurückstreben, tollen Gerstners Hunde, ein Boarder Colli Jessie und die Rauhhaarbracke Assi ausgelassen um uns her. Die Schafe grasen geruhsam unter dem alten Obstbaumbestand einer Streuwiese, drei schwarze Lämmer, kaum zwei Tage alt, springen tollpatschig herum. "Drei bei einem Wurf sind etwas zuviel", meint Heinz Gerstner schmunzelnd, "aber mit der Flasche, die sie täglich zweimal bekommen, werden wir sie hoffentlich durchbekommen".
Die Esel, die Heinz Gerstner bei Arbeiten am rund 10 Hektar großen Grund des Sonnhofs manchmal begleiten, tun sich gerade an den Äpfeln der Bäume gütlich, die Hühner scharren nach Würmern, die Gänse schnäbeln, behaglich in der sich neigenden Abendsonne liegend, ihr Gefieder.

So müsste der "Garten Eden" eigentlich aussehen, kommt mir in den Sinn. Kein Paradies im herkömmlichen Sinn, wo tagtäglich Honig fließt, sondern eine Erde, wo Menschen, Tiere und Pflanzen im Einklang mit der Natur leben und wirtschaften. Ähnlich wie auf dem Sonnhof, auf dem nicht nur Schweine wieder zu dem werden, was ihnen im Sinne des Schöpfungsgedankens zusteht: Zu edlen, wertgeschätzten Kreaturen und Mitlebewesen, denen eine menschenwürdige und artgerechte Behandlung ganz einfach zugestanden werden muss.

Info: Heinz Gerstner,
8113 St. Oswald bei Plankenwarth, Stiwoll 52,
Tel. 0664 423 06 76

Turopolje und Waldschweine am Sonnhof

Am Sonnhof – Zurück zu den Lebenswurzeln

von Manfred Flieser

In Zeiten, in denen vielen Mitbürgern bereits das Wissen um den Ursprung ihres täglichen Brotes abhanden gekommen ist, führt Heinz Gerstner zurück zu den Wurzeln der Landwirtschaft und des Lebensmittelhandwerks.
Auf seinem nächst Stiwoll, in 600 Metern Höhe gelegenen "Sonnhof" betreibt der Biolandwirt eine ganzheitliche Agrarkultur auf Basis Permakultur. Das heißt nachhaltig wirtschaften mit dem Leben.

Permakultur ist eine harmonische Integration von Landschaft, Boden, Pflanzen, Tieren und Menschen. Sie basiert auf Beobachtung natürlicher Systeme und dem Einsatz von überliefertem Wissen unter Berücksichtigung zeitgemäßer Erkenntnisse.

Permakultur bedeutet nicht spezielle Anbaumethoden, sondern vielmehr ein wohldurchdachtes Konzept, wie landwirtschaftliche und soziale Systeme nachhaltig aufgebaut werden können. Sie beruht auf einem Denken in Zusammenhängen und Wechselwirkungen und führt uns auf den Weg zur optimalen Nutzung unserer Ressourcen.
Den Menschen führt die Permakultur nach vorne, das heißt zurück zu seinen Lebenswurzeln, weshalb sich der "Sonnhof" auch als stabiles Umfeld zur Förderung verhaltensgestörter Jugendlicher anbietet. Hier finden junge Menschen wieder Halt, bauen Selbstvertrauen auf und lernen mit ihrer Behinderung umzugehen.

Heinz Gerstner mit Studenten am Sonnhof

Am Sonnhof werden Schweine mit klassischer Musik bespielt

Selbstversorger & Produzent

Abseits städtischer Hektik, präsentiert sich der 10 Hektar große Betrieb als farbenfrohe, lebendige und zugleich pittoreske Kulturlandwirtschaft.
Auf Hügelbeeten gedeihen alle erdenkbaren Gemüsesorten. Auf rund 150 Obstbäumen reifen schmackhafte Äpfel, Birnen und andere, beinahe in Vergessenheit geratene, alte Obstsorten. Die Streuobstwiesen dienen auch als Lebensraum für Pferde, Eseln, Juraschafe, jede Menge Geflügel und verschiedene Schweinerassen. Artgerecht suhlen sich hier vom Aussterben bedrohte Mangalitza- und Turopoljeschweine, Schwäbisch Hällische Landschweine und Wildsauen. Sie "ernten" und "pflügen" die Felder, weshalb sich Heinz Gerstner einen Traktor erspart.
Am Sonnhof werden alle Tiere als Mitgeschöpfe betrachtet. Sie pflegen ein Gesellschaftsleben und dürfen sich auch noch natürlich fortpflanzen.

So gut wie früher einmal

Ausgereifte Weideschweine leben länger und werden schwerer als die bedauernswerten Turboschweine konventioneller Landwirte.
"Artgerechte Freilandhaltung ist Voraussetzung für gesunde Schweine und höchsten Genuss", so der Visionär. Ihr Fleisch ist aromareich und saftig.
Veredelt werden Gerstners Schweine zu Schinken-, und Speckspezialitäten und Rohwürsten mit unverwechselbaren Geschmacksnuancen sowie zu schmackhaftem Grammelschmalz und Verhackertem. Ohne Natrium-Glutamat oder anderen Geschmacksverstärker!

Der von Slow Food Styria empfohlene Betrieb und seine außergewöhnlichen Spezialitäten begeistern nicht nur viele Genussmenschen.
Seit 2005 ist der "Sonnhof" fixer Bestandteil des territorialen Österreich-Praktikums der "Universität für gastronomische Wissenschaften" in Pollenzo. Heinz Gerstners Philosophie beeindruckte bereits Studentinnen und Studenten aus Österreich, Ungarn, Italien, Deutschland, Frankreich, Spanien, Kenia, Mexiko, Japan und den USA.
Im Juli 2006 wurde der "Sonnhof" von der von Slow Food gegründeten Universität als "Sede didattica" ausgezeichnet.
Bewusste Genießer finden Gerstners einzigartige Delikatessen im Lebensmittelhandel unter der Marke "MANTURO" – die sich aus den Schweinerassen MANgalitza und TUROpolje bildet.

Heinz Gerstner mit Wildschwein

MANTURO Urschweinrassen liefern gesundes Fleisch

MANGALITZA UND TUROPOLJE

Im weststeirischen Schilchermarkt Ligist grübelten ein paar findige Köpfe darüber nach, welche Jause wohl am besten zum echten steirischen Schilcher passen könnte. Ein paar Hügel weiter in Stallhofen befand der dortige Bürgermeister, dass es an der Zeit wäre, den Schweinereien mit den Schweinereien ein Ende zu bereiten. Kurz darauf haben sich unter dem Management der Firma B+B, Beratung und Bildung aus Graz, deren Geschäftsführerin Margit Mauritsch sowie Landwirte und Fleischermeister zusammengefunden und das "Netzwerk NatURrassen" gegründet.

Ziel dieses Netzwerkes ist es, die alten Schweinerassen Mangalitza und Turopolje wieder zu etablieren und zu verwerten. Diese Schweine-Urrassen zählen mittlerweile zu den vom Aussterben bedrohten Haustierarten. Der Name "MANTURO" steht demzufolge für hochwertige Produkte der Urschweinerassen Mangalitza und Turopolje, die freilaufend aufwachsen und ihre Nahrung ausschließlich in freier Natur suchen. Dadurch wachsen sie wesentlich langsamer und gesünder als herkömmliche Schweine und liefern das perfekte Grundmaterial für diese gesunde Produktpalette.

Die feste Fettkonsistenz dieser langsam wachsenden Tiere stellt ein Zeichen höchster Qualität dar. Zudem ist die Produktlinie auch vor dem Endverbraucher gut zu bewerben, denn: gesunde und robuste Naturrassen aus artgerechter Haltung werden zu einem natürlichen Produkt verarbeitet. Diese Philosophie bestätigt auch Hans Altenstrasser, Fleischermeister aus Gleinstätten, im südsteirischen Weinland. Seine Fleischerei führt den "MANTURO-Speck" nach eigenständiger Verarbeitung und Veredelung seit Projektbeginn in ihrer Produktpalette. Zur Einführung der neuen Marke "MANTURO" verwöhnten Starkoch Willi Haider, der als Botschafter der steirischen Küche auch hinter der neuen Produktlinie steht und die Teams der Fleischereien Feiertag in Graz und der Firma Harger in Leoben ihre Kunden mit Köstlichkeiten aus der Produktlinie.

Die Erhaltung dieser Ur-Rassen kann langfristig nur gesichert werden, wenn sie als "Nutz-Tiere" sorgsam gehalten und entsprechend vermarktet werden können, erklärt Vinzenz Krobath aus Stallhofen, der als Obmann des Vereins "Manturo" – Netzwerk NatURrassen auch einen wesentlichen Beitrag zur Erhaltung und Vermarktung dieser Rassen leistet. Taufpatin und erklärter Fan der MANTURO-Produkte ist Marathonläuferin Eva-Maria Gradwohl, die wie Willi Haider von der Qualität begeistert ist. Mit dem Prädikat "Kulinarisches Erbe Österreich" ausgezeichnet wurde MANTURO erst kürzlich vom Kuratorium Kulinarisches Erbe und den Gault Millau-Herausgebern Prof. Michael Reinartz und Karl Hohenlohe.

Folgende Landwirte erzeugen und vertreten die Marke "MANTURO":

Franz Josef Krobath, Kagerbauer, Muggauberg 25, 8152 Stallhofen, Tel. 0664 54 95 346, Johann Kainz, St. Josefer Strasse 11, 8503 St. Josef, Tel. 031 36 81 4 73

Heinz Gerstner, Sonnhof, St.Oswald bei Plankenwarth (Stiwoll), Tel. 0664 423 06 76

Josef Glatz, Stögersbach 2, 8241 Dechantskirchen, Tel. 0 33 39 23 5 82 oder 0664 59 84 902

Dr. Heinrich Regner, Grazerstrasse 25, 8052 Kumberg, Tel. 031 32 30 66

Die Freiland-Schweine vom „Jagawirt“

Jagawirt-Hund „Pauli“

Wirtshaus Jagawirt
REINISCHKOGEL - WESTSTEIERMARK

Der Jagawirt

Die Freiland-Schweine und der „Natur-Erlebnisgarten" am Reinischkogel

Werner Goach, als "Jagawirt" vom Reinischkogel weit über die Grenzen Österreichs hinaus als Gastronom und Gastwirt allererster Güte bekannt, wurde seiner Rolle als Pionier in Sachen Naturverständnis, Tierhaltung und Umweltbewusstsein ein weiteres Mal gerecht. Zusammen mit Sepp Holzer entstand am Reinischkogel im Bezirk Deutschlandsberg ein einzigartiges Permakultur-Projekt, gekoppelt mit der Freilandhaltung von Schweinen, die Werner Goach allerdings bereits seit fast 20 Jahren mit Erfolg betreibt.

Die dabei entwickelte Idee, die Überproduktion des rein biologisch angebauten Gemüses der Permakultur-Anlage an die Schweine zu verfüttern, schafft die ideale symbiotische Verbindung zwischen einem nachhaltig betriebenen Anbau von Obst und Gemüse im Konsens mit einer naturnahen Fütterung artgerecht gehaltener Schweine. Damit konnte nachgewiesen werden, dass der nachhaltige Anbau auf Hügelbeeten nach Sepp Holzer (ohne Chemie, Dünge- und Spritzmitteleinsatz) mit geringem Arbeitsaufwand Höchsterträge erzielen kann.

Eigenes Gemüse, die Kräuter aus dem Hausgarten, Fleisch- und Wurstwaren aus eigener Produktion von glücklichen Schweinen garantieren jenes hohe Niveau an Essensqualität, für die sich der "Jagawirt und seine Gattin ihren Gästen gegenüber verpflichtet fühlen.
Das Permakultur- Projekt beim Jagawirt, das von Interessierten und Gruppen aus allen Teilen Österreichs, aus Deutschland, der Schweiz und Slowenien besucht wird, umfasst eine Hügelbeetanlage

für Mischkulturen, Freilandhaltung verschiedener (zum Teil vom Aussterben bedrohter) Schweinerassen mit Original-Erdställen Marke Sepp Holzer und Waldschweine, in ihrem natürlichen Lebensraum, dem Wald gehalten.

Die Idee, zusammen mit einem Expertenteam einen Erlebnisgarten für Gäste und Interessierte anzulegen entstand aus den, dem Projekt vorangegangenen Diskussionen mit Sepp Holzer, wie man heute der stetig zunehmenden Entfremdung von der Natur entgegenwirken und diese vor allen den in der Stadt lebenden Menschen wieder näher bringen könnte. Vor allem Kinder bedürfen des Erlebnisses, Pflanzen und Tiere im Einklang mit der Natur zu erleben, um für später im Sinne von Umwelt- Tier- und Naturschutz sensibilisiert.

In Bezug auf Freilandschweinehaltung ist Werner Goach bereits eine Legende. War er doch vor fast 2

Herbstliches Steinreib-Panorama am Reinischkogel

Jahrzehnten einer der ersten Pioniere auf diesem Gebiet, den man - wie die wenigen anderen "Spinner", die es wagten, die Schweine Sommer und Winter im Freien zu halten und ihnen ihre legitime Freiheit zurückzugeben – gerne hinterrücks als "grünen Spinner" bezeichnete. Anzeigen gegen ihn, er würde durch die Freilandhaltung im Winter gegen das Tierschutzgesetz verstoßen, konnten dank vernünftiger Tierärzte abgewiesen werden.
Was jene, die Schweine lieber eingesperrt sehen und verdrehte Tierschutzbestrebungen entwickeln scheinbar nicht wussten oder nicht wissen wollten: Schweine im Freien haben eine Jahrhunderte lange

Links: Familie Goach

Zu den hausgemachten „Guststückerln" ein Glas Schilcher

Die gemütliche Stube

Waldschweinfilet auf Nudeln mit Pesto

Tradition in ganz Europa und Übersee, sie überwintern selbst bei großer Kälte problemlos im Freien, indem sie sich kuschelige Nester tief in die Erde graben und diese mit Pflanzen und Laub auspolstern. Ganz eingesperrt sind Schweine erst wenige Jahrzehnte, eine kurze Periode im Vergleich zur langen, Jahrtausende alten Kultur der Schweinehaltung.

All diese Höhen und Tiefen hat Werner Goach als "Jagawirt" unbeschadet überstanden. "Wenn man Ungewöhnliches vollbringt, wird man zuerst immer belächelt, später, wenn man damit erfolgreich ist, bekämpft, beneidet, von Nachahmern kopiert und zuletzt dafür bewundert", meint Werner Goach schmunzelnd, wenn er auf die ersten Jahre seiner Freilandhaltung von Schweinen zurückblickt.

"Meine Schweine fühlen sich "sauwohl" meint er weiter, "davon kann sich jeder selbst überzeugen". Mangalitzas, Duroc, Turopolje und Waldschweine genießen ihr Leben im Freien Tag für Tag unbeschwert und fröhlich im Kreise ihrer Artgenossen. Deren Fleisch ist nicht von Stress-Adrenalin, bedingt durch Tiertransporte belastet, und es ist nicht nur gesund, sondern schmeckt auch hervorragend. Sollte es den Begriff: "glückliche Schweine" geben, dann wird er beim Jagawirt – wie man hautnah miterleben kann – zur täglich gelebten Realität.

Adresse: Werner & Maria Goach, Reinischkogel-Weststeiermark, Sommereben 2
A-8511 St. Stefan o. Stainz, Tel.: 03143/81 05
Fax: 03143/81 05-4
e-mail:goach@jagawirt.at www.jagawirt.at

Mangalitza-Sau mit Turopolje-Kreuzungsferkel

Seminarhaus und Fremdenzimmer

Mangalitza-Eber „Boris“

Erdstall nach Sepp Holzer beim Jagawirt

Hügelbeete

Waldschweinkotelett

auf Gemüselinsen

4 kleine Jungwaldschweinkoteletts mit Knochen beidseitig mit Salz, Pfeffer würzen, in in grob geriebenen Semmelbrösel die mit viel frischen Kräutern vermengt sind, (Thymian, Oregano, Liebstöckl, Gundelrebe usw.) wenden und in Olivenöl langsam goldbraun beidseitig braten, mit Rindsuppe ablöschen, vom Herd nehmen und zugedeckt ziehen lassen.
Auf Linsengemüse mit den Knödeln anrichten.

Eine Tasse eingeweichte Linsen mit gleicher Menge fein würfelig geschnittenes Wurzelgemüse mit gleicher Menge Rindsuppe langsam dünsten. Zum Schluß mit Sahne und feingehackter Gundelrebe und Luststock abschmecken.

Als Beilage kann man in Olivenöl gebratene Erdäpfelscheiben oder Topfen- Grießnockerl geben.

Topfen-Griessnockerl
50 dag Magertopfen, 2 Ei, 10 dag Grieß, 70 g griffiges Mehl,
70 g Brösel, Salz, abger. Zitronenschale

Zubereitung: Für die Creme Zwiebel fein schneiden und in Öl anrösten. Zucchini würfeln und zur Zwiebel geben. Würzen und langsam weich dünsten. Anschließend pürieren. Die Zutaten für die Nockerl vermengen und würzen. 20 min. ziehen lassen. Nockerl aus der Masse formen und diese in kochendem Salzwasser ca. 10 – 15 Minuten ziehen lassen.

Waldschweinragout

mit Polenta-Auflauf

500 g Waldschweinschulter, 1 Zwiebel, 2 Knoblauchzehen, 1 Karotte, _ Sellerie, 1 EL Tomatenmark, _ l kräftiger Rotwein, _ l Wildbrühe oder Suppe, Salz
1 Zweig Rosmarin, 1 Zweig Thymian, 1 Salbeiblatt, 5 zerdrückte Wacholderbeeren
Als Einlage: Eierschwammerln
Schweinsschulter in Würfel schneiden, mit Zwiebel und Knoblauch anrösten, Tomatenmark zugeben und weiterrösten. Dann mit Rotwein ablöschen und einreduzieren, um eine kräftige Farbe zu erhalten. Mit Brühe aufgießen, Gemüse dazugeben, würzen und fertig dünsten. Zum Schluß eventuell mit etwas Mehl binden (wenn nötig).

POLENTA-AUFLAUF
400 ml Wasser-Milchmischung, 2 EL Butter, 100 g Polenta und etwas Salz unter ständigem Rühren weich kochen und überkühlen lassen. 3 Eidotter unter die Masse rühren und
3 Eiklar als Schnee unterheben. In ausgebutterte Dariolformen füllen und ca. 30 min bei 160 Grad im Wasserbad backen.
Würzung nach Geschmack: frischer Thymian, Rosmarin, als Einlage Tomatenwürfel oder farbige Paprikawürfel und Parmesan.

Grammelstrudel mit Schilcherweinkraut und Waldschweinfilet

300g fest kochende Erdäpfel, 150 Grammeln, 30g Schmalz, 3 Knoblauchzehen fein gehackt, 2 KL Majoran, 3 EL Petersilie gehackt, Salz, Pfeffer, 2 Strudelblätter. Öl zum Bestreichen

Erdäpfel kochen, schälen und grob raffeln. Grammeln faschieren. Mit Schmalz Zwiebel rösten und zu den Erdäpfel und Grammeln geben. Mit Gewürzen abschmecken und alles gut vermengen. Ein Strudelblatt mit etwas Öl bestreichen und mit dem zweiten Strudelblatt belegen. Füllung im ersten Drittel auftragen; 5 cm Rand freilassen. Ränder einschlagen, Strudel einrollen und auf ein leicht befettetes Blech legen. Mit Schmalz bestreichen und im vorgeheizten Rohr auf mittlerer Schiene bei 180°C etwa 30 Minuten backen.

Schilcherweinkraut
500g Weißkraut, 1 Zwiebel, 20g Schmalz, 1Tl Zucker, 1/8l Schilcher, 2 Tassen Rindsuppe, Thymian, Kümmel gemahlen, Salz u. Pfeffer
Zwiebel schälen, klein hacken und im Schmalz rösten, Zucker dazugeben und leicht karamelisieren lassen, mit Schilcher und Suppe aufgießen,. Würfelig geschnittenes Weißkraut dazugeben, Gewürze beifügen und etwa 20 Minuten dünsten.

2 Scheiben Waldschweinfilet mit Salz, Pfeffer aus der Mühle und Thymian würzen, langsam auf beiden Seiten je 2 Minuten braten nachziehen lassen .

Schilcherkraut mit Grammelstrudel und den Filets anrichten und heiß servieren

Gefülltes Waldschweinschnitzel
in Kürbiskernkruste

Zum Panieren Mehl, ein geschlagenes Ei und ein Gemisch aus Brot- und Semmelbröseln und fein gehackten Kürbiskernen

Die Fülle: 2 EL feingeschnittener Waldschweinschinken
1 EL würfelig geschnittener Schafskäse oder Käse nach Wunsch
1 EL Pilze der Saison
verschiedene Kräuter nach Geschmack
gut durchmischen

4 Waldschweinschnitzel klopfen, salzen, pfeffern mit der angegebenen Fülle füllen, panieren wie oben erwähnt und in heißem Fett herausbacken. Mit mitgebratenen Erdäpfeln oder Kräuterkartoffeln anrichten. Dazu passen eingelegte Vogelbeeren oder Preiselbeeren.

Johann Rauch jun.

Rauch Trautmannsdorf, der „Johann-Schinken“

Sonja Rauch

Johann Rauch sen.

Rauch Trautmannsdorf

Der „Johann-Schinken"

Höchste Ansprüche zu erfüllen, ist für den Fleisch-Fachbetrieb Rauch in Trautmannsdorf eine Selbstverständlichkeit.

Seit mehr als 15 Jahren produziert die Fa. Rauch GmbH in Trautmannsdorf Fleisch- und Wurstköstlichkeiten. Eine jahrelange Erfahrung in der Fleisch- und Wurstwarenproduktion haben der Firma Rauch klar gemacht, dass die Haltung der meisten Schweine oft nicht tier- und artgerecht ist. Daher hatte die Firma Rauch mit "Johann" - Qualitätsprodukten und vor allem mit "Johann" - Schinken ihr Angebot um Fleischprodukte von Schweinen aus tier- und artgerechter Freilandhaltung erweitert. Die Schweine werden dabei ihren natürlichen Bedürfnissen entsprechend über die Mastperiode im Freien gehalten und suchen einen Großteil ihres Futters selbst.

"Johann" – so vielfältig und ehrlich wie die Natur

Die dadurch entstehende Qualität von Fleisch und Fett dient als Basisgrundlage der Produkte des Unternehmens. Bei der Produktion dieser Schinken- und Wurstspezialitäten wird auf heimisches Wissen (die Rezeptur zur Schinkenerzeugung stammt von der Familie Rauch und wird bereits seit Generationen weitergegeben) und regionale Inhaltsstoffe gesetzt. Die Produktion von "Johann"-Schinken- und Wurstspezialitäten soll den Konsumenten überzeugen, dass Fleischgenuss auf kulinarisch höchster Ebene und tier- und artgerechte Haltung kein Widerspruch ist.

Im November 2003 kennzeichnete Executive Vice Chairman of Magna International, Siegfried Wolf, den Schinken eines freilaufenden, glücklichen und gesunden Schweins mit dem Brandstempel und machte damit "Johann" zu seinem Schinken. "Johann"-Schinken reift sieben bis achtzehn Monate, um in bester Qualität und Reife angeschnitten zu werden.

"Johann" – von Hand gemacht

Einen Schinken nach einem alten Familienrezept zu produzieren, heißt: ehrlicher Umgang mit der Natur. Jeder "Johann"-Schinken wird mit einer Mischung aus heimischen Kräutern und Steinsalz von Menschenhand vorsichtig eingerieben und dann sanft mit erlesenen Hölzern und Gewürzen geräuchert. Um feine Würze und zartes Fleisch zu erzielen, wird dem Schinken auch Ruhe gegönnt und so reift der Schinken rund ein Jahr, bevor er den Gaumen des Genießers erfreuen kann.

Eine harmonische Farbe, gleichmäßige Struktur und feine Fasern, "Johann" – Qualitätsprodukte erkennt man nicht nur an den Etiketten, sondern vor allem an feiner Würze und unübertrefflichem Geschmack. Neben "Johann" – Schinken verwöhnen auch Osso-Collo, Hamburger, Karree, Schulter, grobe und feine Wurst und Schinkenwürfel den feinen Gaumen eines Genießers, sowie das legendäre Johann´s Landstreich.

Johann-Freiland GmbH 8344 Bad Gleichenberg
Tel: 03159/2376
www.johann.st, email: office@johann.st ,
Ansprechperson: Johann Rauch sen.

Steira Wirt

Wirtshaus der Familie Rauch

Es gibt sie nicht nur im Märchen: Bruder und Schwester, die sich vertragen, schätzen und viel mehr noch: ambitioniert und kompetent an einem Strang ziehen. Im süd-oststeirischen Trautmannsdorf führen Sonja und Richard Rauch den traditionsreichen Steira Wirt auf solch beispielhafte Weise, und wer einmal dort war, weiß, wie gut das schmecken kann.

So gut nämlich, dass Österreichs Gourmetpapst den Steira Wirt zum "Wirtshaus des Jahres 2005" kürte. Während Wirtin Sonja den Service leitet und dort äußerst fachkundig ihre vinophile Leidenschaft einbringt, führt ihr Bruder Richard die Küche. Seine Philosophie: "Bodenhaftung und Höhenflüge schließen einander nicht aus". Und so kocht er dann auch mit regionalen Produkten, erfrischender Intuition und der Erfahrung, die er bei "Küchekapazundern" wie Christian Petz, den Obauer-Brüdern und Hans Haas sammeln konnte.

Fein, dass der Rest der Familie direkt neben dem Wirtshaus eine Fleischerei betreibt und dabei großen Wert auf tier- und artgerechte Haltung legt. Noch besser, dass die Rauchs für ihre Qualitätsmarke "Johann" gleich selbst eine Herde glücklicher Freilandschweine züchten. Bei so viel Familienengagement dürfen sich Einheimische, Urlaubsgäste und Gourmetreisende getrost zurücklehnen und in den gemütlichen Stuben oder dem idyllischen Gastgarten unbeschwert und heiteren Sinnes genießen.

Steira Wirt, 8343 Trautmannsdorf 6, Tel. 43 31 59 / 41 06, Fax: 43 31 59 / 2376-40
e-mail: office@steirawirt.at, www.steirawirt.at

Sonja und Richard Rauch

"Johann" Züngerl mit Linsen und Kren-mousse

1 St. Schweinszüngerl vom
Johann-Freilandschwein
(gekocht)
100 g Linsen (eingeweicht)
Salz, Pfeffer, Kümmel
Apfelessig, Erdnussöl

Mousse:
125 g Geflügelfond
60 g Krenpaste
3 Bl. Gelatine
250 g Obers
Salz

Zubereitung:
Geflügelfond erwärmen, Gelatine auflösen, Krenpaste dazu salzen, auf Eis kalt rühren und geschlagenes Obers unterheben, kaltstellen; eingeweichte Linsen Weichkochen, abseihen, mit Kümmel, Salz, Apfelessig und Erdnussöl marinieren, Züngerl mit der Schneidmaschine dünn aufschneiden, mit lauwarmen Linsensalat und Krenmousse anrichten

Knusprige "JOHANN" Breinwurst

200g Breinwurst
Frühlingsrollenteig
Eiklar
Butterschmalz
Frische Petersilie

Zubereitung:
Breinwurst lauwarm , Frühlingsrollenteig 6 cm groß ausstechen, mit Eiklar bestreichen , füllen und zusammen schlagen in Butterschmalz
goldbraun backen mit frisch gehackter Petersilie bestreuen.

Tipp: Auf Holzspiess stecken und für Happen zum Aperitiv

"JOHANN" Filet mit Schinken

200 g "Johann" Schinken
2 Stück "Johann" Schweinefilet
200 g frischer Blattspinat
1Knoblauchzehe feinblättrig geschnitten
Salz, Pfeffer
1 EL Honig
1 Hand voll frischer Salbei gehackt
Nussöl
1/8 l Geflügelfond (oder Rindssuppe)
2 EL Butter

Zubereitung:
Schweinefilet salzen und pfeffern, scharf anbraten, beiseite stellen. Senf, Honig und gehackten Salbei zu einer Paste verrühren. Einzelne "Johann"-Schinkenblätter zu einer Platte legen, mit Paste bestreichen, Filet damit einwickeln. Die Filetrollenbeidseitig anbraten, im vorgeheizten Backrohr bei 180 Grad 11 Minuten garen, anschließend 20 Minuten lang bei 70 Grand ziehen lassen. Bratensaft mit Gefügelfond aufgießen und mit kalter Butter montieren. Nussöl erhitzen und darin Knoblauch anschwitzen. Spinat hinzufügen. Salzen, pfeffern, kurz durchschenken. "Johann"-Filet in Scheiben schneiden, zusammen mit Bärlauchspinat anrichten.

Tipp: Selleriegnocchi dazureichen.

Krispel – Eine Frage der Ehre und des guten Geschmacks

Familie Krispel

Krispel – Eine Frage der Ehre und des guten Geschmacks

Freiheit und Glück kann man sehr wohl schmecken

Wenn man Krispel hört, denkt man idealerweise vorerst immer an Wein, immer öfter aber auch an feine Delikatessen vom Wollschwein. Vertrauen und Überschaubarkeit haben bei Lebensmitteln an Wert gewonnen, ihre Herkunft ist bedeutend geworden.

Weil man Ursprüngliches als Wahres erhalten, dieses aber auch zeitgemäß und innovativ umsetzen wollte – und weil man Freiheit und Glück sehr wohl schmecken kann – haben sich die Krispels in Hof bei Straden für das Wollschwein Mangalitza entschieden und ihm in ihrer Region wieder ein Zuhause gegeben. Freilandhaltung und die gewissenhafte Verarbeitung des Fleisches ohne wenn und aber zu einem hochwertigen Lebens- und Genussmittel sind Fragen der Ehre und - des Könnens!

Genuss an Natürlichem

Aus Leidenschaft am Genuss und der Natürlichkeit entwickelten wir zuallererst den "Neusetzer" – den weißen Speck vom Wollschwein und schon Konstantin Wecker meinte einmal: "Wer nicht genießt wird ungenießbar". Der "Neusetzer" liegt in einem Bett aus Basaltsteinen und geht für einige Monate eine Liaison mit Kräutern und Meersalz ein, die ihm den einzigartigen Geschmack verleihen. Da das Mangalitza etwas ganz Besonderes ist, haben wir uns viele Gedanken um die ganzheitliche Veredelung des kostbaren Fleisches gemacht. Daraus sind weitere tolle Lebensmittel bzw. "Lebensprodukte", wie z.B. eine Salami mit weißem Schimmel, Schmalz mit verschiedenen Kräutern und Gewürzen, Grammeltrüffel, Neusetzer Käse und Beinschinken entstanden. Bei all diesen Produkten ist es uns gelungen, die Ursprünglichkeit, Lebendigkeit und Natürlichkeit dieser besonderen Schweinerasse zu erhalten.

Die Kreation des Hauses Krispel - „Der Neusetzer"

Mangalitza total

Mal ehrlich: wie vielen Schweinen geht es heute noch "saugut"? Wohl den wenigsten! Unsere Mangalitzaschweine allerdings leben fröhlich in natürlicher Umgebung und weil sie sich in der freien Natur so viel bewegen, wachsen sie auch langsam, was ihnen ein unbekümmertes Leben von eineinhalb Jahren beschert und die Qualität des Fleisches erheblich steigert. Unser "Neusetzer" hat den Anfang gemacht und dem Wollschwein buchstäblich den Rücken gestärkt. Inzwischen liegt es uns am Herzen, das wertvolle Grundmaterial so ganzheitlich wie möglich zu verarbeiten.

...und überall

Vor 9 Jahren nahmen wir die ersten Mangalitza-Wollschweine bei uns auf, mit der Vision, sie in unserer Region wieder anzusiedeln. Es hat eine Zeitlang gedauert, bis sich dieser Gedanke fortpflanzte, doch inzwischen haben bereits drei Landwirte die Aufzucht für uns übernommen. Und wir hoffen, dass die "Wollschweingemeinde" weiter wächst!

Für Feinspitze....

Die einzigartige Fleischqualität des Mangalitzaschweines machte bereits 1904 Furore, als sich die ungarische Szeged-Salami in Paris eine Goldmedaille umhängen durfte. Auch unser „Wollschweinernes" wurde mit Auszeichnungen belohnt.

Schwein und Wein gehören zusammen

Alles, was wir tun, tun wir aus Leidenschaft. Wir lieben es, bei einem guten Glaserl Wein und einer herrlichen "Mangalitza-Jause" im Garten unserer Buschenschank zu sitzen und übers Land zu schauen. Gleichermaßen leidenschaftlich gehen wir aber mit unseren Weintrauben und den von uns produzierten Weinen um. Wir haben dem Wein ein schönes Zuhause gebaut. Unsere Reben gedeihen im Zentrum der Vulkane, die vor Jahrmillionen von Fürstenfeld über Gleichenberg bis Radkersburg das Land prägten und mit rund 40 Kratern zeitweise heiße Lava spieen. Jedoch - auch nach der Lese benötigen die Trauben bei deren Veredelung zu Spitzenweinen unsere besondere Sorgfalt. Im neuen Haus, dessen Architektur sich an die schöpferische Kraft der Vulkane anlehnt, lädt eine Weinlounge dazu ein, inne zu halten um ganz und gar Krispel-Qualität auf sich wirken zu lassen. Dort reift auch der, mit dem "steirischen Luculluspreis" ausgezeichnete "Neusetzer" in eigens dafür geschaffenen Basaltstein-Reiferäumen.

Lange haben wir über die Einrichtung getüftelt, nicht zuletzt, um den Einsatz von Pumpen zu reduzieren um das Keltern schonend zu gestalten. Hausherr Toni Krispel hat viel Zeit dafür aufgewendet, ein System zu erfinden, bei dem die Arbeit der Pumpen vom Anfang bis zur Vollendung zur Gänze von der Schwerkraft erledigt wird. Das Ergebnis wird immer wieder durch Lob und Auszeichnungen gewürdigt, darunter auch solche, die für die Wahrung und Hebung erlesenen kulinarischen Erbes verliehen wurden.

Daniela und Anton Krispel
Weingut, Buschenschank und Gästezimmer
Neusetz 29, 8345 Hof bei Straden
Tel. +43 3473 78 62-0, Fax DW 4
E-mail: wein@krispel.at, www.krispel.at

oben: Schmalz mit verschiedenen Kräutern und Gewürzen
unten: Mangalitza in Freilandhaltung

Der Ferkelhof Primixl

Der Ferkelhof Primixl aus Böheimkirchen/NÖ

Schweinegesundheit als Markenzeichen

Die Gesundheit der Schweine und das "Wohlfühl-Klima" im Schweinestall haben bei Familie Primixl in Böheimkirchen eine bereits drei Generationen lang währende Tradition. Schon Großvater Anton sen. setzte nach dem 2.Weltkrieg auf nachhaltige Schweinezucht und brach damit die Tradition niederösterreichischer Bauern, die damals ihren Erwerb vorwiegend in der Rinderhaltung sahen.

Viele davon prophezeiten ihm in Bezug auf die Schweinezucht keine zukunftsträchtige Erwerbsmöglichkeit, dessen ungeachtet der heutige Altbauer seinen Betrieb sukzessive vergrößerte und im Jahr 1970 bereits Besitzer von über 100 Zuchtschweinen war, die nie einen Spaltenboden sahen und in Stroheinstreu und Schweineweide ihr Leben stets als glückliche Schweine fristen konnten.

Bei der Erforschung von Möglichkeiten, den Schweinen noch bessere Haltungsbedingungen zu ermöglichen und gleichzeitig eine wirtschaftliche Verbesserung herbeizuführen, die nicht auf Kosten der Lebensqualität der Tiere geht, führten den begeisterten Schweinezüchter seine Reisen auch nach Deutschland, Holland, Dänemark und England. Die Lehre, die er aus diesen, im Ausland gemachten Erfahrungen zog, nämlich jene, dass ein Wirtschaften im Einklang mit der Natur nicht mit Hochtechnologie im Schweinestall in Verbindung gesehen werden kann, setzte er auf seinem eigenen Hof in die Tat um und konnte dadurch beträchtliche Erfolge aus tierphysiologischer sowie ökonomischer Sicht erzielen.

Als in den 90er-Jahren Anton jun. den Hof von seinem Vater übernahm, richtete er sein Augenmerk darauf, die bisher angewandte Familienphilosophie beizubehalten, den Schweinen ein artgerechtes Leben zu ermöglichen und den unmittelbaren Kontakt zu jedem einzelnen Tier für die Zeit seines Aufenthaltes am Hof aufrecht zu erhalten. Der Betrieb arbeitet nach einfachen, aber äußerst effektiven Prinzipien, die auf Nachhaltigkeit, Naturnähe und das Nutzen altbewährter Traditionen beruhen, die dazu führen, dass der Mostviertler Schweinezuchtbetrieb heute auf eine überdurchschnittlich gute Tiergesundheit, ein hervorragendes Stallklima (ohne Geruchsbelästigung) und auf stressfreie Schweine in seiner gesamten Zucht verweisen kann.

Die von Anton Primixl und seinem Sohn Jakob – der auf dem besten Weg ist, in die Fußstapfen seines Vaters zu treten – verwendeten Schweinerassen sind das fruchtbare "Schwäbisch Hällische Landschwein", die schnellwüchsige "Deutsche Landrasse" und die aus dem nordamerikanischen Raum stammende Robustrasse "Duroc" in der Mutterlinie sowie den "Pietrain-Fleischschweinen" als Eber in der Vaterlinie (die so genannte Endstufe). Der am Fuße des Kollersberges gelegene Familienbetrieb widmet sich zur Gänze der Erzeugung von Mastferkeln, die alle aus dem Bestand der am eigenen Hof geborenen und aufgezogenen Zuchtsauen kommen. Trotz der relativ hohen Anzahl von 250 Zuchtsauen und über 600 bis 800 dazugehörigen Ferkeln, hält sich der Arbeitsaufwand am Ferkelhof dank eines wohldurchdachten und einfachen Konzeptes in Grenzen. Mit nur einem Mitarbeiter und Sohn Jakob, arbeiten Anton jun. und Elfrieda Primixl gemeinsam mit den Großeltern Anton sen. und Stefanie in direktem, täglichem Kontakt zu ihren Schweinen, indem die Tiere ihre natürlichen Futterrationen, wie z.B. Schrot, Getreide, Mais, Biertreber und Grünfutter von hand persönlich "nach Augenmaß" serviert bekommen. Dabei geht es neben dem Halten des Kontaktes zu den Tieren auch darum, am Verhalten der Schweine eine eventuelle Änderung festzustellen bzw. die Futterrationen individuell zu vergrößern oder zu verkleinern, je nachdem, ob das Tier dies benötigt oder nicht.

Obwohl der Hof nicht Bio-zertifiziert ist, arbeiten die Primixls im Großen und Ganzen nach biologischen Grundsätzen, was zwar einen Mehraufwand bedeutet, aber auch durch gesündere Schweine und eine höhere Fleischqualität belohnt wird.

Grundlagen der nachhaltigen und artgerechten Schweinehaltung am Betrieb sind im Einzelnen:

Das hervorragende "Stallklima"
Keine Geruchsbelastung der Schweine und deren Betreuer durch aufsteigenden Ammoniak
Strohhaltung auf reichlicher Einstreu
Natürliches Futter - hoher Raufutteranteil (Stroh)
Überreiches Platzangebot für jedes einzelne Tier
Tageslicht in den Stallungen
Frischluft (keine Klimaanlage)
Permanente Nutzungsmöglichkeit eines überdachten Auslaufes
Ungestresste Tiere
"Natursprung" – Künstliche Besamung nur im Ausnahmefall
Täglicher persönlicher Kontakt zu den Schweinen
Das genetische Ausgangsmaterial (alte nicht überzüchtete Rassen, Höchstleistungen stehen nicht im Vordergrund)

Durch diese Maßnahmen, welche die Familie Primixl als Basis des besonders guten Gesundheitszustandes ihrer Schweine sieht, und eine über 40 jährige Erfahrung in der Schweinezucht, zählt der anfangs belächelte Betrieb mittlerweile zu den Spezialisten am Sektor der nachhaltig wirtschaftenden, naturgemäßen, extensiven, aber qualitätsorientierten Schweinezucht.

Für mehr Information:
Familie Primixl
Kollersberg 11
3071 Böheimkirchen/Niederösterreich
Telefon: 02743 2379
Mail: antonprimixl@gmx.at

Der Lindenhof mit August und Lorenz Pölsler

August und Lorenz Pölsler

Einen Pionier der ersten Stunde - so kann man August Pölsler wohl zu recht bezeichnen – der mit der Freilandhaltung von Schweinen vor 37 Jahren begann, zu einer Zeit, als ein solches Unterfangen noch mitleidig belächelt wurde, auf Unverständnis stieß oder manchmal sogar bösartige Reaktionen auslöste.

Sein Sohn, Lorenz Pölsler, ist trotz des schweren Erbes, das die Schweine-Freilandhaltung bis heute immer noch darstellt, in die Fußstapfen seines Vaters getreten und Garant dafür, dass die Schweine am Lindenhof auch weiterhin im Freien herumtollen können. Was vor Jahrzehnten unmöglich schien und unbedankt blieb, ist heute anerkannt und wird von vielen Kunden der "Pölslers" am Lindenhof belohnt, die zum Kauf kerngesunder Ferkel auch die Anreise aus Vorarlberg nicht scheuen. Wer zum Lindenhof kommt, ist erstmals verwundert über einige grüne Busse, die als Schweineunterstand bei Schlechtwetter auf den Weiden stehen. Die sind praktischer und geräumiger als Holzhütten, meint August Pölsler und man kann sie leicht von Weide zu Weide überstellen.

Ein steiniger Weg liegt wahrlich hinter August Pölsler, bis er allen klar machen konnte, dass die Freilandhaltung von Schweinen auch im Winter keine Tierquälerei, sondern artgerecht gelebte Schweinehaltung bedeutet. Dabei gab es auch schon mal groteske Situationen: "Eine Frau hat mich vor etwa 35 Jahren beim Tierschutzverein angezeigt mit der Begründung: Ich hätte die Sitze aus den Bussen ausgebaut, die Schweine müssten die ganze Nacht stehen".

Eine weitere Anzeige an höchster Stelle vor drei Jahrzehnten in Bezug darauf, ob Freilandhaltung von Schweinen im Winter den Tatbestand der Tierquälerei darstelle, oder nicht, rief einen, von der Veterinärbehörde bestellten Gutachter auf den Plan und zwar niemand geringeren als den Vorstand des Instituts für Nutztierhaltung der Universität für Bodenkultur in Wien, Univ. Prof. Alfred Haiger.

Professor Haiger stattete daraufhin dem Lindenhof in seiner Funktion als Gutachter einen amtlichen Besuch ab, dem August Bühler mit gemischten Gefühlen entgegensah. Nachdem Dr. Haiger den Betrieb Pölslers und die dortigen Haltungsumstände für die Schweine genauestens in Augenschein genommen hatte, kam es – selbst für August Pölsler – zu einer überraschenden Situation: Professor Haiger drückte ihm die Hand und meinte: "Von Tierquälerei kann bei Ihnen keine Rede sein, im Gegenteil. Endlich ist mir ein Betrieb untergekommen, auf dem Schweine wirklich artgerecht gehalten und gefüttert werden".
Das Gericht hätte es auch einfacher haben können: In zahlreichen Büchern und der Geschichte über Schweinezucht ist nachzulesen, dass Schweine Jahrhunderte- und Jahrtausende lang Winter und Sommer im Freien gelebt hatten und erst vom Menschen vor einigen Jahrzehnten dazu auserkoren wurden, ihr Leben hinter Gittern oder in engen Pferchen eingesperrt auf Betonböden zu verbringen.

Sitzt man August Pölsler und Sohn Lorenz gegenüber, stellt sich automatisch die Frage, wie der Vater vor fast vier Jahrzehnten auf die Idee kam, den Schweinen die Freiheit wiederzugeben und damit zum Urgestein für Freilandhaltung von Schweinen wurde? Dazu August Pölsler: "Ich hatte damals die Schweine, wie alle anderen Bauern eingesperrt. Immer wieder erkrankten Sauen und auch Ferkel, ohne dass ich die Ursache ergründen konnte. Da kam ich auf die Idee, ihnen "Rasenziegel" mit Gras und Unkraut darauf auszustechen, die ich zu ihnen in die Boxen legte. Gierig stürzten sich die erkrankten Schweine darauf, was übrig blieb, waren einige Handvoll Erde, das Grünzeug samt Wurzeln und Kleingetier darin war aufgefressen. Aha, dachte ich, was ihnen scheinbar fehlt, ist die Natur und natürliches Futter, das eben nur im Freien vorhanden ist und öffnete ihnen die Stalltür hinaus auf die Weide.

Bereits außen an der Türschwelle begannen die Schweine den Boden hastig aufzuwühlen und nach natürlicher Nahrung für sie zu suchen. Nach etwa zehn Tagen waren alle Tiere gesund, sowohl die Muttersau als auch die Ferkel". "Das war mir eine Lehre", meint August Pölsler "und seither setze ich ausschließlich auf Freilandhaltung". Und – die Urgesundheit seiner Tiere, die sich mittlerweile auch bis Deutschland und die Schweiz herumgesprochen hat, gibt ihm absolut Recht.

Eine weitere Episode Pölslers zeigt, dass die Natur keiner Regulierung bedarf und die Schweine auch keinen "swimming pool"! August Pölsler wollte seinen Schweinen, die nun im Freien herumliefen im Sommer etwas besonders Gutes tun und betonierte ihnen eine flache "Komfortsuhle", die er nach Fertigstellung mit Wasser füllte im Glauben, dass sich die Tiere darin genüsslich abkühlen würden. Die Schweine gingen zwar ins Becken, aber nicht um zu baden, sondern um das Wasser mit kräftigen Kopfstössen aus dem Becken auf die umliegende Weide zu befördern.

Als das Betonbecken einigermaßen geleert und das Gelände ringsum sumpfig nass war, buddelten sich die Schweine ihre eigene "Erdsuhle", in der sie dann genüsslich grunzend im Schlamm wälzten, um sich abzukühlen und von möglichen Hautparasiten zu befreien. Die Moral von der Geschichte? Versuche nie klüger zu sein, als deine Schweine!
Den Schilderungen von August und Lorenz Pölsler, die wohl zu den profundesten Kennern in Bezug auf Freiland-Schweinehaltung gehören, ist im Prinzip nichts hinzuzufügen. Sie bestätigen, was Viele heute schon wissen und was auch Thema dieses Buches ist: Schweine gehören, wenn sie gesund bleiben sollen, ins Freie!
Information: Lindenhof, August und Lorenz Pölsler
Wörth 1, A- 8114 Stübing, Tel. 03127 41 505
Mail:lenzamlindenhof@aon.at

Burgauer Sonnenschweine – Labonca-Biohof Hackl

Burgauer Sonnenschweine – Labonca-Biohof Hackl

Norbert Hackl, Biobauer und Franz Wirth, Küchenmeister

Ulrike und Norbert Hackl mit ihren Söhnen Jakob und Tobias, sind noch eine recht junge Bauernfamilie. Bereits 1994 hat die Familie Hackl, damals noch im Besitz der Eltern Karl und Anna, begonnen, den mühsamen Weg der Betriebsumstellung von intensiver Rindermast mit Mais- u. Getreidebau in einen direktvermarktenden Bio-Betrieb mit Schwerpunkt Fleisch- u. Wurstproduktion einzuschlagen.
1999 übernahmen dann Ulrike und Norbert diesen Betrieb von ihren Eltern und versuchten, zusätzliche Marktnischen zu entdecken.

Sie entschlossen sich, zu den bereits bestehenden Produkten neue, unvergleichliche Spezialitäten zu entwickeln. Dazu definierten sie ihre Betriebsphilosophie neu:
Produkte, die biologisch, bodenständig, mit Tradition, aber doch innovativ und modern sind, sollten in Zukunft vermehrt hergestellt werden. Artgerechte Tierhaltung, Respekt und Würde vor der Kreatur sollte das künftige Motto am Biohof Hackl lauten.
Das erste Produkt nach dieser Philosophie, der "Süße Kürbis" war auch gleich ein riesiger Erfolg. Seit März 2005 sind die Hackls nun ein anerkannter Bio-Betrieb und gehen auch dabei einen recht eigenwilligen Weg, der aber schon von vielen Berufskollegen als einzigartig gesehen wird. Für sie ist genau dieser Weg der einzig richtige, und sie haben ihre Entscheidung bis heute nicht bereut.
Die "Sonnenschweine" am Hacklhof sind ganzjährig im Freiland , werden dort gezüchtet, dabei sehr langsam und extensiv gemästet. Für konventionelle Betriebe undenkbar – am "Hacklhof" Realität. Dabei gilt: Glückliche Tiere machen glückliche Besitzer (und auch Besucher) . Der ca. 46 Hektar große Ackerbaubetrieb soll in den nächsten Jahren zu einer, sich ergänzenden Symbiose aus Naturflächen und nutzbarem Ackerland umstrukturiert werden.

Langsam aber sicher gibt der Familie Hackl dieser eingeschlagene Weg recht - immer mehr unserer Kunden entscheiden sich gegen industriell gefertigte Nahrungsmittel mit immer mehr Chemie und greifen wieder nach Lebensmitteln, biologisch und einfach gefertigt, mit hohem Qualitätsstandard, der oft nur durch traditionelle Handarbeit zu erreichen ist.

Nobert Hackl und seine Schweine

So leben Sonnenschweine am Labonca-Biohof Norbert Hackl

Vermarktet werden die Spezialitäten vom Sonnenschwein unter dem Namen "Labonca-Biohof", der in Zusammenarbeit mit dem Haubenkoch Franz Wirth geführt wird. Franz Wirth ist selbst Küchenmeister und hat in seiner nationalen und internationalen Berufserfahrung erfahren dürfen, wie wichtig es ist, auch in der Genuss-Küche mit Fleisch von glücklichen Tieren zu arbeiten.
Nun ist Franz Wirth am Labonca-Biohof für die Produktion und den Verkauf zuständig. So ist der Labonca-Biohof wohl einer von ganz wenigen Lebensmittel-Erzeugern, die vom Urprodukt (dem Sonnenschwein) über die Produktion bis zum Verkauf auf bio-authentische Mitarbeiter und Ausgangsmaterialien setzt.

Diesen Weg will man am Labonca-Biohof unbeirrt weiter beschreiten und noch einige weitere Spezialitäten entwickeln, die Besuchern, Gästen und Kunden genussvolle Gaumenfreuden bereiten sollen.

Philosophie der Sonnenschweine

Dieses Projekt zeigt, daß Schweine in artgerechter Freilandhaltung auf sehr naturgetreuen Weiden mit extensiver Fütterung problemlos ganzjährig gezüchtet und gehalten werden können und daß damit auch erstklassiges und geschmackvolles Fleisch erzielt wird.

Gut strukturierte Weiden (Bäume, Sträucher, Suhlen, Wasserstellen) geben den Schweinen Sicherheit und Ruhe. So ist auch das Abferkeln in Wintermonaten bei Minusgraden kein Problem. Hier sorgen Erdhöhlen für einen wichtigen Temperaturausgleich.

Durch die Gruppenhaltung von alten und jungen Tieren sind die Schweine sehr sozial und haben eine strenge Rangordnung, die von allen akzeptiert wird. Ausreichend große Futterflächen (Ackerland) sollen in Zukunft gewährleisten, daß sich die Schweine bald ihr Futter selbst abernten. Getreide, Erbsen, Futterrüben und Topinambur sollen möglichst ganzjährig vorort für Futter sorgen.

Damit ersparen wir uns die Kosten für Ernte, Trocknung, Lagerung und Futterbringung, auch das Umpflügen der Ackerfläche übernehmen die Schweine durch ihr ständiges Wühlen nach Wurzeln und Insekten im Boden. Der Boden wird dadurch mit Nährstoffen angereichert und nach völligem Umackern wieder angesät.

Als Rassen werden in der Vaterlinie DUROC (kanadische Rasse) und als Mutter hauptsächlich SCHWÄBISCH - HÄLLISCHE (alte, deutsche Rasse) eingesetzt. Diese Rassen sind sehr robust und haben durch die extensive Fütterung auch die besten Fleischeigenschaften - ausgezeichneter Geschmack mit genügend intramuskulärem Fett!!

Der Eber ist immer in der Gruppe, wodurch auch die Belegung der Mutterschweine optimal verläuft. Ausserdem bringt der Eber Ruhe in die Rotte, da er unangefochten der Erste in der Rangordnung ist.
Bei Geburten ist der Eber ein guter Vater und verteidigt zusammen mit der Mutter die Neugeborenen vor anderen Tieren (Mader, Fuchs, Habicht,..).
Das Kastrieren der männlichen Ferkel erfolgt unter Narkose, damit auch hier dem Tier keine Schmerzen zugefügt werden. Durch die besondere Haltungsform und die extensive Fütterung hat das Fleisch der Sonnenschweine eine ganz besondere Qualität.
Feine, unsichtbare Fetteinschlüsse sorgen für einen besonderen Eigengeschmack und dafür, daß das Fleisch beim Braten saftig bleibt. Besonders kurze und feine Muskelfasern machen es mürbe und zart. Ein Genuss für den Kenner!!

Erkenntnisse:

Aus den nun knappen 5 Jahren kann man noch keine generellen Schlüsse ziehen, es zeichnet sich aber ab, in welche Richtung dies gehen wird:
1) Je mehr man Schweinen ihre Ur-Instinkte ausleben läßt, desto unproblematischer sind die Situationen . Insbesondere Geburten sollten möglichst ohne menschliches Eingreifen erfolgen. Auch Verletzungen heilen meistens selbständig ab. Die Tierarztkosten beschränken sich aufs Kastrieren - sonst nichts! Die Natur hat eigentlich für alle Fälle vorgesort: z.B. stößt eine Muttersau nach der Geburt Hormone aus, die den Eber anlocken und dazu bringen, die nächsten Tage und Nächte bei der "Familie" zu bleiben und diese zu beschützen.
2) Die Futterversorgung ist in den warmen Jahreszeiten kein Problem - durch ständiges Wühlen finden die Schweine immer frisches Futter (Früchte, Samen, Wurzeln, Pflanzen, geringe Anteile an tierischer Nahung wie Schnecken) in der Erde und in den Sträuchern. Auch Getreide wird aus den Ähren herausgefressen und mit den Zähnen zermahlen.
3) Durch die extensive Fütterung wird das Fleisch feinfasriger, geschmacksvoller und kompakter. Die Fettabdeckung ist zwar etwas stärker als bei konventionellen Rassen jedoch ist der Geschmack im Speck einzigartig und wird auch schon von Spitzenköchen als unvergleichliche Besonderheit gepriesen. Beim Kochen oder Braten ist ein deutlich geringerer Wasserverlust festzustellen.
4) Schweine sind sehr intelligent und halten ihre Schlaf- und Liegestätten immer frei von Kot! Diesen verteilen sie auf die gesamte Fläche, meistens in der Nähe der Futterstellen.
5) Wenn ständig sozialer Kontakt zwischen den Menschen und den Schweinen besteht, sind und bleiben sie sehr zahm und zutraulich. Manche benehmen sich schon beinahe wie ein Hund. Wichtig ist aber, daß die Schweine Vertrauen zum Bauern haben! Sonst hat man keine Chance, wenn sie Hilfe brauchen.
6) Auch bei besonders strengen Wintertemperaturen halten sich die Schweine ein Wasserloch immer frei. Dieses friert auch bei -15°C nicht zu.
7) Ausfälle gibt es auch in der Natur - das muß man akzeptieren können und versuchen sie durch Anpassungen zu vermindern. Aber niemals darf man versuchen, Schritte gegen die Natur zu gehen.

Labonca-Biohof Hackl, Kernstockgasse 54,
8291 Burgau, Tel: 03383/2348, Mobil: 0699/81210911,
Fax: 03383/2348- 4, Mail: bauernhof.hackl@utanet.at,
www.labonca-biohof.at

Sonnenschweine sind im Sommer und Winter im Freien

Bio-Betrieb Josef Göltl

Bio-Betrieb Josef Göltl

Gö
Jo

Glückliche Schweine im sonnigen Burgenland Jo Göltl und sein Bio-Bauernhof "Der Geschmack des Fleisches kann in der Symbiose zwischen Tier & Natur wieder entdeckt werden!"

Der Biobetrieb Josef Göltl ist ein typisch burgenländischer Familienbetrieb. Josef Göltl führt mit Hilfe seiner Familienmitglieder den landwirtschaftlichen Betrieb im sonnigen Frauenkirchen. Die ersten zwei Schweine kamen 2001 ins Haus Göltl, bio-klassifiziert wurde der Hof im Jahr 2003, heute hält Jo Göltl insgesamt 65 Schweine, davon zwölf Zuchttiere der Rassen Mangalitza und Turopolje.

Seine Zuneigung zu Schweinen liegt in der Familie, den Tieren die Freiheit zu geben, war der Traum Joe Göltls, ein Wunschtraum, der für ihn und die Schweine heute in Erfüllung gegangen ist. Die Tiere wachsen langsam, bis sie etwa nach zwei Jahren das nötige Gewicht erreicht haben. Getreidefelder mit Luzerne und ein großes Waldstück bedeuten Abenteuerspielplatz und zugleich eine Weide für die Schweine. In dieser Zeit tollen sie Sommer und Winter im Freien herum, nur an kältesten Tagen oder im Sommer auf Schattensuche ziehen sie sich in ihre, mit Stroh gepolsterten, Unterstände zurück.

Redet man über seine Schweine und deren Vorzüge, kommt Jo Göltl beinahe ins Schwärmen: "Das Fleisch der Mangalitzas, auch Wollschweine genannt, ist im Geschmack dem Wildschweinfleisch

sehr ähnlich. Der beliebte Mangalitza-Schinken ist eine hochwertige Delikatesse. Das Mangalitza Schwein gehört zu den letzten autochthonen Nutztierrassen Mitteleuropas (Lebewesen, die sich durch die Prinzipien der Ökologie von alleine in einem Gebiet angesiedelt haben, sog. "heimische Arten").

Der Name "Mangalica" bedeutet "walzenförmig", er könnte vom serbo-croatischen "mangala svinija" - "Schwein, das sich gut ernährt" oder vom rumänischen "mancare" - "essen" abgeleitet sein. Durch ihre Wolle sind die Schweine sowohl gegen Kälte als auch Hitze geschützt. Früher wurden sie oft Hunderte Kilometer weit zum Schlachthof nach Wien getrieben und haben diese Reise mühelos durchgehalten. Die Rasse verfügt über sehr gute Muttereigenschaften. Das Fleisch des Mangalitzaschweines ist feinfasrig, etwas dunkler im Vergleich zu herkömmlichen Rassen und von sehr guter Qualität.

Das Turopolje Schwein, das sogenannte "Dalmatiner" unter den Schweinerassen, ist mittelgroß mit der Grundfarbe blond (d. h. weiß bis grau), darauf sind kleinere und größere schwarze Flecken in verschiedener Anzahl über ganzen Körper verteilt (bis zu 7 auf jeder Seite). Die Borsten, dicht am ganzen Körper, sind von gleichmäßiger Stärke und gewöhnlich gerade und glatt anliegend, gelegentlich aber auch leicht gekraust. Ihr Fleisch und Speck sind von hervorragender Qualität".

Info: Josef Göltl, Kanalgasse 5, 7132 Frauenkirchen, Tel: 02172/2160 oder 0699/10304773, e-mail: goeltl.josef@gmx.at, www.goejo.at

Produkte von Mangalitza- und Turopolje-Schweinen finden Sie u.a. bei unserem Partner: THUM Schinkenspezialitäten, Feinkostpartner und Schinkenmanufaktur
Margaretenstrasse 126, 1050 Wien, Österreich, Tel./Fax: +43 1 544 25 41, +43 1 961 02 33e-mail: thum@chello.at, www.thum-schinken.at

Thum-Schinken-Manufaktur

Thum'scher Schinken in den besten Häusern Europas

Seit dem Jahr 1860 produziert die Firma Thum in Wien fünf Generationen lang hochwertige Fleischprodukte - zweifelsohne ist der Beinschinken das "Aushängeschild" des Familienbetriebes. Man vermied manche der neumodernen Erzeugungsmethoden und chemische Zusätze bewusst und wollte mit solchen, schinkenähnlichen Produkten nicht in Konkurrenz treten, die zwar um billiges Geld in manchen Märkten die Regale füllen, aber den anspruchsvollen Gourmet ein Graus sind. Seit einigen Jahren produziert die Firma Thum auch Bio-Schinken und Bio-Geräuchertes aus kontrolliert biologischer Landwirtschaft und bietet so dem Ernährungsbewussten eine "Natürliche Alternative".

Aktuelle Bio-Mangalitza-Spezialitäten:
Traditionelle Schinken | Bio-Schinken | Wildspezialitäten | Prosciutto/Salami | Bio-Prosciutto/Bio-Salami

Philosophie:
Erstklassige Fleischqualität ist nur im Konsens von Fleischhauer und Züchter gemeinsam zu erreichen. Erst wenn diese eine gemeinsame Philosophie vertreten und in den Tieren mehr sehen als eine gewinnbringende Handelsware, kann Fleisch zur Spezialität veredelt werden. Zu den wichtigsten Grundsätzen biologischer Landwirtschaft gehört die artgerechte Tierhaltung. Wesentlich dabei sind vor allem regelmäßiger Weidegang und viel Auslauf ins Freie sowie ausreichend Bewegungsraum im Stall. Tiere aus biologischer Landwirtschaft müssen Futtermittel biologischen Ursprungs erhalten. In der Fütterung sind Antibiotika, Tierarzneimittel und gentechnische veränderte Zusätze verboten. Dazu runden Gewürze aus biologischer Landwirtschaft unsere Schinkengeschmack natürlich ab.

Unsere Vielfalt an Spezialitäten:
BIO-Schinken und BIO-Geräuchertes
Bio-Beinschinken adergepökelt Bio-Beinschinken ausgelöst
Bio-Kräuterschinken Bio-Kürbiskernschinken
Bio-Landschinken Bio-Honigschinken
Bio-Steinpilzschinken Bio-Pastrami,Rindersaftschinken
Bio-Putenschinken Bio-Sonnenschinken(Sonnenblumenkerne)
Bio-Mohnblumenschinken Bio-Cranberryschinken
Bio-Apfelschinken Bio-Selchkarree mager
Bio-Mangalitzaschinken ausgelöst Bio-Mangalitza Speck
Bio-Rinderzunge adergepökel, gekocht Bio-Bauernspeck geselcht

Alle unsere Erzeugnisse sind Bio-Kontrollzertifiziert

Partnerfirmen: Göltl Mangalitza (Bgld), Tichy`s Wildspezialitäten, Biovida/Luigi Vida (Friaul), Bio Austria, Savigni (Toskana), Austria Bio Garantie, Sonnberg Bio Fleisch,
Restaurant und Gourmet-Tips: Theater Cafe, Feinkost Rumpel, Bio-Markt Freyung und Rochus in Wien, Biohof Achleitner OÖ, Johann Reisinger, Grünauer Wien, Sarah Wiener Berlin, Bio-Pichler München, Urbanek Wien
Info: Thum Schinken- Manufaktur, Margaretenstrasse 126, 1050 Wien, Österreich, Tel./Fax: +43 1 544 25 41, +43 1 961 02 33e-mail: thum@chello.at, www.thum-schinken.at

Trapl'

Der Rosen-Schilcherweingarten in St. Stefan

Karin und Edi Oswald vulgo Trapl offerieren Schilcher und Speck von höchster Qualität

"Zum Schwein gehört der Wein"

Seit 400 Jahren sind die Trapls in St. Stefan ob Stainz ansässig. Hier, in der malerischen Landschaft der Weststeiermark, liegen seit Jahrhunderten die Weingärten der Familie. Der Hausname Trapl wurde erstmals 1572 urkundlich erwähnt, seit 1765 ist das Weingut im Besitz der Familie Oswald, die mit Stolz auf rund 240 Jahre familieneigene Weinbaugeschichte zurückblicken kann.

Die Familie Oswald weiß nicht nur um ihre Tradition, sondern lebt sie auch: "Tradition erwirbt man – geschichtliche Vergangenheit hat man", lautet das Motto von Eduard Oswald, dem es seit Jahrzehnten erfolgreich gelingt, innovativste Ideen mit den Erfahrungen seiner Vorfahren zu kombinieren. Beim Blick in die Zukunft die Vergangenheit nie aus den Augen zu verlieren, ist für ihn oberstes Gebot. Althergebrachte Winzertradition gepaart mit der Erfahrung von Generationen, die Eigenproduktion qualitativ hochwertiger Produkte, freundliche "Wirtsleut" und ein gemütliches Ambiente gestalten den Trapl-Heurigen zu einem Anziehungspunkt in der Schilcher-Region des Reinischkogel, die keine Wünsche offen lässt.

Karin Oswald im Rosen-Schilcherweingarten

"Der Mond muss passen"

Was haben die Speckbauern in Kärnten und die Familie Trapl am Reinischkogel in der Weststeiermark gemeinsam? Sie sind mondsüchtig! Wird der Schilcher auch schon temperatur-gesteuert in Edelstahltanks vergoren, so erfolgt die Reifung je nach Bedarf des jeweiligen Jahrgangs in Kastanien- und Eichenfässern. Sofern es die Arbeitsdichte im Herbst zulässt, wird der Pressvorgang für den Schilcher RUSTICAL noch mit einer Baumpresse aus dem Jahre 1867 durchgeführt! Volle zwölf Stunden dauert so ein Pressvorgang. Besonderes Augenmerk wird im Hause Trapl dem Mond gewidmet. So erfolgt die Flaschenfüllung nur bei einer ganz bestimmten Mondphase; dabei wird seit jeher auf uralte Aufzeichnungen aus dem Familienbesitz vertraut.

Der Trapl-Schilcher soll jung getrunken und nicht länger als 18 Monate aufbewahrt werden. Bei 8 bis 10° C. entwickelt er sein gehaltvolles Aroma und beschert ein unvergessliches Erlebnis weststeirischer Trinkkultur. An der großen runden Theke im Vorraum des historischen Anwesens oder in der gemütlichen alten Bauernstube mit dem schönen Kachelofen wird das Verkosten der Weine ein Erlebnis.

"Hier machen wir nur, was die Natur uns vorgibt"

In der malerischen Landschaft der Weststeiermark in Lestein und in Hochgrail liegen die Weingärten der Familie Oswald. Vor allem der hier beheimatete Schilcher aus der
Blauen Wildbacher Rebe beherrscht die Weinszene. Die Grundlagen für die hohe Qualität der Weine liegt besonders in der sorgfältigen Arbeit im Weingarten. Nur notwendigste Weingartenspritzungen - welche unerlässlich sind - und integrierter Pflanzenschutz (mechanisch-biologisch-chemische Schädlingsbekämpfung) geben
die Gewähr, ein natürliches, harmonisches Produkt zu erzeugen. Besondere Rücksicht wird auf die verschiedenen Hefestämme in den Weingärten genommen!

Daher erfolgt die Gärung - sie ist sozusagen die Geburt des Weines - nicht immer von Reinzuchthefen (jahrgangsabhängig), sondern von Hefepilzen, welche vom eigenen Weingarten stammen und dadurch eine langsame bukettausbauende Gärung einleiten. Durch die Verwendung der eigenen Hefe bleibt der bodenständige
Charakter des Schilchers vollständig erhalten. Zahlreiche Auszeichnungen bei diversen Verkostungen wie etwa Landessieger, Weintrophy-Sieger der Kronen Zeitung, Kleine-Zeitung-Sieger, Sieger bei der Ganzen Woche, Vinaria Sieger, - um nur ein paar zu nennen - bestätigen die hohe Qualität der Trapl-Schilcher.

Weinbau Oswald vulgo Trapl, Lestein 40,
8511 St.Stefan ob Stainz
Weststeiermark, Tel: +43 (0)3463-81082, Fax: +43 (0)3463-81082
e-mail: oswald@trapl-schilcher.at,
www.trapl-schilcher.at

Buschenschank geöffnet von: Karsamstag bis 1. Juli und vom 12.September bis 26. Oktober, jeweils am Freitag, Samstag und Sonntag. Weinverkauf ganzjährig.

Eduard Oswald sen.

Am Biobauernhof der Familie Tragler

Elisabeth und Alois Tragler

Am Biobauernhof der Familie Tragler in Schlierbach

Federvieh und Schweinespeck

Zwei Generationen bewirtschaften den kleinen Biobetrieb im oberösterreichischen Alpenvorland. Seniorschef Alois Tragler ist der erfahrene Altbauer und leidenschaftliche Züchter, seine Frau Elisabeth kümmert sich täglich um die Bioeier und die "Jungen" Martin und Tanja sorgen sich um die Vermarktung der Bioprodukte über den eigenen (Selbstbedienungs-)Hofladen und in regionalen Bioläden, Bäckereien, Großküchen und in der Gastronomie. Martin Tragler ist darüber hinaus Obmann des Bioverbandes BIO AUSTRIA in Oberösterreich. Gemeinsam ist ihnen auf dem 12 ha großen Betrieb die biologische Wirtschaftsweise wichtig. Bio ist für sie der beste Weg zur nachhaltigen Erhaltung der Bodenfruchtbarkeit und einer tierfreundlichen Haltung der 1700 Hühner, 7 Murbodner Mutterkühe, 4 Schwäbisch-Hällischen Zuchtsauen und einem eigenen Eber. Im Kreislauf von Boden, Pflanzen, Tieren und Menschen zu denken und zu arbeiten, ist nicht nur ökologisch sinnvoll, sondern macht es auch möglich, auch kleinere landwirtschaftliche Höfe wirtschaftlich zu erhalten.

Auf das Schwäbisch-Hällische Landschwein gekommen

Das Schwäbisch-Hällische Landschwein wurde in letzter Minute gerettet. Traditionelle Schweinezüchter erkannten die hervorragende Fleischqualität dieses Schweines und die rasant zunehmende Nachfrage nach bester Qualität. Die hohe Magerfleischqualität ergibt sich durch gutes Safthaltevermögen (keine Bratverluste), einem hohen pH-Wert (wegen guter Fleischreifung), einen guten intramuskulären Fettanteil im Magerfleisch (ergibt den bekömmlichen Geschmack) und einer schönen dunklen Fleischfarbe. Diese hervorragenden Eigenschaften sind von anderen Rassen kaum erreichbar. Die Robustheit und Fruchtbarkeit gehen noch bis zum chinesischen Maskenschwein zurück. Experten sehen auch die alten "Linzer Schecken" an der Rassenentwicklung beteiligt.

Die leider überwiegende Nachfrage nach extremem Magerfleischanteil ließ dieses Rasse noch nicht so richtig hochkommen. So bleibt sie ein Geheimtipp für Genießer von bestem Bratl und Speck. Für beste Fleischqualität hat aber auch die Fütterung hohen Einfluss. Das beste Getreide für das Schwein ist die Gerste. Erbsen, Ackerbohne und etwas Kartoffeleiweiß sorgen für eine vollwertige Versorgung. So entsteht der kernig-weiße, schmackhafte Speck. Auffallend beim Schwäbisch-Hällischen Schwein ist der hohe Verzehr von Gras, Heu und Silagen als sättigendes und günstiges Grundfutter. Durch viel Bewegung im Auslauf und im Freiland ergibt sich ein etwas langsameres Wachstum, was wieder die Qualität fördert. Dass diese Rasse auf der Weide nicht wühlt, hat sich nicht voll erfüllt.

Martin und Tanja Tragler

Gemeinsam mit einem zweiten oberösterreichen Biobetrieb betreiben die Traglers die Schwäbisch-Hällische Zucht im Schweinezuchtverband Oberösterreich mit Herdebuchzucht und umfassender Leistungsprüfung. Zur rascheren Verbreitung des Schwäbisch-Hällischen Landschweins gibt es nun erstmalig in Österreich einen Schwäbisch-Hällischen Zuchteber in der OÖ. Schweinebesamung (Tel. 07242/27884).

Familie Tragler
Klosterstr. 13
4553 Schlierbach
Tel. 07582/81254 u. 83092

Der Bauernmarkt in Schlierbach

Der Bauernmarkt in Schlierbach

Qualtitativ hochwertige Lebensmittel aus bäuerlichen Betrieben der Region.

Die Versorgung mit Lebensmitteln,, die noch Mittel zum Leben sind, wird immer wichtiger. Der Einkauf regionaler Produkte unterstützt nicht nur die heimische Bauernschaft, sondern ist auch ein wesentlicher Faktor zur Erhaltung der ländlichen Strukturen. Weiters garantiert der direkte Kontakt mit den Erzeugern dem Kunden Frische und Qualität, indem nachvollziehbar wird, wer, was, wie und wann produziert hat. Der Bauernmarkt Schlierbach wird von rund 15 Bauern (die 150 Mitglieder vertreten) betrieben die unter dem Titel: "Innovative Erzeugergemeinschaft Schlierbach" auftreten. Die drei Säulen der Direktvermarktung durch die Bauern sind: Biologische landwirtschaftliche Erzeugung, Innovation und Selbstvermarktung, wodurch sich für den einzelnen Bauern eine höhere Wertschöpfung ergibt.

Jeden Samstag von 8.00 bis 11:30 Uhr erwarten ernährungsbewusste Konsumenten in Schlierbach neben dem Gasthaus Schröcker die bäuerlichen Anbieter der Region mit einer bunten Palette an Produkten. Eine Auswahl von über 500 verschiedenen bäuerlichen Produkten, wie z.B. frisches Gemüse, Obst, Honig, Milchprodukte aller Art, Frischfleisch, Schinken- und Wurstspezialitäten, sowie

Obmann Herbert Lattner

Bernhard Schröcker und Erika Gösweiner

Bio-Eier, Bio-Puten, Bio-Hendl und Bio-Weidegänse in höchster Qualität, ermöglichen das Auswählen in einem abwechslungsreichen Angebot. Die Idee, den Bauernmarkt in die Räumlichkeiten des Gasthofes Schröcker zu integrieren, schafft eine Reihe von Vorteilen und Synergien für beide Partner. Besonders angenehm ist die gute Atmosphäre am Bauernmarkt.

Das Motto der Firma Schröcker geht konform mit der Philosophie des Bauernmarktes und lautet: "Aus der Region für die Region"! Und weiter: "Wir servieren Ihnen Heimat auf dem Teller, für die Zubereitung aller Speisen werden nur Tiere von unseren Landwirten aus artgerechter Aufzucht aus dem Kremstal verwendet. Die Schlachtung erfolgt im eigenen Betrieb. Dies bedeutet, es kommt stets frisches und qualitativ hochwertiges Fleisch auf Ihren Teller.

Info: Arbeitsgemeinschaft Schlierbacher Bauernmarkt Klosterstrasse 8, 4553 Schlierbach: Obmann Lattner Herbert, Tel. 07587 8528, 0688 82 41124
Info:Gasthaus und Fleischerei Schröcker, Klosterstraße 8, 4553 Schlierbach
Tel. 07582/81238 Fax 07582/81230

Die Gurktaler Speckbauern und ihr "Luftgeselchter"

Eine Spezialität der besonderen Art

Das Gurktal ist eines der schönsten und ursprünglichsten Täler Österreichs, eine Region, in der man heute noch Tradition mit bäuerlichem Handwerk verbindet. In der Symbiose von Natur, würziger Bergluft und gesunden Tieren entsteht eine Kärntner Spezialität, die inzwischen weit über die Grenzen Österreichs hinaus als etwas ganz Besonderes bekannt wurde.

Die "Besonderheit" dieses Specks liegt in der Herstellung. Nach Einwirken von Salz und Gewürzen, erfolgt die weitere Reifung ausschließlich an der reinen "Gurktaler Luft", eben "luftgeselcht".
Der Speck wird nicht durch Räucherung verfälscht, es entsteht nach langer Reifezeit das unvergleichliche "Aroma des Gurktals". Nach althergebrachten Rezepten und Traditionen produzieren die Bauern und das Handwerk den Gurktaler Luftgeselchten Speck, traditionell mit "etwas mehr" Fett, aber auch mit sehr viel Fleischanteil.
Elf Mitglieder umfasst die "ARGE Kärntner Speckbauern" inzwischen, vermarktet wird ab Hof, über Buschenschänken, Verkaufsstellen in ganz Kärnten

aber auch bei Veranstaltungen, wie z.B. dem traditionellen Speck-Kirtag, der im Mai jedes Jahres in Weitendorf im Gurktal stattfindet.

Nicht zuletzt trägt aber auch die Haltung, Fütterung und Pflege der Schweine das ihre zum Geschmacksserlebnis bei. Manfred Krenn und Gattin Elisabeth, die Besitzer des Aichhofs der über dem Gurktal liegt, pflegen den täglichen Kontakt zu ihren Tieren weshalb diese auch stressfrei heranwachsen.

Familie Manfred und Elisabeth Krenn

Gut Aichhof

TIPPS - "RUND UM DEN SPECK"

• Hauchdünn oder zünftig mit der Hand geschnitten – hier unterscheiden sich die Geschmäcker.
• Hauchdünn für Genießer: auf der Zunge zergehen lassen, weniger Gewürzanteile, daher milder im Geschmack.
• Zünftig – urtypische Kärntner Jause: In einer Hand den "Feidl" in der anderen Speck, Brot und Käse. Wichtig: gegen die Fasern schneiden, sonst wirkt der Speck zäh.
• Lagertipps: In einem kühlen, dunklen Raum, mit möglichst wenig Feuchtigkeit. Am besten in ein Tuch einschlagen oder offen liegen lassen. Nicht im Kühlschrank lagern, außer vakuumverpackt.
• Beim Verzehr sollte darauf geachtet werden, dass der Speck wieder Raumtemperatur hat. Wenn er verpackt war, sollte er ein paar Stunden vorher ausgepackt werden und Zeit zum "Atmen" haben.
• Beim Kochen mit Speck darauf achten, dass der Speck nicht zu fest ist, sonst könnte er hart und salzig wirken.

Manfred Krenn mit „Luftgeselchtem"

Geschlachtet wird bei abnehmendem Mond "zum alten Schein" im Zeichen des Löwen, ein Ritual, das bereits Vater und Großvater Krenn pflegten und eine Tradition, die eine bessere Fleischqualität und Haltbarkeit garantiert. Das Fett, das eigentliche Barometer für Geschmack und Qualität, ist beim Gurktaler Speck und Schinken von weißer Farbe, zartknackiger Konsistenz und unverwechselbar mundigem Geschmack.

ARGE Gurktaler Luftgeselchter Speck, www.luftgeselchter.at Mitglieder:

Obmann: Ing. Stefan Seiser, Gasthof und Fleischhauerei,
Hauptstraße 13, 9341 Straßburg Tel: 042 66 / 22 25
E-mail: office@fleischerei-seiser.at

REINSBERGER VULGO SEPPN
Fam. Siegfried Reinsberger
St. Andrä 1, 9343 Zweinitz
T + F: 04265/7239
Speckbauer

HOFKÄSEREI RATTENBERGER
Fam. Maria Rattenberger
Mitterdorf 10, 9342 Gurk
T + F: 04266/8050 o E: h.rattenberger@net4you.at
Genusswirt

FAM. ANDREAS & MONIKA ZITTERER
Goggau 4, 9560 Feldkirchen
T + F: 04271/2106 o E: andreas.zitterer@aon.at
Speckbauer

GUT AICHHOF
Fam. Manfred Krenn
9345 Glödnitz
T + F: 04265/504
Genusswirt

PLESCHBERGER VULGO VASTL
Fam. Herbert und Klaudia Pleschberger
Köttern 5, 9560 Feldkirchen
T + F: 04271/2120
E: fam.pleschberger@gmx.at

FAM. JOHANN EBNER
Laas 12, 9346 Glödnitz
T: 0664/925963

Johann Kraßnig

BUSCHENSCHENKE HANEBAUER
Christine und Johann Kraßnig
Edling 4, 9344 Weitensfeld
T: 04265/622 o E: j.krassnig@aon.at

BIOHOF BACHER VULGO KRAUT
Familie Erich Bacher
Vorwald 8, 9564 Patergassen
T + F: 04275/341
E: bacher@net4you.at

BV NOCKFLEISCH reg. Gen. m. b. H.
Vorwald 84, 9564 Patergassen
T: 0676/88678753, F: 04275/301

WAIGANDHOF
Fam. Hubert und Martina Olschnögger
Sutsch 4, 9342 Gurk
T: 04266/8135 o E: h.olschnoegger@net4you.at

Buchenschänke Hanebauer

Kinder-Bauernhof Marianne Flucher im "Vulkanland" bei Feldbach

Gasthof, "DelikatEssen" vom Feinsten und Streichelzoo

Wo der Haltung von Tieren aber auch dem Essen und dessen Zubereitung noch größte Sorgfalt gewidmet wird: Der Kinder-Bauernhof Marianne Flucher in Feldbach gilt seit Jahren nicht nur als Geheimtipp für Eltern, die einen Tag oder ein Wochenende ohne Stress mit ihren Kindern genießen möchten. Denn für die Kleinen (und Großen) ist in jede Richtung hin gesorgt. Die Eltern genießen die Ruhe und lassen sich kulinarisch verwöhnen, während ihre Kinder sich mit den Tieren beschäftigen oder im Freien herumtollen.

Ein Streichelzoo mit verschiedenen heimischen Tierarten, wie zum Beispiel Mangalitza-Schweinen (Wollschweine), Hängebauchschweinen, Eseln, Hühnern, Ziegen, Schafen, Kaninchen und Haubenenten zieht die Kinder in ihren Bann und erdet sie wieder mit den Kreisläufen der Natur, wenn sie sehen, wie Tiere artgerecht gehalten werden oder das Gemüse auf Hügelbeeten besonders gut wächst.

"DelikatEssen" vom Wollschwein

Schmackhafte Speisen aus gesunden, gentechnikfrei erzeugten Lebens-Mitteln ohne Geschmacksverstärker und Fleisch, dass von stressfreien Tieren stammt, die tiergerecht im Freien gehalten und verwöhnt werden, gestalten das Essen im Gasthof von Marianne Flucher zum kulinarischen Genuss der besonderen Art.

Die Herstellung hochwertiger Produkte ist nur mit exzellenten Rohstoffen ohne Chemie, künstlicher Düngung und mit bester fachlicher Ausbildung möglich. Wenn man beispielsweise das Rotkraut genießt, merkt man, dass es noch nach Rotkraut schmeckt aber auch die Wollschwein-Spezialitäten sind eine wahre Gaumenfreude. Knoblauch, Gewürze und Kräuter aus dem eigenen Garten, die zum Teil auf Hügelbeeten angebaut werden, verfeinern die Gerichte und Speisen. Die Kürbissammlung im

Herbst erfreut sowohl das Auge als auch den Gaumen von Freunden echter Lebensmittel.
Feines aus dem Steirischen Vulkanland gibt es bei Marianne auch zum Mitnehmen:

Grammelschmalzaufstrich: händisch geschnittener Speck, schonend ausgelassenes Schmalz, zart – knusprige Grammeln, mit frischem Schnittlauch und Gewürzen verfeinert Leberaufstrich: Frei von Sehnen und Flachsen, mit großer Sorgfalt schonend gebratener Speck, Fleisch und Leber, durch Einrexen haltbar gemacht

Eingelegter Schweinsbraten und nach Omas Rezeptur die steirische "Klachlsuppe":
Mit frischen Wurzeln gekochte Stelzen und Haxln, danach ausgelöst und mit Essig, Knoblauch und Gewürzen abgerundet

Durch monatelange Reifung zart-mürber Speck, gepökelt und geselcht

In Kooperation mit Zotter-Schokoladen: Gefüllt mit hauseigenen Mangalitza-Grammeln.

Die Hauptdarsteller des Kinder-Bauernhofs
Das ungarische Wollschwein (Mangalitza) ist in unserem Kinderbauernhof mit dem angeschlossenen Gasthaus der Hauptdarsteller. Es ist eine widerstandsfähige, vom Aussterben bedrohte Haustierrasse, die ohne Medikamente und Wachstumsförderer im Freien natürlich heranwachsen darf. Das "Glücksschwein", das Marianne Flucher schon vor einigen Jahren den begehrtern "Lucullus"-Preis eingebracht hat, ist aber längst nicht mehr nur auf lauschigen oststeirischen Bauernhöfen unterwegs, sondern grunzt quer durch Österreichs Gourmetlandschaft. Mangalitza-Schweinefleisch zeichnen ein niedriger Cholesteringehalt und wertvolle ungesättigte Fettsäuren aus, deren Zusammensetzung pflanzlichen Ölen sehr nahe kommt, weshalb man dem Fleisch auch beim Zubereiten viel mehr Zeit als gewohnt geben muss.

Kinder-Bauernhof Marianne Flucher, Weidenweg 22,
8330 Feldbach, Tel. und Fax 03152 7948,
E-mail: kinderbauernho@aon.at
Geöffnet: Donnerstag und Freitag ab 14 Uhr,
Samstag, Sonntag und Feiertags ab 10 Uhr.
Voranmeldung auch unter: 0664 410 97 03

Der „Bio-Noah-Hof“ von Karl Schardax

Arche-Hof Karl Schardax

Der „Bio-Noah-Hof" von Karl Schardax

Karl Schardax, der trotz seines jugendlichen Alters von 28 Jahren heute als einer der kompetentesten Experten in Bezug auf Schweinezucht, speziell im Bereich der Turopolje gilt, führt seinen Arche-Hof, die "Noah-Farm" in Vöcklamarkt in Oberösterreich zusammen mit seiner Frau Nina in beeindruckender Weise. Seltene Rinderrassen, Ziegen, Esel, Wasserbüffel und über 150 Schweine in Freilandhaltung weiden auf den Wiesen und Koppeln rund um seinen Hof. Artgerechte Haltung und der tägliche, unmittelbare Kontakt zu allen Tieren ist oberstes Gebot am Archehof von Karl Schardax, denn die Würde der Tiere ist unantastbar, auch wenn diese letztendlich als Nahrung für uns Menschen dienen sollen.

Alte, gefährdete Haustierrassen zu züchten, das hat sich das Ehepaar Schardax vor über zehn Jahren zum Ziel gemacht. So etwa die Mangalitza-Schweine, auch bekannt unter dem Namen Wollschweine und die Rasse "Turopolje", ein Weideschwein, das ursprünglich aus Kroatien stammt. Wie alle anderen Tiere am "Bio Noah" Hof leben sie ganzjährig im Freien. "Das hält sie gesund", sagt Nina Schardax.

Gefährdet sind alte Haustierrassen wie z.B. Turopolje- oder Mangalitzaschweine deshalb, weil sie weniger Leistung erbringen und langsamer heranwachsen. Darin liegt aber auch ihr Vorteil. Mindestens eineinhalb Jahre leben die Tiere am "Bio Noah"-Hof in Freiheit bei reichlichem Angebot an gesundem, natürlichem Futter. Die Tiere brauchen oft dreimal so lange bis zur Schlachtreife, deshalb wird das Fleisch auch nicht wässrig und "rinnt in der Pfanne nicht aus". Für Schulklassen wird auf dem Bio-Noah-Hof" die "Schule am Bauernhof" angeboten, die von den Kindern immer wieder begeistert aufgenommen wird.

Große Widerstände

Der Anfang vor rund zehn Jahren war für Karl Schardax, den gelernten Fleischhauer, ein steiniger, dornenvoller Weg. Nur wenige konnten oder wollten den Vorstellungen über seine Art und Weise, Tiere artgerecht zu halten, auch folgen. Es gab damals aber nicht nur Ungläubige sondern auch solche, die gegen den "Jungpionier Schardax" Widerstände und Fallstricke aufbauten. Schardax - ein Phantast und Querkopf? Nein, der Mann weiß und wusste sehr gut, was er tut und ist mittlerweile Präsident der Turopolje-Züchter Österreichs und stellvertretender Obmann des Vereins zur Erhaltung gefährdeter Haustierrassen (www.arche-austria.at) und ihm ist klar: "Viele Tierarten sind heute deswegen vom Aussterben bedroht, weil sie langsamer Fleisch ansetzen oder weniger Eier legen. Nur wenn es für sie einen Markt gibt, können sie überleben".

Über zwanzig verschiedene Rassen, rund 300 Tiere, werden heute auf Schardax's Arche-Hof gehalten. "Wir machen alles selbst, von der Zucht bis zum fertigen Produkt". Das sei die beste Bauernhofgarantie "und nicht irgendein Zettel, der auf der Wursthaut klebt", meint Karl Schardax und deutet dabei auf seine Tiere, die ihr Wohlfühl-Programm im Freien gerade voll ausleben: Genüsslich suhlt sich ein Mangalitza-Schwein im Schlamm, Turpolje-Schweine laufen über die Weide und Sulmtaler Hühner baden sich im Staub.

Der Betrieb wird transparent geführt, auf Anmeldung können ihn Kinder, Jugendliche und auch Erwachsene besichtigen. Tatsächlich kann man beim Schardax viel lernen: über vom Aussterben bedrohte Haustierrassen wie verschiedene Schweinearten, oder Rinder, wie die Pustertaler Sprinzen - eine Südtiroler Rinderrasse, die auch der Tobias Moretti züchtet, - bis zu Indischen Wasserbüffeln, "Waliser Schwarznasenschafen" oder Hühnern namens "Appenzeller Spitzhaube".

Ein Leben für die Tiere - Karl Schardax erinnert sich:
Im Gespräch mit Karl Schardax kommt in vielen seiner Ausführungen seine Verbundenheit mit der Natur und seinen Tieren immer wieder in berührender Weise zum Ausdruck, befragt man ihn über seine Kindheit und seine, oft sehr mühevolle Entwicklung zu einem der bedeutendsten Züchter aussterbender Haustierrassen im deutschsprachigem Raum, erinnert er sich:

"Zwei Schweine liegen dicht aneinander geschmiegt, im mit tiefem Stroh eingestreuten Stall. Das ist eines der Bilder aus meiner Kindheit, das mich mit Schweinen bis heute verbindet.
Der Stall hatte einen Holzboden aus Ulmenholz. Ulmenholz wurde traditionell im gesamten Alpenraum für Schweineställe verwendet, es ist hart und schmeckt den Schweinen nicht. Durch ein Ulmensterben sind die Bäume heute landauf landab verschwunden. Im Osten, z.B. in Ungarn wurde Akazienholz dafür verwendet, das sich ebenfalls ideal für Schweineställe eignet. Auf einem kleinen Nebenerwerbshof im Almtal aufgewachsen, gab es für mich immer diese zwei Schweine zur Eigenversorgung. Neben den Schweinen wurden von den Großeltern und Eltern auch drei Kühe, Hühner, Dutzende Obstbäume, der Hausgarten und vieles andere versorgt. Der heutige moderne Begriff "Permasubsitenzbetrieb" wäre treffend. Oder einfach ganz normal "im Kreislauf der Natur" zu arbeiten."

Karl Schardax mit seinen Wollschweinspezialitäten auf der Gesundheitsmesse in Bad Gams

Turopolje und Rinder weiden zusammen

So wurde und wird seit Jahrzehnten die Milch auch heute noch dort zu Sauerrahmbutter, Käse und Joghurt verarbeitet, aus den Früchten werden Fruchtaufstriche, Trockenobst, Apfelsaft und Most hergestellt, um nur einige Erzeugnisse zu nennen. Die Spezialitäten dienen der Versorgung der Familie, die Überschüsse werden verkauft. Solche oder ähnliche Betriebe gab es noch vor 20 Jahren in jeder Gemeinde. Heute sind Rinder-haltende Betriebe unter 5 ha mit Ausnahme von Vorarlberg so selten geworden wie Greißler. Für die Kinder gab es allerhand Arbeit, vom Kartoffelkäfer einsammeln, Brennholz aufschlichten bis zum Auf- und Abbau von "Heumännchen".

Auf diese Weise entwickelte sich bei mir schon sehr früh eine Beziehung zur Landbewirtschaftung. Im Alter von 5 Jahren wurden die ersten Kaninchen von mir eingestellt und nach anfänglichen Startschwierigkeiten bei der Zucht wurde diese rasch professionalisiert. 5 Jahre später erbrachte sie bereits einen Ertrag, mit dem der erste Bausparvertrag für mich bezahlt werden konnte. Taschengeld gab es nicht, selber verdienen war angesagt, den ersten großen Kaninchenzuchtstall (selbst geplant) baute mein Großvater für mich. So wurden im Laufe der Jahre Hunderte Kaninchen und reichlich Geflügel gezüchtet.

Zu den Tieren gab es von unserer Seite eine innige Beziehung und dennoch war mir klar, dass der Nachwuchs meiner Zuchttiere irgendwann verkauft oder geschlachtet werden müsse. Schließlich gab es nicht unbegrenzt Platz für die Tiere und auch das Futter sowie andere Aufwendungen mussten bezahlt werden unter anderem auch der Bausparvertrag. Es wurden Kaninchen und Enten geschlachtet, anfangs durch die Hilfe der Mutter, schnell aber wurde auch diese Tätigkeit, wie alles andere rund um die Tiere von mir selbst übernommen. Dass dies zum Kreislauf einer Wirtschaft mit Tieren gehört, war für mich einleuchtend. Die Kleintierzucht verbesserte sich von Jahr zu Jahr und bald waren "Allerwelts-Rassen", die jeder hat und jeder züchtet, nicht mehr ausreichend für mich. Stattdessen wurden Tiere seltener Rassen gezüchtet und ausgetauscht, dies war interessanter, einfach etwas Besonderes.

Das waren auch die ersten Berührungspunkte mit dem "Verein zur Erhaltung gefährdeter Haustierrassen, dem "VEGH". Durch mein großes Interesse an der Landwirtschaft, ergab sich für mich die Bereit-

Karl Schardax mit seinen Pustertaler-Sprinzen

schaft zum Besuch der Landwirtschaftsschule eigentlich von selbst, ich stieg in die erste Klasse der Landwirtschaftlichen Fachschule ein. Nebenbei wurde die Kleintierzucht weiter gemanagt, meine Mutter und mein Bruder versorgten die Tiere während meiner Abwesenheit".

"Bauer kannst net werden; wennst koan Hof host, fia wos denn nu a Joa Schui geh'?", hieß es immer wieder, aber schließlich hatte ich mich doch durchgesetzt und nach einem neunwöchigen Tierpfleger-Praktikum ging die Schule wieder los. "Tierproduktion" nannte sich das Lehrbuch, dieser Titel zeigt einmal mehr ganz deutlich die Einstellung auf, die seitens der Verantwortlichen unseren Tieren gegenüber herrscht. "Tierzucht und Haltung" hätte ich als Buchtitel in diesem Falle lieber gesehen und für besser befunden.

Natürlich war nach dem zweiten Jahr der elterliche Betrieb noch nicht so gewachsen, dass man damit produktiv und ertragreich wirtschaften konnte.
So begann ich eine weitere Lehre, nämlich die eines Fleischers in einem kleinen Familienbetrieb. Von da an wandelte sich mein Bild vom "Idyll der Schweine", die im Stroh schlafen konnten, gewaltig. Trotz des "kleinen, feinen Familienbetriebes", in dem nur Tiere aus dem eigenen Ort geschlachtet wurden, war damals dessen Schweinefleischqualität und der Umgang mit den Tieren dermaßen schlecht, dass nach einer Fahrt von nur 10 Kilometern von 10 Schweinen mindestens zwei bis drei Tiere selbst nicht mehr in der Lage waren, aus dem Transportfahrzeug herauszukommen, diese mussten dann vom Lehrling bis zur Schlachtstrasse gezogen werden um noch zu retten, was es zu retten gab. "Mahlzeit, dachte ich mir, eine "Super-Fleischqualität".

Mir wurde damals bereits klar, dass sich der gesamte Komplex Schweinezucht durch die Industrialisierung und nicht zuletzt durch das Sterben der kleinen Fleischerbetriebe in eine völlig falsche, ungesunde Richtung entwickelt, deren Folgen ja heute überall sichtbar sind. Die Zucht auf Stressresistenz in der Hybridzucht hat zwar in den vergangenen Jahren Fortschritte gemacht, dennoch ist verglichen mit anderen Rassen die Stressresistenz in der Pietrainzucht miserabel. Die heutige Existenz der so genannten stressresistenten Pit-Eber ist nur auf einen Zufall zurückzuführen, da man eine einzige Sau gefunden hat, von der alle heutigen resistenten Eber abstammen.

Schon damals wurden so wenige Fleischer ausgebildet, dass beim Bundeswettbewerb der Fleischhauerlehrlinge im Jahre 1998 kein einziger Lehrling aus Wien und Burgenland teilgenommen hatte, weil es in diesen Bundesländern schon jahrelang keinen mehr gab. Großbetriebe beschäftigen heute stattdessen Billiglohn-Trupps aus Kroatien, Serbien, Albanien, Portugal, aus der Ukraine usw. Das Image der Fleischer ist gerade unter der jüngeren Generation nicht gerade das Beste, klebt doch das stressige Schlachten in Zusammenhang mit dem dabei für die Tiere auftretenden Leid an den Fingern dieser Berufsgruppe.

Dabei würde es gerade zum Töten der Tiere verantwortungsbewusster Fachkräfte bedürfen, anstelle von gestressten, unterbezahlten und fachunkundigen Hilfsarbeitern, die oft im Wochenrhythmus ausgetauscht werden. Dass dies auch ganz anders geschehen kann, beweisen z. B. die "Hermannsdorfer Landwerkstätten" von Karl Ludwig Schweisfurth bei München, wo es auf den jährlichen Lehrstellen immer ausreichend Bewerber gibt. Auch die Landwirtschaftschulen und Berufsschulen sind gefordert, sich zu entwickeln und nicht, wie heute noch aktuell, 20 Jahre lang die gleichen Prüfungsfragen zu verwenden. Zum besseren Vergleich stelle man sich vor, die Computerbranche wäre heute noch immer auf dem gleichen Stand wie vor 2 Jahrzehnten!

Tausende Schweine sterben täglich in Österreichischen und in anderen EU-Schlachthöfen, es ist ein unmenschliches Sterben im Sekundentakt.
Kein Dank, kein Abschied dafür, dass die Kreatur ihr Leben zu unserer Ernährung lassen muss. Bei Hausschlachtungen in Ungarn und Rumänien dagegen ist es heute noch, wie früher allgemein üblich, nach alter Tradition, dem geschlachteten Schwein ein kleines Kreuz in den Nacken zu schneiden, das mit Salz gefüllt wird. Dabei wird Abschied genommen und dem Tier gedankt. In der keltischen Kultur spielte auch noch das Räucherwerk, die Mondphase und vieles andere beim Schlachten eine bedeutende Rolle. Das alles kümmert heute, im Taumel industriellen Fleisch-Kommerzes kaum jemanden. Hauptsache: Billig muss das Fleisch sein.

Spätestens bei der nächsten Inszenierung von Vogelgrippe, Maul- und Klauenseuche, Schweinepest, BSE, Blauzungenkrankheit oder beim Feuerbrand

Karl Schardax mit seinen roten Mangalitzas

der Obstbäume ist die Bevölkerung wieder aufgescheucht. Wie blauäugig muss man eigentlich sein, zu glauben, dass z.B. ein Desinfizieren von Seeufern gegen Vogelgrippe helfen oder dass Vegetarismus die Tiere wirklich schützen würde. Um Milch zu erzeugen, muss jede Kuh einmal im Jahr ein Kalb bekommen, was soll aber mit den Kälbern geschehen? Die Folge davon - wenn der Konsument die Milch, aber nicht das Kalbfleisch wünscht - ist die "Herodes Prämie", die das Schlachten der Kälber subventioniert, damit Milchwirtschaft unter heutigen Spielregeln überhaupt möglich wird. Gleiches passiert mit Jungtieren aus der Milchziegen- und Milchschaf-Produktion. Die Aufzucht der Jungtiere rechnet sich nicht, der Konsument ist nicht bereit die Kosten zu bezahlen, also werden die Neugeborenen überflüssig.

Nicht selten bekommen wir Freilandtierhalter zu hören: "Die armen, lieben Tiere, die auf der Weide stehen, kann man doch nicht schlachten". Diese falsche Sichtweise der Dinge wird scheinbar dadurch ausgelöst, dass man hier erstmals lebende Tiere sieht, denen es gut geht. Da will man nicht, dass diese geschlachtet werden, jedoch an jene Kreaturen, die auf Betonspaltenböden ihr trauriges Dasein fristen und tatsächlich "arme Schweine" sind, denkt in diesem Augenblick natürlich niemand.

Als ich 1999 mit der Haltung von Schweinen im Freien begann, hatten diese am elterlichen Hof nicht mehr Platz. Es war - trotz des allgemeinen Desinteresses in der Landwirtschaft - wahrlich nicht einfach, Flächen zu finden, die einem für Freilandschweine überlassen werden, zu groß waren die Vorurteile damals gegen diese Art der Tierhaltung. Eine große, arrondierte (zusammenhängende) Fläche war nicht zu finden und so stellte es für mich neben meinem Präsenzdienst und dem Beruf als Fleischer, dem ich damals noch als Angestellter nachging, eine schwierige Herausforderung dar, gleichzeitig auch noch Schweine auf verschiedenen, auseinander liegenden Parzellen zu züchten.

2001 war es aber dann soweit: ein gesamter Landwirtschaftsbetrieb wurde gepachtet. Mit den Jahren kamen noch Flächen von weiteren Betrieben dazu, so dass heute von mir, meiner Familie und meinen Mitarbeitern eine Gesamtfläche von ca. 50 ha bewirtschaftet wird. Vorerst gab es allerdings allge-

Der Kübelspeck – eine der Spezialitäten des hauses Schardax

meines Entsetzen und Entrüstung in meiner Umgebung. "Unglaublich, die Schweine graben alles um, stinken, erfrieren im Winter und das fette Fleisch kann sowieso nicht verkauft werden", war die allgemeine Meinung. Doch unbeirrt und vollster Überzeugung wurde weitergearbeitet.

Seit 1999 betreue ich den Verein zur Erhaltung gefährdeter Haustierrassen (VEGH) als Spartenbetreuer die Rasse der Turopolje-Schweine in Österreich. Zu Beginn gab es gerade mal drei kleine Bestände, heute ist ihre Zahl durch unsere intensiven Bemühungen auf 60 Züchter in Österreich angewachsen. Mehr als zehn verschiedene Rassen wurden im Freiland getestet, die Turopolje-Schweine waren und sind aber immer der Kern der Schweinehaltung geblieben. Zeitweise bevölkern meine "Bio Noah Farm" 80 Rinder und mehr als 150 Freilandschweine, dazu Esel, Pferde, Schafe und zahlreiche weitere Tiere, unser Betrieb verfügt heute über einen weithin bekannten, guten Namen in der gesamten Branche.

Die alljährlichen Auszeichnungen im Bereich von Tierzucht und Lebensmittelerzeugung sind der Beweis für das Qualitäts-Label der "Bio-Noah-Farm". Leider ist ein Pachtbetrieb langfristig nicht vollständig nach eigenen Ideen und Vorstellungen zu führen, so kann man gespannt sein, wohin uns der Weg in den nächsten Jahren noch führen wird. Vieles wurde inzwischen bereits erreicht: Die Freilandschweinehaltung in Österreich stößt mittlerweilen auf verstärktes Interesse, etliche Züchter, die sich zu dieser Art der Tierhaltung bekennen, sind inzwischen dazugekommen, wie in diesem Buch aufgezeigt wird. Dennoch ist sie bei uns minimal, verglichen mit England, wo bereits mehr als 20 Prozent der Muttersauen im Freien stehen. So weit also Karl Schardax.

Auch zum leckeren, vielfältigen Angebot des Bio-Betriebes Schardax lässt sich einiges sagen: Neben einem ausgezeichneten Wollschwein-Schinkenspeck gibt es nicht nur den leicht wildartig schmeckenden Schinken und das hochwertige Schmalz vom Turpolje-Schwein sondern auch die Delikatesse des "Rinderschinkens" und die hofeigene "Bio-Noah Hauswurst". Je nach Saison wird Fleisch von Ochsen, Schweinen, Jungrindern, Kälbern, Lämmern, Kitzen, Puten, Enten, Gänsen, Hühnern oder Kaninchen angeboten. Das Bestreben, dem Rhythmus der Natur zu folgen, steht hinter dem jeweiligen Angebot des Bio-Noah-Hofs: "Enten brüten im Frühling, also gibt es Entenbraten erst im Herbst." Schweinernes gibt's nahezu immer. Wer einen speziellen Wunsch hat, muss vorbestellen. Denn erst, wenn die Zeit reif ist, kommt der Genuss.
Was für ein Bauchspeck! G'schmackig wie noch nie gekostet, grammelig im Biss. Köstlich der Schinkenspeck: traditionell über Buchensägemehl kalt

geräuchert mit viel Fett dran. Und erst die Rohwurst, die exquisite Hauswurst, der "Kübelspeck" und die würzige Schafwurst. Man schmeckt's, der Fleischhauer Karl-Christian Schardax versteht sein Handwerk!

Auch Tiere kann man am Bio-Noah-Hof erwerben: Jungferkel, Muttersauen und verschiedenste andere Tierrassen stehen für Interessierte zum Verkauf an. Dazu gibt es neben den Tieren, die Karl Schardax nur an argerecht haltende Züchter weitergibt, auch eine fachlich kompetente Beratung, damit der jeweilige Züchter auch eine entsprechende Freude am Halten der Tiere hat. Eine widernatürliche Enthornung von Rindern und Ziegen ist am Bio-Noah-Hof verpönt. Alle Tiere werden artgerecht gehalten und stressfrei sowie ohne lange Transporte geschlachtet, was von eminenter Bedeutung für die Fleischqualität ist.

Ein "mobiles Hüttensystem" für Schweine-Freilandhaltung, das problemlos von Koppel zu Koppel transportiert werden kann und verschiedene Vorzüge zu anderen Stallungssystemen besitzt, wurde von Karl Schardax in Österreich eingeführt. (Firma Atlantic und Firma A-Hyttn). Die einfachen Unterstände besitzen keinen Boden, dieser wird mit Stroh dick eingestreut, da die Schweine eine natürliche Grundlage bevorzugen. Beim Wegtransport bleibt das Stroh als Dünger zurück.

Der Bereich "Tierrassen-Consulting" nimmt einen immer größer werdenden Platz in der Arbeit von Karl Schardax ein, da das "Know How" und das Wissen um die vielfältigen Probleme im Bereich der Tierzucht heute einen immer bedeutenderen Stellenwert im Leben von Züchtern und Tierhaltern einnimmt. Als Koordinator stellt Schardax den Kontakt zwischen Züchtern in ganz Europa und Übersee her, vermittelt Anpaarungen, Zuchteber und Zuchtbullen an Interessierte und arbeitet mit Organisationen, wie z.B. der "Save Foundation", einer Schweizer Stiftung zusammen. Die Auslandserfahrung, zuletzt ein mehrwöchiger Aufenthalt zum Aufbau einer Rinderfarm in Russland unweit von Moskau sind wichtige Meilensteine im Leben des jungen Pioniers Schardax, der von ihm gezüchtete Rassetiere mittlerweile bis nach Rumänien, Ungarn, England, Mexico und Costa Rica liefert.

Mit über 60 verschiedener Sorten an Topinambur verfügt Karl Schardax auch über eine der größten Topinamburzuchtpotentiale in ganz Europa.

Info: Bio Noah Farm, Karl und Nina Schardax, E-Mail: bio.noah@aon.at Auch Internetbestellung für Produkte möglich: www.bio-noah.at

Links: Bergkräuterschmalz vom Kulturschwein
Rechts: Lardo vom Kulturschwein

Arche De Wiskentale

Fam. Christoph Wiesner

Arche De Wiskentale

SELTENE, HEIMISCHE NUTZTIERRASSEN UND KULTURPFLANZEN

"Arche De Wiskentale". Der Name leitet sich von der althochdeutschen Ortsbezeichnung "wiskin tal"- Wiesental für Wischathal ab. "Arche" bezieht sich auf den Erhalt seltener, heimischer Nutztierrassen und Kulturpflanzen.

Seit Mai 2001 führen wir den im nordwestlichen Weinviertel gelegenen Bauernhof. Unser Hofgebäude entstand aus einem für diese Gegend typischem Bauernhaus in teilweise noch erhaltener Lehmbauweise. Als Subsistenzhof bewirtschaften wir zur Zeit ca. 20 Hektar Landfläche. Unser Ziel ist die geschlossene Kreislaufwirtschaft. Wir sind seit zwei Jahren in der BIO-Kontrolle und streben den DEMETER Standard an.

Zahlreiche gefährdete, heimische Haustierrassen zählen zu den Besonderheiten der Arche De Wiskentale. Eine gemischte Herde aus Pinzgauerziegen, Pfauenziegen und Waldschafen gehört ebenso zum Erscheinungsbild des Hofes wie Noriker Pferde oder weiße und wildfarbene Altsteirer und Sulmtaler Hühner. Etliche andere Rassen runden den Tierbestand ab. Dazu zählt neben unserem Hofhund auch das Rehkitz Timberlake.

Vor allem aber sind am Betrieb der Familie Wiesner Mangalitza Schweine anzutreffen. Blonde-, Rote- und Schwalbenbäuchige Mangalitza Schweine beweiden in Freilandhaltung das Gelände um den Hof. So lässt die Zuchtherde, bestehend aus rund 20 Muttertieren den "Saugraben" seinem Namen gerecht werden. Zum Decken werden die Sauen den Zuchtebern – zur Zeit acht Stück – in Kleingehegen zugeführt. Die Mast erfolgt in "Wanderkoppeln": Wo heute noch Mangalitza Schweine wühlen, sprießt bereits in einigen Wochen das Gemüse zur Selbstversorgung aus natürlich gedüngtem Boden. Das Schweinefütter wird in Eigenproduktion biologisch hergestellt. Die Futterrationen bestehen aus Getreide (Gerste, Weizen, Roggen), Grünfutter im Sommer, Heu und Kartoffelfütterung im Winter.

Geräucherter Rollbauch

Bauchspeck

Weisser Rosmarinspeck

Karree Speck

Luftgetr. Keulenschinken

Weisser Kräuterspeck

Weisser Speck

Weisser Paprikaspeck

„Der Speck ist fertig" - Produkte vom Mangalitzaschwein

Leckerbissen wie Fallobst, Unkräuter oder Überschüsse aus der Selbstversorgung ergänzen den Speiseplan der Schweine.
Die naturnahe Haltung und stressfreie Schlachtung ist Garant für hochwertige Lebensmittel. Unsere Produktpalette reicht neben Frischfleisch und den Mangalitza Speckkreationen von Brüh- und Hauswürsten bist hin zu Raritäten wie den luftgetrockneten Beinschinken. Zu besonderen Anlässen bieten wir gegrilltes Spanferkel an.
Nachkommen unsere Zuchttiere stehen in ganz Österreich. Es ist uns auch gelungen Mangalitza Schweine nach Ungarn, Deutschland, Tschechien, Rumänien, England, Frankreich sowie nach Amerika zu exportieren.

Neben der Tierhaltung gehört selbstverständlich auch der Pflanzenbau zu den Aktivitäten am Hof. Auf dem höher gelegenen Obstgarten, dessen Aussicht bis zur Wiener Pforte reicht, wachsen alte Obstbaumsorten und auch sonst findet man in verstreuten Äckern verschiedensten Raritäten in Obst-, Forst- und Gemüsebau.
Alte Getreidesorten wie Emmer, Einkorn, Johannesroggen und seltene Kartoffeln wie der "Nagler Kipfler" und die "Linzer Delkatesse" bereichern unser Sortiment. Auch können am Hof kaltgepresstes Rapsöl, Obst und Kräuteressige, Nussliköre, selbstgebrannte Schnäpse und unser "Obstgartenhonig" erworben werden.
Nicht nur im landwirtschaftlichem Betrieb versucht die Arche De Wiskentale den Einklang mit der Natur zu finden. So werden die Räume mit Erdwärme beheizt und ein eigenes Nutzwasserwerk aus Regen- und Brunnenwasser versorgt ressourcenschonend den Hof.

Die Arche De Wiskentale wird von Isabell-Christina Zernitz-Wiesner (Geb.1970) und Christoph Wiesner (Geb.1971) unter Mithilfe der gesamten Familie geführt. Weiteres leben noch die Kinder Max, Moritz, Mae und Meo am Betrieb. Christoph Wiesner ist seit 2006 landwirtschaftlicher Facharbeiter und derzeit in Meisterausbildung.

Kontakt: Arche De Wiskentale
Fam. Wiesner, Wischathal 20
2013 Göllersdorf, Tel.: 02954 30396
de.wiskentale@utanet.at
www.dewiskentale.com

Argerhof
Demeter-Betrieb/Pferdepension
Hans und Gabriele Modlmair
Hohenbercha 23
85402 Kranzberg

Tel.: 08166 - 83 58
Fax: 08166 - 62 74
e-mail: info@prima-porca
www.prima-porca.com

Prima Porca

Prima Porca hat sich zum Ziel gesetzt, vollkommen assoziativ zu wirtschaften. Das heißt, dass jedes Glied unserer Produktionskette fair behandelt wird. Das fängt beim Tier an, setzt sich über alle Verarbeitungs- und Vertiebsschritte bis hin zum fairen Verbraucher fort. Denn "fair" bedeutet "Leben und Leben lassen" - nur so kann es auch in Zukunft noch eine gesunde Landwirtschaft geben.

Seit 1991 bewirtschaften Hans und Gabriele Modlmair mit ihren Kindern Laura und Elias einen Hof in der Nähe von München nach biologisch-dynamischen Richtlinien. Ziel war und ist es, einen "richtigen Bauernhof" aufzubauen, in dem sich Mensch und Tier wohlfühlen. Dabei wird besonderer Wert auf den Erhalt der vor dem Aussterben bedrohter Tierrassen gelegt. Die große Verdrängungsbereitschaft in unserer Gesellschaft und die Anonymität der sogenannten "Tierproduktion" machen es möglich, dass wir den Tieren durch die Intensiv- und Massentierhaltung ihre elementarsten Grundbedürfnisse wie Licht, Luft, Bewegung und angemessenen Sozialkontakt nehmen. Wenn es darum geht, die heutige Intensivhaltung zu verteidigen, wird stets auf die Sonderstellung des Menschen in der Natur verwiesen. Diese gestatte ihm, die Natur für seine Zwecke nach eigenem Gutdünken zu nutzen - unter dem Motto: "erlaubt ist, was rentabel ist".

Worin besteht aber nun die Besonderheit des Menschen, die ihn dazu berechtigen würde, eine Sonderstellung im Reich der Natur einzunehmen? Doch wohl darin, dass er ein einsichtsfähiges, seiner selbst bewusstes und damit moralfähiges Wesen ist. Nur der Mensch ist in der Lage in seinem Tun nicht nur die eigenen Interessen, sondern auch die Anderer zu berücksichtigen. Auf der Fähigkeit zu Moral und ethischer Abwägung beruht die einzigartige Stellung des Menschen in der Natur und nicht darauf, die Macht "des Stärkeren" auszuspielen, dabei Natur und Umwelt zu vergewaltigen und den Tieren

ein unwürdiges Dasein zu bereiten. Um sich auf seinen Sonderstatus berufen zu können, muss man diesem erst einmal gerecht werden.

Und gerecht werden wir ihm erst dann, wenn wir unsere vielfältigen Interessen an der Haltung und Nutzung von Tieren deren Bedürfnissen anpassen. Das Recht, Tiere für uns zu nutzen und zu töten, dürfen wir nur dann in Anspruch nehmen, wenn wir auch der Pflicht zur Fürsorge nachkommen. PRIMA PORCA versucht, diese Balance zwischen Nutzung von Leben und Achtung des Lebens wiederzufinden, die man in der Landwirtschaft früherer Zeiten noch vorfand. Dies ist eine Besinnung darauf, was wir Menschen den Tieren, von denen wir leben, schuldig sind. Nur wenn wir bereit sind, auftretende Mehrkosten durch höhere Preise mitzutragen, wird sich für die Tiere etwas ändern.

Die Klostermetzgerei der Benediktinerabtei Plankstetten ist ein reiner Biobetrieb, sie schlachtet und verarbeitet zu 100% Tiere aus ökologischem Landbau, darunter auch die Schweine der Modlmairs. Die Klostermetzger stellen sämtliche Wurstwaren und Schinken in handwerklicher Spitzenqualität selbst her. Verwendet werden: Biofleisch, wertvolle Zutaten und Naturgewürze aus zertifiziert biologischem Anbau - sonst nichts!
Artgerechte Tierhaltung und handwerkliche Verarbeitung verbinden sich für Sie in allen Prima Porca-Delikatessen vom Arche-Weideschwein. Erleben Sie vollendete Geschmackswelten wie in alten Zeiten!

arche Austria
verein zur erhaltung gefährdeter haustierrassen

Arche Austria - Verein zur Erhaltung gefährdeter Haustierrassen

Die Arche-Höfe

Früher waren die Bauern nicht auf den Verkauf von Erzeugnissen eingestellt, daher war auch die Leistung der Tiere nicht so bedeutend. Der Bauer produzierte nur soviel, wie es seine Abgaben, seine Familie und sein Gesinde erforderten.

In der zweiten Hälfte des 19.Jahrhunderts stiegen jedoch die Steuerlasten der Bauern so sehr an, dass sich diese gezwungen sahen, ihre Produkte zu verkaufen, um Bargeld zu erhalten. Vor allem aber war es die Industrialisierung ab Mitte des 19.Jahrhunderts, die viele Menschen in die Städte trieb und eine ständig wachsende Versorgung erforderte.

Auf diese Entwicklung reagierte man mit züchterischen Experimenten, die die bisherige Tierhaltung in unvorstellbarem Maße veränderten. Der Zuchttierimport wurde zur Alltäglichkeit und es entstanden bereits vor 100 Jahren die ersten Tierfabriken, die oft kompromisslos Masse vor Qualität stellten. Dabei kam es naturgemäß zu einer Spezialisierung auf bestimmte Produkte (Milch, Fleisch, Wolle), wobei viele bodenständige Rassen den neuen Anforderungen nicht gewachsen waren. Hier sei noch einmal das Schwein als Beispiel angeführt:

Vor allem nach dem Zweiten Weltkrieg haben sich die Verbraucherwünsche grundlegend geändert. Das Fettschwein war nun nicht mehr gefragt, denn der Konsument verlangte "hochwertiges Fleisch" (vor allem Schinken, Kotelett und Filet) mit möglichst wenig sichtbarem Fett. Der Schweinetyp wurde dem Markt angepasst, wurde mager und immer länger, mit möglichst dickem Schinken und 1-2 Rippenpaaren mehr als früher. Der reine Speckanteil sank gar von 45 auf 6%!

So kam es zu einer fast unglaublichen Konzentration von wenigen, auf extreme Fleischwüchsigkeit hochgezüchtete Rassen. Zudem führte die verstärkte Nachfrage nach Fleisch bedauerlicherweise dazu, dass die Zahl der Schweinehalter abnahm, die Zahl der gehaltenen Schweine pro Betrieb aber immer mehr anstieg. Die "industrielle Schweineproduktion" mit allen menschenunwürdigen Nebenerscheinungen begann.

Eine Rasse kann heute nur überleben, wenn man Marktnischen findet, Vermarktungskonzepte ausarbeitet und unerlässlich auf der Suche nach Züchtern ist, die bereit sind, mit einer Rasse den oft langwierigen Weg in die Wirtschaftlichkeit zu gehen.

Eine "Mehrfachnutzung" ist zwar längst unzeitgemäß geworden, doch haben die alten Robustrassen heute durchaus wieder Marktchancen und können der Konkurrenz ausländischer Rassen hinsichtlich Produktqualität leicht standhalten. Der VEGH hat und wird auch weiterhin seinen größtmöglichen Teil dazu beitragen. Abschließend soll hier noch ganz kurz auf das Selbstverständnis des VEGH hingewiesen werden: Gerade alte Rassen liefern Musterbeispiele dafür, wie intensiv früher die Beziehung Mensch-Tier war, wie sehr der Mensch auf das Wohlbefinden seiner Tiere achtete, und wie sehr er auf die Gesundheit und damit auch die Leistung (die früher häufig noch eine Dreifachnutzung war) seiner Tiere angewiesen war. Dass es einmal zu einer regelrechten Massenproduktion aus reiner Gewinnsucht kommen würde, hätte noch vor 100 Jahren wohl kaum jemand für möglich gehalten.
Wir verurteilen die damit verbundene, menschenunwürdige Massentierhaltung auf das Entschiedenste und treten für eine artgerechte Haltung mit einer möglichst engen Beziehung des Züchters zu seinen Tieren ein. Alte Nutztierrassen bringen zwar scheinbar kurzfristig weniger Leistung, sind aber auf längere Sicht gesehen zumindest ebenso wirt-

schaftlich wie Hochleistungsrassen, weil sie als "Partner" akzeptiert werden und den Freiraum haben, ihre Qualitäten in aller Ruhe zu entwickeln. Das sollte auch von öffentlicher Seite mehr als bisher unterstützt werden.

Es kann ja wohl nicht so sein, dass sich Tierschutz nur reiche Menschen leisten können, weil die Ärmeren praktisch gezwungen sind, die billige Massenware in den Supermärkten zu kaufen!

Und wenn sich Österreich als "Feinkostladen Europas" deklariert, warum sollte man dann nicht zu den bodenständigen landwirtschaftlichen Nutztieren stehen, die schließlich auch einen Teil unserer Identität ausmachen! Überdies können sich die Wünsche des Konsumenten rasch ändern, wofür es genug Beispiele gibt. So war z.B. das "Fettschwein" nach dem zweiten Weltkrieg durch den wachsenden Wohlstand nicht mehr gefragt, an seine Stelle trat das intensiv gemästete, fleischwüchsige Bratenschwein. Eine umgekehrte Entwicklung ist jedoch nicht auszuschließen, weil z.B. Fett als wichtiger Geschmacksträger erkannt wurde. Schon "vergessene" Kulturrassen können plötzlich wieder besonders begehrt sein

Fast für jede gefährdete Haustierrasse gibt es im VEGH einen zuständigen Rassebetreuer, der selbst mit Leidenschaft "seine" Rasse züchtet. Der VEGH versucht vor allem, durch verstärkte Öffentlichkeitsarbeit die Bevölkerung auf die drohende Vereinheitlichung unserer landwirtschaftlichen Nutztiere aufmerksam zu machen. Weitere Merkmale alter Haustierrassen sind ausgezeichnete Produktqualitäten, wie feinfasriges Fleisch und spezielles Fettsäurenmuster, sowie ihre Anpassung an bestimmte Regionen u. Kulturlandschaften.

Arche Austria -
Verein zur Erhaltung gefährdeter Haustierrassen
Stiftung 11, A-4294 St. Leonhard/Fr.
Mobil: 0664/5192286 (Mo. - Fr. von 9 - 10 Uhr)
Ansprechpartner: Andreas Maurhart, GF

www.turopolje.at
www.mangalitza.at

Liste Archehöfe siehe:
wichtige Adressen am Buchende

Rote Mangalitza bei Karl Schardax

ProSpecieRara

Schweizerische Stiftung für die kulturhistorische und genetische Vielfalt von Pflanzen und Tieren

ProSpecieRara ist eine schweizerische, non-profitorientierte Stiftung. Sie wurde 1982 gegründet, um gefährdete Nutztierrassen und Kulturpflanzen vor dem Aussterben zu bewahren. Spiegelschaf, Wollschwein, Rote Gartenmelde, Goldmöstler und viele andere beleben seither wieder Felder, Höfe und Wiesen.
Als Folge der Artenschutzkonvention von Rio 1992 unterschrieb der Bund das Artenschutzabkommen von Leipzig. Damit verpflichtete sich die Schweiz, sämtliche Ressourcen bei Tieren und Pflanzen zu erhalten. ProSpecieRara arbeitet in diversen Projekten Hand in Hand mit dem Bund. Die Stiftung erhält ca. ein Drittel der Projektgelder vom Bundesamt für Landwirtschaft. Die restlichen Mittel werden über Spenden und Legate gedeckt. Das Engagement von ProSpecieRara ist heute national wie auch international anerkannt und gilt in vieler Hinsicht als Pionierleistung.

Die Ziele von ProSpecieRara sind die Rettung und Erhalt der biologischen Vielfalt.
26 Nutztierrassen, 900 Garten- und Ackerpflanzen, 450 Beeren- und 1.800 Obstsorten stellen einen Reichtum dar, den ProSpecieRara mit seinen Aktivitäten und Projekten erhalten will. Der Reichtum an alten Landrassen und Kulturpflanzen ist ein wertvolles kulturhistorisches Erbe. Die traditionellen Tiere und Pflanzen erzählen ein Stück Landwirtschaftsgeschichte und sind mit unserer Kultur unseres Landes eng verbunden. Die kulturelle Verankerung der Sorten und Rassen spielt eine wichtige Rolle bei deren Erhaltung. ProSpecieRara kommuniziert diese Werte und sensibilisiert die Öffentlichkeit auf den Schatz, den diese Vielfalt darstellt.

ProSpecieRara setzt sich dafür ein, dass die Vielfalt der Rassen und Sorten für jedermann verfügbar ist und bleibt. Sie kämpft gegen die Patentierung von Leben und gegen Gesetze und Verordnungen, die den Zugang zu Saatgut und Zuchttieren einschränken oder verunmöglichen. Mit vielen Aktivitäten wie zum Beispiel der Führung einer Sortenzentrale mit Samenbibliothek, der Organisation von Saatgut- und Setzlingsmärken und der Mithilfe bei der Tiervermittlung ermöglicht die Stiftung allen interessierten Menschen den Zugang zu Pflanzen und Tieren.

ProSpecieRara leistet mit der Erhaltung einer breiten, genetischen Reserve einen wertvollen Beitrag an die Sicherheit der pflanzlichen und tierischen Rohstoffe. Unsere Umwelt verändert sich permanent. Damit die Kulturpflanzen und Nutztiere - die Grundlagen unserer Ernährung - auf diese Veränderungen reagieren können, ist ein breiter, genetischer Pool vor großem Wert. Er ist die beste Versicherung für kommende Veränderungen und Bedrohungen. Die in-situ-Erhaltung - also die dynamische Erhaltung in den Gärten auf den Äckern und in den Ställen - ermöglicht eine kontinuierliche Anpassung an die sich verändernde Umwelt. Dies ist ein großer Vorteil im Vergleich zur ex-situ-Erhaltung in statischen Samen- und Genbanken, wo Saatgut und tierisches Zuchtmaterial über lange Zeitspannen ohne Interaktion mit der Umwelt eingelagert werden.

ProSpecieRara setzt auf in-situ-Erhaltung. Das bedeutet, dass die Vielfalt an Sorten und Rassen über die natürlichen Anbau- und Zuchtzyklen von Saison zu Saison weiter gegeben wird. Nur so bleiben auch das Wissen und die Erfahrungen rund um den Anbau der Sorten und die Haltung der Rassen bewahrt. Wann ist der optimale Erntezeitpunkt? Welches Futter und welche Haltungsformen bekommen den verschiedenen Nutztierrassen? Welche Obstsorten eignen sich für die Kultivierung in höher gelegenen Regionen? Was ist bei der Landschaftspflege mit alten Ziegenrassen zu beachten? All dieses Wissen lässt sich nicht einlagern und einfrieren und wird dank in-situ-Erhaltung (Erhaltung von Ökosystemen und Biotopen) von Saison zu Saison weitergegeben. Und auch die Möglichkeiten der Nutzung der Sorten und Rassen und deren Verarbeitung bleiben lebendig erhalten.

Zu den 26 von ProSpecieRara betreuten Nutztierrassen gehören auch die schwalbenbäuchigen Wollschweine. Die Führung des Herdebuchs und die Zuchtkoordination werden von der Schweizer Vereinigung für die Wollschweinzucht SVWS geleitet.

Was im Umlauf ist, gerät nicht in Vergessenheit. Am sichersten ist die Vielfalt, wenn sie genutzt wird. ProSpecieRara stellt mit dem Gütesiegel eine Vermarktungshilfe zur Verfügung, das Spezialitäten von alten Rassen und Sorten auszeichnet. Es garantiert dem verantwortungsbewussten Konsumenten, dass hinter den Produkten reinrassige Erhaltungszucht und sortenreines Saatgut steckt und dass sich sein Kauf positiv und sehr nachhaltig auf den Erhalt der gefährdeten Vielfalt auswirkt. Wer mit dem ProSpecieRara-Gütesiegel ausgezeichnete Produkte genießt, entdeckt nicht nur eine Vielfalt geschmacklicher und in Form und Farbe reicher Spezialitäten aus extensiver Produktion, sondern leistet auch einen wertvollen Beitrag an den Erhalt die Sicherung der Vielfalt.

ProSpecieRara
Pfrundweg 14
5000 Aarau
Telefon 062 832 08 20
info@prospecierara.ch
www.prospecierara.ch

Gesellschaft zur Erhaltung alter und gefährdeter Haustierrassen e.V. (GEH)

Ziele, Organisation und Arbeitsweise

Die Gesellschaft zur Erhaltung alter und gefährdeter Haustierrassen wurde am 5. Dezember 1981 im Niederbayerischen Rottal gegründet. Mittlerweile zählt sie über 2.200 Mitglieder, darunter viele Landwirte, Nebenerwerbslandwirte und Züchter alter Haustierrassen. Die GEH ist somit eine private Vereinigung von Züchtern, Tierhaltern und Idealisten, die sich mit dem Problem der Erhaltung alter Haustierrassen beschäftigen.

Das Überleben traditioneller Nutztierrassen verdanken wir im allgemeinen einer kleinen Zahl von bodenständigen, traditionsbewußten Landwirten, die meist als Einzelgänger ihre Rasse über Jahrzehnte hinweg erhalten haben. Dabei wurden sie meist mehr mit Geringschätzung als mit Anerkennung bedacht.

Um über diese Generation von traditionsbewussten Landwirten hinaus die Restbestände alter Haustierrassen zu erhalten, bedarf es erheblicher Anstrengungen. In der Öffentlichkeit muss auf ihre besonderen Leistungseigenschaften, ihre optische Attraktivität, auf ihren kulturhistorischen Wert, oder aber auch auf ökonomische Vorteile unter spezifischen Bedingungen hingewiesen werden. Diese Publikationsmaßnahmen, die der Bekanntmachung und damit Weiterverbreitung der einzelnen Rassen dienen, sind Aufgabe engagierter GEH-Mitglieder, die selbst nicht immer aus der praktischen Landwirtschaft stammen.

In vielen Fällen sind solche alten Rassen bei staatlichen Zuchtorganisationen nicht anerkannt, bzw. es existiert keine Zuchtbuchführung oder Datenerfassung. Durch Einführung der Herdbuchzucht auf Antrag interessierter Züchter oder GEH-Mitglieder, durch Vereinsgründungen oder Beschickung von Ausstellungen, kann es zu einer Neubelebung der Rassen kommen. So ergibt sich als Schwerpunkt der GEH-Tätigkeit die Lebenderhaltung alter Haustierrassen mit den Instrumentarien Publikationsarbeit, Ausstellungsgestaltung, Interessenten- und Züchterkoordination, Datenerfassung und aktive Lebenserhaltung durch vereinseigene Genreservegruppen. Die Kryokonservierung wird von der GEH als eine wichtige unterstützende Maßnahme in Ergänzung zur Lebenderhaltung angesehen.

Die Organisationsstruktur der GEH ist sehr eng mit der Geschäftsstelle verbunden. Seit einigen Jahren wird sie von einer hauptamtlichen Mitarbeiterin als Geschäftsstellenleiterin betreut. Es besteht eine enge Zusammenarbeit mit der Vorstandschaft, die aus Vorstand, Stellvertreter, Schriftführer und Schatzmeister besteht. Ein weiteres wichtiges Gremium innerhalb der GEH sind die Koordinatoren für die verschiedenen Tierspecies.

Sie bemühen sich um speciesgebundene Anfragenvermittlung und um Informationsaustausch zwischen den Rassebetreuern. Letztere stellen das wichtigste aktive Organ der GEH dar. Sie sind spezialisiert auf eine Rasse, meist auf eine von ihnen gehaltene Rasse, da sie oft selbst Züchter sind. Sie kennen die Ursprungsregion dieser Rasse und die traditionellen Tierhalter bzw. Landwirte. Sie stellen Kontakt her zu Zuchtverbänden und beschicken regionale Ausstellungen.

Häufig erfolgten auf dieser Ebene Vereinsgründungen bzw. Gründungen von Arbeitsgruppen.
Die GEH publiziert ein vierteljährlich erscheinendes Vereinsorgan, das Vereinsmitglieder kostenlos erhalten. es erreicht bei einer Auflagenhöhe von 3.000 Stück eine große Zahl von Züchtern und anderen maßgeblich Interessierten.
Die GEH führt 94 gefährdete Haustierrassen in Deutschland auf einer Roten Liste, die die einzelnen Gefährdungsstufen wiedergibt. Es handelt sich damit bei der GEH um die einzige Organisation, die

bundesweit tätig ist und sich dabei mit der Lebenderhaltung alter Haustierrassen beschäftigt.

In der letzten Zeit wuchs die Bedeutung in der Zusammenarbeit mit dem BUND bzw. mit staatlichen Naturschutzbehörden. Landschaftspflege und Extensivierung geraten mehr und mehr in den Vordergrund der Diskussion. Die Integration alter Haustierrassen in diese Bereiche nimmt immer mehr zu und die GEH ist dabei häufig als beratende Institution gefordert.

Die Erhaltung alter Haustierrassen überschreitet oft die politischen Grenzen durch Verbreitung einzelner Rassen über mehrere Länder hinweg. Damit wuchs in den letzten Jahren die Erkenntnis der Bedeutung internationaler Zusammenarbeit und es entstanden entsprechende internationale Organisationen wie Rare Breeds International, Donauländer Allianz für Genkonservierung und die Stiftung SAVE. Die GEH ist Mitglied bei diesen Organisationen bzw. wurde teilweise bei der Gründung aktiv.

Die GEH ist in den letzten Jahren vermehrt in den Besitz von eigenen Genreservebeständen gekommen. Dennoch ist sie keine Zuchtorganisation, sondern eine private Vereinigung zur Haltung bzw. Züchtung alter Rassen, die ihrerseits mit den staatlichen Zuchtorganisationen eng zusammenarbeitet. Auf diese Weise befindet sich doch ein großer Teil wertvoller Bestände alter Rassen in privater Hand innerhalb der GEH.

Damit wird die große Verantwortung deutlich, die auf unsere Mitglieder zukommt. Häufig arbeiten sie aufgrund persönlicher praktischer Erfahrung, oft mehr oder weniger intuitiv, ohne spezifische populationsgenetische Fachkenntnisse. Damit ist die Zusammenarbeit mit der Agrarwissenschaft notwendig, um die Verantwortung für diese Tierbestände auch langfristig tragen zu können. Auch die Ergänzung der Lebenderhaltung durch die Kryokonservierung ist nur gemeinsam mit GEH-Mitgliedern, also den Tierhaltern und den entsprechenden Facheinrichtungen möglich. Auch die staatliche Förderung der Erhaltung alter Haustierrassen ist einerseits nur sinnvoll beim Vorhandensein interessierter Züchter, andererseits eine wichtige Basis für den Erhalt bzw. die Vergrößerung der vorhandenen Populationen. Aus dieser Betrachtung heraus soll noch mal auf die Notwendigkeit des gemeinsamen Vorgehens hingewiesen werden.

Dr. Reiner Seibold
Laufenberg 20, A - 9545 Radenthein

„Lolli" beim Jagawirt Werner Goach

Da Wiat und de Wiatin vom Moachfödahof lodn ein zum

Sautanz

aun an jed'n Dienstog, Mittwoch und Dunnastog!

Do gibt's anfoch ollas, wos ma' aus so ana jungan Sau guat's moch'n kaun:

Lebawiascht, Brodwiaschtl'n, dicke Blunz'n, a softigs' Bradl, Stöz'n und natialich unsa sicha einmolige

Schlochtplott'n

(fia zwa, drei oda via Leit,- je nochdem).

Jetz'n lesn's amoi, wos do ois drauf is:

A frische muadsdrum grosze Blunz'n, unser draumhofte Lebawuascht, Brodwiaschtl'n, a Fleischstrudl, Speckgnedln, Fleischgnedln, a G'söchts' ... g'reste Zwieflerdepfln, a hasza Grautsalot mit Speck, nochan Lins'n und Duschtgnedln.

Sowas Guad's griagn's ned olle Tog,- aisdaun,- probiansas amoi und sogn's uns nochon, wia's Ihna g'schmeckt hod!

Guten Appetit
und viel Vergnügen
wünscht Ihnen
Ihre
Familie Bock-Faltus

Einladung zum Sautanz von anno dazumal

Der Sautanz

Als das Schwein noch Ansehen hatte und Schlachten noch ein richtiges Fest war

Von Manfred Flieser,
SlowFood Styria

Früher einmal, als man sich bei uns noch nicht überwiegend von Fleisch ernährte, und die Bauern maximal ein bis zwei Mal im Jahr, im Winter ein Ferkel abstachen, artete so mancher Schlachttag zu einer regelrechten Festlichkeit aus. Zum Sautanz eben.

Schon tags zuvor begann man mit den Vorbereitungen. Der Sautrog, das Saupech und die Saurehm – ein Holzgestell zum Aufhängen des geschlachteten Schweins – wurden aus dem Schuppen hervorgeholt .

Schon lange bevor Verwandte und Freunde am Morgen der Schlachtung am Bauernhof eintrafen wurde in der Sauküche der Kessel eingeheizt. Die Kinder mussten nicht zur Schule, jede Hand war hilfreich. Jene Leute, die mit dem Schwein Erbarmen hatten, mussten zu einem Nachbarn ausweichen. Denn damals wussten Menschen noch, dass Tiere fühlen können.

Sobald das Wasser kochte, ging man zur Tat über. Zwei, drei Männer holten die Sau aus dem Stall, einer betäubte sie durch einen Axthieb auf den Schädel. Ein anderer rammte darauf dem Tier gezielt das Messer in den Hals. Jetzt kam auch schon die Bäuerin zum Einsatz. Sie musste das herauswallende Blut in einer Schüssel auffangen. Bis zur Zubereitung des Bluttommerls, der wie die Innereien schon am frühen Vormittag zur Jause verspeist wurde, musste das warme Blut, damit es nicht zu stocken beginnt, ständig gerührt werden.
Flugs landete die Sau im dampfenden Wasser und wurde solange mit Saupech eingerieben und bearbeitet, bis sie entborstet war. Dann hängte man sie zum Halbieren und Ausnehmen auf die Rehm. Wieder waren die Frauen an der Reihe, hieß es jetzt schnell die Gedärme zu putzen, um noch am selben Tag Leber-, Blut-, Brein-, Brat- und Presswürste zu produzieren.

In der Zwischenzeit hat die Großmutter 1 _ Liter Blut mit einem Liter Milch, 8 Esslöffeln Mehl, etwas Majoran, Salz, Pfeffer und zerdrückten Knoblauch vermischt. In einer großen eisernen Pfanne ließ sie etwa 20 dag Schmalz und eine Hand voll Grammeln heiß werden, gab 2 feingeschnittene Zwiebeln dazu, ließ diese anlaufen, goss die Blutmasse ins heiße Fett und buk diese bei guter Hitze aus. Den Bluttommerl genossen alle gemeinsam aus einer großen Eisenpfanne. Dazu gab es Brot und Apfelmost. Gestärkt fuhr man mit dem Zerlegen des Schweins fort.

Im Hof schlichen die Katzen hin und her, um vielleicht das eine oder andere herbfallende Fleischstückchen zu ergattern und auch die Hühner zogen aufgeregt gackernd Kreise rund um die aufgehängten Schweinehälften. In der Küche musste jetzt alles Hand in Hand funktionieren. Zuerst wurde die Sauschädelsuppe angesetzt, damit sie langsam bis Mittag vor sich hin köchelt. Über das gekochte Kopffleisch rieb man dann reichlich Kren und servierte es mit dem mitgekochten Wurzelwerk und Semmelknödeln.

Als nächstes wurde der Speck von der Schwarte abgelöst, in mittelgroße Stücke geschnitten und in einer Pfanne ausgelassen. Bald duftete es herrlich nach frischem Schmalz und knusprigen Grammeln. Gegen Abend hin war das ganze Tier fachgerechte in Stücke zerteilt. Um einen Vorrat für das ganze Jahr anzulegen, wurde das Fleisch eingesalzen und zum Selchen vorbereitet.
Nach getaner Arbeit stand nur noch Genuss pur am Programm. Blut- und Breinwürste schwammen in

Turopolje-Schweine am Bio-Noah-Hof von Karl Schardax

der Suppe und die Bratwürste brutzelten im heißen Fett. An keinem anderen Tag im Jahr gab es so viele Fleischgerichte zu essen.
Oft wurde bis in die frühen Morgenstunden hinein laut geschmatzt, geschwatzt, gewitzt, gelacht, musiziert, gesungen und getanzt. Krugweise floss der Most und so manches Stamperl Schnaps rutsche die Kehle hinunter.

Zur Herstellung von Würsten, Speck und Geselchtem hatte früher jede Bauernfamilie ihre hauseigenen Rezepturen. Dadurch war Feinschmeckern eine Vielfalt an köstlichen Geschmäckern geboten. Landwirte kannten damals noch keine künstlichen Konservierungsstoffe, Umrötungsmittel, Stabilisatoren, Geschmacksverstärker, Kunstrauch, Antioxidations-, Säuerungs-, Verdickungsmittel, Emulgatoren, Farbstoffe und was die Lebensmittelchemie heute sonst noch alles zu bieten hat. Trotzdem blieben Würste, Speck und Geselchtes monatelang haltbar und schmeckten wesentlich besser als das heute Gebotene!

Es wäre doch erstrebenswert, wenn sich Bauern ihre alten traditionellen Produktionsmethoden in Erinnerung rufen würden. Nicht aus nostalgischer Perspektive, sondern in Hinblick auf gute Qualität und feinen Geschmack. So wie es der Land- und Gastwirt Toni Koschak im südsteirischen Ort Heimschuh praktiziert. Nach einem alten untersteirischen Rezept stellt Koschak seit einigen Jahren wieder eine Rohwurst namens Zelodec her. Traditionell wie seine Vorfahren, verzichtet auch er auf Pökelsalze und andere chemische Zusatzstoffe.

Die Wurstmasse, die er in einen Rindspimmerling (ein Teil des Rindermagens) füllt besteht aus reinem Schweinefleisch, Speck, Salz, Pfeffer, etwas Zucker und einen Schuss Rotwein aus dem eigenen Weinkeller. Bevor sie für einige Tage in einem Bottich gepresst wird, räuchert Koschak seine Rohwurst behutsam über einem Buchenholzfeuer. Nach zirka vier Monaten Reifezeit hat die Zelodec, der absolute Gipfel des Genusses, ihren unvergleichbaren Geschmack entwickelt. Man genießt sie am besten in Familie Koschaks Gasthaus: hauchdünn aufgeschnitten mit selbstgebacken Bauernbrot. Für bewusste Genießer entpuppt sich der von Slow Food Styria empfohlene Gasthof als Hort bodenständiger, kulinarischer Köstlichkeiten.

Das „Sauschädlstehlen"

Ein althergebrachter, österreichischer Brauch Das „Stehlen" des Sauschädls

Das so genannte "Sauschädlstehlen" war und ist teilweise in Österreich ein um die Faschingszeit oftmals ausgeübter Brauch. Dabei gilt es bei einer Hausschlachtung den vor den Stall aufgestellten Kopf zu stehlen, ohne dass dies der Besitzer merkt. Wenn des Verschwinden des Sauschädls aufgefallen ist, macht sich oft des ganze Dorf auf die Suche nach den Übeltätern. Die sind zumeist schnell ausgeforscht.

Die Verhandlung

Danach gibt es beim Dorfwirt die so genannte Gerichtsverhandlung, bei der über die Strafe für die Diebe beraten und ein Urteil gefällt wird. Dazu wird vorher der Vorsitzende, ein Richter bestimmt. Auch die Geschworenen und Zeugen werden dort zusammengerufen. Die Anklageschrift wird manchmal vorher in Reimen verfasst, Sinn des Ganzen ist, so weit wie möglich von den Sauschädldieben abzulenken und allen Anderen die Schuld zu geben.

Bei dieser Gerichtsverhandlung geht es oft ziemlich hart zu und oft werden vom Richter hohe Geld- und Getränkestrafen für Zwischenrufe verhängt, sodass sich die Verhandlung oft ordentlich in die Länge zieht. Die Verhandlung endet immer mit einem Vergleich. Dabei muss der Besitzer des Sauschädls genauso zum Handkuss kommen, wie die Diebe. Das solchermaßen durch Bußgelder und Strafen zusammengesammelte Geld kommt in die "Gerichtskassa" und wird für einen wohltätigen Zweck gespendet. Der Sauschädl ist inzwischen schon nach allen Regeln der Kochkunst aufgewertet worden und wird dann von allen Anwesenden gemeinsam verzehrt.

Ein Brauch der langsam abkommt

Dieser Brauch war ursprünglich in Ostösterreich weit verbreitet, heutzutage werden die Hausschlachtungen immer seltener, deshalb gibt es immer weniger Sauschädl, die gestohlen werden können. Da in da alten Zeiten die Wirte selbst geschlachtet haben, war der gestohlene Sauschädl auch ein Zeichen für die Beliebtheit des Wirtes oder der Wirtin. War der Wirt mit wenig Gästen gesegnet, hat auch niemand den Sauschädl gestohlen.

Holzsau als Symbol beim Jagawirt Werner Goach

Schweinetherapie

Von Karl Schardax

Viele Menschen haben sicher schon von Therapie mit Pferden (Hippotherapie) mit Delfinen oder auch mit Eseln (Asinotherapie) gehört.
Aber Schweinetherapie, was soll das?
Schweine stinken, sind dumm und sind bestenfalls für ein Schnitzel da. Wer das glaubt, der irrt sich ganz gewaltig.
Kinder können mit Tieren ganz besonders gut umgehen und brauchen diese im Prinzip, um einerseits ihr eigenes Sozialverhalten aufzubauen und andererseits für viele Fragen des Lebens, die an sie gestellt werden, gerüstet zu sein (Tierschutz, gesunde Ernährung, die Abläufe der Natur u.v.m.)

Immer wieder kann ich selber und im Gespräch mit Freilandbauern feststellen, dass alle Tierhalter gerne und mit Freude zu ihren Tieren gehen und dies nicht nur, wenn die Schweine mit Futter zu versorgen sind. Es ist Entspannung und Zerstreuung, die einem beim Beobachten der Freilandschweine geboten wird. Die Fürsorge für die Tiere ist bei weitem größer als bei reiner Stallhaltung; sind noch alle da, geht es allen gut, Wasser und Futter noch ausreichend usw. Und allen Freilandschweinebauern fällt der Abschied, wenn´s zum Schlachten geht, nicht leicht. Eine Tier -Mensch und Mensch- Tierbeziehung hat sich aufgebaut.

Therapieschwein Kiwani am Therapiehof Jeitler
www.Schottenhof.at

Therapieschwein von Karl Schardax
in Scharnstein

Eine Beziehung, die seit Jahrtausenden im Urinstinkt des Menschen programmiert ist. Seitdem der Mensch in der Stadt und das Tier großteils ausschließlich im Stall lebt, ist diese Beziehung gestört. Dabei braucht sie jeder, der eine mehr, der andere weniger. Gerade Kindern, die traumatisiert sind, Schulstress haben, usw. kann mit Tiertherapie geholfen werden. In den Medien ist all zu oft von Delphintherapie zu lesen und zu hören. Es ist eine Tatsache, dass es in den Alpen keine Delphine gibt und so Familien um eine Menge Geld in die USA fliegen, um dort ein oder zwei Wochen von der Delphintherapie zu profitieren.

Die Erfolge sind häufig nur von kurzer Dauer und wer kann sich schon leisten, regelmäßig in die USA zu fliegen. Dabei könnten diese Aufgabe auch einheimische Tiere, wie z.B. die Schweine übernehmen. Freilich bin ich kein Therapeut und trotzdem davon überzeugt, dass damit die gleiche Wirkung zu erzielen ist, wie mit Delphinen, lediglich das warme Wasser fehlt.

Silvia Schardax

„Schweine-Krimis"

Seit Agatha Christie und Alfred Hitchcock sind Krimis aktuell wie nie zuvor. TV-Serien von Sherlock Holmes, Tatort, CSI Miami bis zu Pfarrer Braun mit Ottfried Fischer, beherrschen die Fernsehabende von Singles und Familien.

Der Schweinekrieg

Kein Wunder, dass es auch ihn, den "Schweine-Krimi" gibt. Im "Schweine-Krieg" von Guido Seyerle, 2007 im Gmeiner Verlag erschienen, mischt sich die Geschichte des "Schwäbisch-Hällischen Landschweins" mit einer vom Autor erdachten Krimihandlung.

Die "Errettung" der fast ausgestorbenen Schweinerasse "Schwäbisch-Hällisch" und die dabei aufgetretenen Schwierigkeiten mit den Verfechtern alteingesessener Landwirtschaftsmethoden, bietet die spannende Basis einer Kriminal-Story, die beweist, dass Krimis nicht immer in der Großstadt oder im Rotlicht-Milieu spielen müssen, sondern der Kampf zwischen Gut und Böse tobt.

Gmeiner-Verlag GmbH, ISBN 978-3-89977-702-4

Tartufo

Commissario Trüffelschwein?
Das Trüffelschwein Leonardo blickt nicht ohne Stolz auf eine lange Ahnenreihe herausragender Trüffelsucher zurück. Seinem Padrone, dem Trüffelhändler Matteo Gobetti, hat er großen Reichtum beschert, und so kommt es oft, dass dieser Leonardo einlädt, gemeinsam bei erlesenem Rotwein und Pasta den kulinarischen Freuden zu frönen. Bis Matteo eines Tages tot aufgefunden wird. Leonardo – nicht nur stilsicher, sondern auch raffiniert – hat schnell seine eigene Mordtheorie und traut seiner Riechnase mehr als dem grobschlächtigen Commissario Grifone ... Ein kriminalistischer Hochgenuss voller Esprit und Charme und ein distinguierter Schlagabtausch zwischen Mensch und Tier.

Pendo, ISBN 978-3-86612-131-7

Das Buch vom Guten Fleisch
Karl Ludwig Schweisfurth

Alles über ökologische Tierhaltung, bewussten Einkauf, richtige Zubereitung und gesunden Genuss.

Dieses wunderbare Buch, das neben einer Fülle von Informationen auch die ethisch moralischen Seiten eines Umgangs mit den uns anvertrauten Tieren aufzeigt, sollte niemand missen, dem die Tiere, aber auch eine qualitativ hochwertige Ernährung am Herzen liegt.

Verlag Zabert Sandmann

Das Beste Vom Schwäbisch Hällischen Landschwein
Josef Thaller

In diesem Bildband wird die Geschichte des Schwäbisch-Hällischen Landschweins auf anschauliche Weise dargestellt. Zucht und Haltung dieser Tiere werden beleuchtet und moderne Formen der bäuerlichen Direktvermarktung vorgestellt.

ECOLAND, Culinaria im Gmeiner Verlag
ISBN 3-89977-400-0

Nachwort

Bis zum letzten Tag unseres Lebens werden wir, die Autoren, für die Würde der Tiere eintreten und auch dafür, dass das Leid der uns anvertrauten Kreaturen gemildert wird und in einer humanitären und artgerechten Behandlung ein würdiges Ende findet.

Beim Jagawirt Werner Goach

Sonnenscweine haben´s gut, am Bio-Bauernhof
Norbert Hackl

Ein Schweinestall und sein Freilauf-Gehege sollte so gemütlich sein für die Tiere, dass ein Betrachter der draußen steht, am liebsten selbst drinnen wär!

Unser Dank gilt....

all jenen Personen, Mitautoren und Freunden, die uns durch ihre konstruktive Mitarbeit die Fertigstellung dieses bedeutenden Buches ermöglicht haben. Nie zuvor ist es bei einem Druckwerk zu diesem Thema gelungen, eine derart große Anzahl von kompetenten Persönlichkeiten und Kapazitäten als Mitautoren zu gewinnen, was ein Beweis mehr dafür ist, wie sehr jenen Menschen dieses Thema am Herzen liegt, die es ernst in Bezug auf einen würdevollen Umgang mit unseren "Nutztieren" meinen.

Dieses Buch wird in der Literatur als jenes Druckwerk gelten, das zu einer Zeit, als noch zum Großteil auf Nahrungsmittel minderer Qualität zu Billigstpreisen gesetzt wurde, einige Menschen vorausblickend erkannten, dass dies nicht unser Weg für die Zukunft sein kann. Es ist einzigartig im gesamten deutschen Sprachraum und wird nachfolgenden Generationen als Kompendium für artgerechte Schweinehaltung und legt Parameter für hochwertige Fleischqualität fest.

Es ist mehr als irgendein Buch, es ist zu Recht "Die Bibel der Schweine", da es sich für die genetisch festgelegten Rechte einer Spezies einsetzt, die weltweit ohne Lobby ist.

Etwa 3 Jahre Recherche, 4.800 Arbeitsstunden, 6.000 Reise-Kilometer, 1.400 Mails und etwa 2.000 Telefonate sowie 550 Bilder aus einer Auswahl von rund 7.600 Fotos dokumentieren die gewaltige Arbeitsleistung, die hier von einem Team erbracht wurde, das Idealismus und eine ethisch-moralische Verantwortung unseren Tieren gegenüber vor alle anderen Interessen gestellt hat.

In erster Linie gilt aber unser Dank:

Univ. Prof. Dr. Dr. Joachim Angerer, Eibenstein/Thaya

Univ. Prof. Dr. Bernd Gerken, eh. Prof. der Fachhochschule Lippe und Höxter/Deutschland, Lehrgebiet Tierökologie

Univ.-Prof. DI Dr. Alfred Haiger, 27 Jahre lang Vorstand des Institutes für Nutztierwissenschaften an der Universität für Bodenkultur in Wien

Univ. Prof. Dr. Herbert Klima, Bio-Physiker, Wien

Ao. Univ. Prof. Dr. Sigurd Konrad, Institut für Nutztierwissenschaften, Abteilung Tierhaltung, Universität für Bodenkultur Wien

Univ. Prof. Dr. Anton Moser, Vorstand des Institutes für Biotechnologie der Technischen Universität Graz, i.R. ehem. langjähriger Vorstand der "European Federation of Biotechnology" und der "International Organisation of Biotechnology and Bioengineering".

Univ. Prof. Roland Pechlaner, ehemaliger Vorstand des Institutes für Zoologie und Limnologie an der Universität Innsbruck

Dr. vet. Albin Klauber

Dr. vet. Ernst-Jürgen von Magnus

Dr. med. vet. Wilhelm Höfer, Überlingen, Deutschland
Heilpraxis und Labor für Kristallanalyse und Qualitätsforschung

Barbara van Melle, SlowFood Austria

Manfred Flieser, SlowFood Styria

Marcel Kropf, Fleischvirtuose aus Preding/Stmk.

Joseph Wilhelm, Initiator der Aktion "GENFREI GEHEN"
Geschäftsführer und Vorstand der Rapunzel Naturkost AG

BIO AUSTRIA

Arche Austria – Verein zur Erhaltung gefährdeter Haustierrassen

PRO SPECIE RARA, Schweizerische Stiftung für die kulturhistorische und genetische Vielfalt von Pflanzen und Tieren, Schweiz

GEH – Gesellschaft zur Erhaltung alter und gefährdeter Haustierrassen e.V.

Theo und Marcus Dürr, Ringhotel Hohenlohe, Schwäbisch Hall

sowie den Pionieren der Freiland-Schweinehaltung, die durch ihre Vorreiterrolle in Bezug auf eine artgerechte und ethisch-moralische Haltung von Tieren ihre Verantwortung gegenüber Natur, Kreatur und Schöpfung unter Beweis gestellt haben. Es sind dies unter anderem:

Rudolf Bühler, Bäuerliche Erzeugergemeinschaft Schwäbisch-Hall
Mariann Flucher, Kinder-Bauernhof, Feldbach
Heinz Gerstner, Sonnhof, Stiwoll
Werner Goach, "Jagawirt, Reinischkogel
Josef Göltl, Biohof, Frauenkirchen
Norbert und Ulrike Hackl, Labonca Biohof, Burgau
Sepp Holzer – Agrar Rebell – Lungau
Manfred Krenn – Gurktaler Speckbauern
Weingut Krispel, Hof bei Straden
Karin und Eduard Oswald vlg. Trapl, Weingut, St. Stefan ob Stainz
Anton und Jakob Primixl, Ferkelhof, Böheimkirchen
August und Lorenz Pölsler, Lindenhof, Stübing
Johann Rauch, "Johann Schinken", Trautmannsdorf
Sonja und Richard Rauch, Steira Wirt, Trautmannsdorf
Karl Schardax, "Bio Noah Farm" Vöcklamarkt
Karl Ludwig Schweisfurth, Erste private landwirtschaftliche Versuchsanstalt
für eine sym-biotische Landwirtschaft in Herrmannsdorf, Glonn bei München
Roman Thum Schinkenmanufaktur, Wien
Alois und Martin Tragler, Biobauernhof Schlierbach
Christoph Wiesner, Arche De Wiskentale, Göllersdorf

BIO AUSTRIA-Anbieter von Bio-Schweinefleisch

Die BIO-Bauern, Ab-Hof-Vermarkter, Bauernläden etc.

Niederösterreich:

Eduard Kraft, Biohof Kraft, Herrnleis 8, 2126 Ladendorf, Niederösterreich, Tel + Fax: 02575/2722, Mobil: 0676/4613101, Mail: biokraft@gmx.at

Herbert Linsbauer, Biohof Linsbauer, Hagendorf 26, 2133 Hagendorf, Tel: 02524/3427, Mobil: 0676/84119610

Josef Karl, Biohof Karl, Mühlgasse 5, 2560 Berndorf, Tel + Fax: 02672/87886, Mobil: 0664/5709219,

Johann und Maria Steinbacher, Ederhof, Untertriesting 1, 2572 Kaumberg, Tel + Fax: 02765/335

Josef Schauer, Biohof Schauer, Thannerstraße 86, 2631 Gadenweith, Tel: 02630/34558

Norbert Mitteregger, Biohof Mitteregger, Brunner Hauptstraße 17, 2721 Bad Fischau, Tel + Fax: 02639/7255, Mobil: 0650/3300090, Mail: n.w.miteregger@utanet.at

Josef Schwarz, Stanghof, Stanghof 161, 2832 Thernberg, Tel: 02629/3583, Mobil: 0676/6269109, Fax: 02629/20095, Mail: stanghof@direkt.at

Kleinrath, Adlitzhof, Stanglgraben 22, 2833 Bromberg, Tel: 02629/8500, Mobil: 0676/6744371, Fax: 02629/8700

Michaela Reisenbauer, Bioreisenbäuerin, Königsegg 17, 2851 Krumbach-Amt, Tel + Fax: 02647/42922, Mail: bioreisenbaeuerin@aon.at

bio erlebnis norbertinum, Norbertinumstraße 9, 3013 Tullnerbach-Lawies, Tel: 02233/54561, Fax: 02233/54561-33, Mail: office@bioerlebnis.at, www.bioerlebnis.at

Anton und Eva Hieret, 3er-Hof, Hof 3, 3034 Burgstall, Tel: 02772/51923, Mobil: 0664/5442421, Fax: 02772/51600, Mail: 3er-hof@gmx.at, www.dreierhof.at

DI Grazyna und Ulrich Woitzuck, "Villa Berging Bauernkraft", Berging 1, 3040 Neulengbach,Tel: 02772/52176, Mobil: 0664/4420627, Fax: 02772/521764, Mail: pro-bio@gmx.at, www.pro-bio.at

Franz Koll, Biohof Koll, Gassen 1, 3243 Aichbach, Tel: 02756 / 8894

Franz und Maria Reiterlehner, Ödtbauer, Gumprechtsfelden 16, 3250 Bauxberg, Tel: 07416/54304, Mobil: 0664/1123701, Fax: 07416/9197, Mail: franz.reiterlehner@utanet.at

Anton Riesenhuber, Biohof Riesenhuber, Wocking 10, 3253 Erlauf, Tel + Fax: 02757/6533

Josef und Maria Daurer, Wanderrast Hochschlag, Buchberg 29, 3264 Reinsberg, Tel: 07487/2722, Fax: 07487/21300

Johann und Maria Spießlechner, Unter Furth, Wohlfahrtsschlag 7, 3283 Anger, Tel + Fax: 07482/48287

Franziska und Albert Scheidl, Herdengl, Ahorntal 3, 3293 Lunz am See, Tel + Fax: 07486/8298, Mobil: 0676/4745309, Mail: herdengl@aon.at

Cäcilia und Alois Deinhofer, Biohof Deinhofer, Grillparzerstraße 8, 3300 Amstetten, Tel: 07472/69103, Fax: 07472/24628, Mail: biohofladendeinhofer@gmx.at

Peham, Biohof Peham, Gebetsberg 142, 3311 Zeillern, Tel: 07472/23726

Hubert und Angelika Rettensteiner, Biohof Rettensteiner, Königsberg 9, 3345 Göstling an der Ybbs, Tel + Fax: 07484/8368

Roland und Veronika Frühwald, Bio-Hofladen Familie Frühwald, Hauptstraße 67, 3442 Langenschönbichl, Tel: 02272/7254, Fax: 02272/87114, Mail: bio.fruehwald@direkt.at, www.biofruehwald.at

DI Elisabeth und Hannes Fries, Biohof Fries, Unterbergern 24, 3512 Mautern an der Donau, Tel: 02714/7434, Mobil: 0664/4658144, Mail: biofriesunterbergern@aon.at

Elisabeth und Herbert Asenbaum, Biohof Asenbaum, Wanzenau 5, 3573 Rosenburg, Tel: 02985/30667

DI Andrea Steinböck, Biohof Steinböck, Frauenhofen 29, 3580 Frauenhofen, Tel + Fax: 02982/4432, Mail: info@biohof-steinboeck.at, www.biohof-steinboeck.at

Gertrude und Gerhard Lochner, Biohof Lochner, Fürwald 2, 3595 Atzelsdorf, Tel: 02989/2252, Mobil: 0676/7418823

Manfred und Maria Mayer, Bio-Hofladen Höfen, Schallemmersdorf 15, 3644 Emmersdorf an der Donau, Tel + Fax: 02752/71943

Maria und Alois Zainzinger, Brandhof, Pfaffenhof 3, 3654 Raxendorf, Tel: 02758/7317, Mobil: 0664/1131167, Fax: 02758/70054, Mail: alois.zainzinger@aon.at

Ing. Friedrich Schöls, Biohof Schöls, Dallein 15, 3753 Hötzelsdorf, Tel: 02913/590

Hubert Stark, Biohof Stark, Schandachen 26, 3874 Hörmanns bei Litschau, Tel + Fax: 02863/8500, Mobil: 0664/4885803, Mail: stark.hubert@utanet.at, www.biohof-stark.at

Herbert Weißinger, Biohof Weißinger, Niederglobnitz 8, 3910 Zwettl, Tel: 02823/543

Dir. Dipl.Ing. Franz Breiteneder, LFS Edelhof, Edelhof 1, 3910 Zwettl, Tel: 02822/52402, Fax: 02822/52402-17, Mail: fs.edelhof@wvnet.at

Josef und Maria Füger, Biohof Füger, 3925 Arbesbach Nr.8, Tel: 02813/343

Franz Einfalt, Zaussinger, Rammelhof 12, 3925 Arbesbach, Tel + Fax: 02813/7545

Franz Pichler, Biohof Pichler, Herrenteich 1, 3943 Neuniederschrems, Tel: 02853/76390, Mobil: 0664/3669545, Mail: herrenteich@tele2.at

Wolfgang Schreiber, Wolfgang's Bauernladen, 3944 Kurzschwarza Nr. 8-9, Tel: 02853/78485, Fax: 02853/78485-4, Mail: wolfgangs.bauernladen@aon.at, www.waldschenke-schreiber.at

Leopold Schmidt, Biohof Schmidt, Maissen 1, 3970 Altweitra, Mobil: 0664/4102380

Mag. Peter Neugschwandtner, Biohof Neugschwandtner, Oberlainsitz 35, 3971 Anger, Tel: 02857/2489

Oberösterreich:

Karl und Maria Grubmüller, Reinprecht, Kainzenbergerstr.10, 4040 Oberpuchenau, Tel: 0732/221522, Fax: 0732/222716

Margarete Ployer, Elböck, Traunerstraße 13, 4050 Traun, Tel: 07229/65590

Ilse und Günter Achleitner, Bio-Frischmarkt, Bio-Kulinarium, Zustellservice Achleitner, Unterm Regenbogen 1, 4070 Eferding, Tel: 07272/2597, Fax: 07272/4859-79, Mail: biofrischmarkt@biohof.at, zustellservice@biohof.at, www.biohof.at

Rudolf und Anna Enzenberger, Hochschopfgut, Zeissendorf 8, 4174 Niederwaldkirchen, Tel + Fax: 07231/2003

Hannes Stadlbauer, Ebner, Mayrleiten 5, 4201 Gramastetten, Tel + Fax: 07239/20428, Mobil: 0664/5401588, Mail: biohof_stadlbauer@gmx.at

Manfred und Maria Weigl, Egger, Limberg 3, 4201 Gramastetten, Tel: 07239/8455

Christine und Willibald Weberndorfer, Gubega Hof, Rudersbach 35, 4202 Sonnberg, Tel: 07215/2830, Mobil: 0676/7152215, Mail: info@galloways.at

Hermine und Karl Gutenbrunner, Biohof Gutenbrunner, Niederkulm 1, 4209 Engerwitzdorf, Tel: 07235/62136, Fax: 07235/621364, Mail: herminegutenbrunner@gmx.at

Hubert und Michaela Schmitsberger, Leit'n Sepp, Schiernersdorf 7, 4212 Achleiten, Tel + Fax: 07941/8677

Reinhard Horner, Rammersdorfer, Oberzeiß 12, 4212 Neumarkt im Mühlkreis, Tel: 07941/8487

Hubert Hanl, Biofleisch Hanl, Obernbergen 1, 4221 Steyregg, Mobil: 0664/5159962, Fax: 0732/641369, Mail: hubert@biofleisch-hanl.com, www.biofleisch-hanl.com

Johann und Rosina Rudlstorfer, Baiernaz, Summerau 19, 4261 Apfoltern, Tel + Fax: 07949/6045, Mobil: 0650/4433707, Mail: biohof.rudlstorfer@vpn.at, www.bio-hofladen.at

Josef und Margarete Kern, Weichselbaumer, Mötlasberg 1, 4280 Königswiesen, Tel: 07955/6458

Alexander und Claudia Hunger, Bauer zu Erdleiten, Erdleiten 2, 4283 Bad Zell, Tel: 07263/6110, Fax: 07263/6110-4, Mail: info@mberghof.at, www.mberghof.at

Alois und Maria Kreindl, Ober Hennberger, Hennberg 1, 4284 Tragwein, Mobil: 0676/3622809, Mail: oberhennberger@bauer.bio-austria.at, www.oberhennberger.bio-austria.at

Manfred und Erika Gaßner, Ober Frankenberger, Lehen 15, 4362 Bad Kreuzen, Tel: 07266/6261, Mobil: 0664/3929210, Fax: 07266/6261-60, Mail: mostschenke@speck-alm.at

Hermine und Richard Lehner-Ölweiner, Auger, Gloxwald 9, 4382 Sarmingstein, Tel: 07268/20086, Mail: lehner-oelweiner@aon.at

Christine und Reinhard Kram, Fuchs in Staning, Staningerstraße 11, 4407 Dietach, Tel + Fax: 07252/38148

Herbert und Rosa Lattner, Dutzlau, Jageredt 24, 4542 Nußbach, Tel + Fax: 07587/8528, Mobil: 0676/3965450

Anton Hoffmann, Hafner zu Wanzbach, Inzersdorf 185, 4560 Altpernstein, Tel + Fax: 07582/81674

Robert Thomas Tragler, Schröckerbauer, Friedhubstraße 11, 4643 Pettenbach, Tel: 07586/8688, Mobil: 0650/2104461, Fax: 07586/8688-4, Mail: biohof-tragler@gmx.at

Gertrude und Hannes Lang, Schicklgrub, Wilfingstraße 83, 4643 Pettenbach, Tel + Fax: 07586/8777, Mail: biohof.schicklgrub@utanet.at

Johann und Franziska Zimmer, Pankrazhof, Eichham 8, 4655 Vorchdorf, Tel: 07614/8818, Mobil: 0676/5026833, Fax: 07614/8818-4

Hans und Veronika Messenböck, Bauer in Hirm, Hirm 2, 4672 Bachmanning, Tel: 07247/7401, Fax: 07247/7401-4, Mail: h.v.messenboeck@direkt.at

Johann und Hermine Schernthaner, Lohninger, Hipping 27, 4880 Aich, Tel: 07667/8741, Mobil: 0676/83002215, www.biobauernhof-schernthaner.at

Anneliese Koch, Gansbauer, Lindach 4, 5122 Ach, Tel + Fax: 07727/2645

Josef und Gertraud Wurhofer, Bio-Hofladen Wurhofer, Grillham 8, 5145 Apfenthal, Tel: 07729/2322, Mail: wurhofer@bio-korb.at, www.bio-korb.at

Josef und Sonja Wengler, Wirt, Ernsting 76, 5121 Ostermiething, Tel + Fax: 06278/7073, Mobil: 0664/2776781, Mail: j.s.wengler@utanet.at

Salzburg:

Maria und Josef Hillerzeder, Sperl, Wurmassing 4, 5102 Anthering, Tel: 06223/2295, Fax: 06223/22954, Mail: sperlbauer@nudsl.at

Maria und Andreas Hofer, Joglbauer, Hohengarten 3, 5162 Obertrum am See, Tel: 06219/6291, Fax: 06219/20067, Mail: hofladen.joglbauer@aon.at, www.hofladen-joglbauer.at

Marianne und Josef Mangelberger, Krimpelstätten, Kraiham 9, 5201 Bayerham, Tel + Fax: 06212/7128, Mail: mangelberger.kaese@utanet.at, www.mattigtaler.at

Josef Öschlberger, Zachhiesen, Huttich 2, 5201 Bayerham, Tel: 06212/7088, Fax: 06212/39740

Olga und Franz Kasperer, Tonibauer, Kahlspergstraße 62, 5411 Oberalm, Tel: 06245/77217, Mobil: 0664/1826898

Elisabeth und Nikolaus Rettenbacher, Fürstenhof, Kellau 15, 5431 Kuchl, Tel: 06244/6475, Fax: 06244/6475-30, Mail: fam.rettenbacher@utanet.at, www.fuerstenhof.co.at

Georg Reiter, Obermais, Wagner 11, 5441 Abtenau, Tel + Fax: 06243/3009, Mobil: 0664/4056415

KP Matthias und Barbara Saller, Lehen, Kreuzberg 14, 5500 Bischofshofen, Tel + Fax: 06462/2243, Mobil: 0664/4540143, Mail: b.saller@a1.net, www.saller.co.at

Maria und Johann Gappmayr, Kämpferhof, Haiden 8, 5580 Tamsweg, Tel: 06474/7364, Mail: j.gappmayr@aon.at

AGL Michael und Waltraud Haitzmann, Stechaubauer, Wiesersberg 3, 5760 Almdorf, Tel + Fax: 06582/73394, Mail: stechaubauer@aon.at

Johann Scheiber, Sinnlehenhof, Hirnreit 8, 5771 Leogang, Tel: 06583/8438, Fax: 06583/8438-4, Mail: sinnlehenhof@gmx.at, www.sinnlehenhof.de.vu

Tirol:

Martin Nagiller, Magelig, Dorf 25, 6071 Aldrans, Tel: 0512/348537, Mail: nagillermartha@inode.at

Markus Rabl, Fliegerhof, Kleinvolderbergstraße 12, 6111 Volders, Tel + Fax: 05224/55555, Mobil: 0664/2769206

Aufbauwerk der Jugend, z.H. Herrn Stephan Beiser, Lachhofweg 11, 6111 Volders, Tel + Fax: 05223/57512, Mobil: 0676/6217296, Mail:office.lalw@aufbauwerk.com, www.aufbauwerk.com

Thomas Harb, Kirchner, Kirchweg 5, 6114 Kolsass, Tel: 05224/68308

Josef Danzl, Rögl, Hagau 45, 6233 Mariatal, Tel + Fax: 05337/8266

Anton Fahringer, Burger, Osenthal 61, 6342 Rettenschöss, Tel: 05373/61809, Mobil: 0664/9155738, Mail: anton.fahringer@utanent.at

Christof und Maria Astner, Zilln, Zillfeldweg 9, 6361 Glantersberg, Tel + Fax: 05335/8217, Mobil: 0664/3858037

Leonhard und Christine Gapp, Kastlehof, Wald 5, 6416 Obsteig, Tel + Fax: 05264/8144, Mobil: 0664/4108455, Mail: kastlehof.gapp@aon.at

Hubert Leitner, Zippers, Haimingerberg 34, 6425 Haiming, Tel + Fax: 05266/87419, Mobil: 0664/3834270, Mail: Hubert.Leitner34@aon.at

Ludwig Gruber, Biohof Gruber, Brunnwald 400, 6465 Nassereith, Tel: 05265/5119, Mobil: 0664/4448728, Fax: 05265/5099, Mail: gruber.tirol@aon.at

Florian Maas, Tiefhof, Tiefhof 170, 6543 Nauders, Tel: 05473/87368, Fax: 05473/3684, Mail: tiefhof@aon.at

Vorarlberg:

Margit und Walter Sohm, Biohof Margit und Walter Sohm, Bassig 5, 6822 Dünserberg, Tel: 05524/2496, Mobil: 0664/2027467, Mail: walter.sohm@aon.at

Arthur Gasser, Leuehof, Leue 20, 6883 Au, Tel + Fax: 05515/2475, Mobil: 0664/1244716

Burgenland:

Anna Klampfer, Biohof Klampfer, Kleinhöfleiner Hauptstraße 84, 7000 Kleinhöflein im Burgenland, Tel + Fax: 02682/75731, Mobil: 0676/5074776, Mail: office@biohof-klampfer.at, www.biohof-klampfer.at

Pauline Glatz, Biohof Sonnenweide, Hauptstraße 29, 7331 Weppersdorf, Tel: 02618 / 2124-22, Mobil: 0660/2006603, Fax: 02618/2124-81, Mail: info@friesenhof.at, www.friesenhof.at

Zoklits M. - Keindl R., Biohof Zoklits M. - Keindl R., Mönchmeierhof 59, 7461 Stadtschlaining, el: 03355/2991, Mobil: 0664/4401403, Mail: Michael.Zoklits@gmx.at

Siegfried Marth, Masihof, Hagensdorf 116, 7522 Strem, Tel + Fax: 03324/61336, Mobil: 0664/4109988, Mail: siegfried.marth@aon.at, www.masihof.at

Personengemeinschaft Deutsch, Biohof Deutsch, Heiligenbrunn Nr. 12, 7522 Deutsch Bieling, Tel + Fax: 03324/20055, Mobil: 0664/5522283, Mail: deutsch.direktvermarktung@aon.at

Steiermark:

Dr. Heinrich Regner, Baltahof, Grazerstraße 25, 8062 Kumberg, Tel + Fax: 03132/3066

Eleonora Hold, Kleinblaß im Boden, Semriach 26, 8102 Semriach, Tel: 03127/88352

Marco Bignetti, Puggler`s Hof, Neuhof 50, 8124 Land-Übelbach, Mobil: 0664/1109515, Fax: 03125/20554, Mail: marco@puggler.at, www.puggler.at

Andrea Derler, Biohof Derler, Trennstein 19, 8160 Gschaid bei Weiz, Mobil: 0699/12640444, Mail: gerhard.derler@inode.at

Renate Kalcher, Kalcher, Schachen 12, 8212 Pischelsdorf in der Steiermark, Tel: 03113/2234

Labonca-Biohof Hackl, Kernstockgasse 54, 8291 Burgau, Tel: 03383/2348, Mobil: 0699/81210911, Fax: 03383/2348- 4, Mail: bauernhof.hackl@utanet.at, www.labonca-biohof.at

Marianne Renner, Biohof Renner, Entschendorf 7, 8321 Entschendorf bei Gleisdorf, Tel + Fax: 03119/2528

Gottfried Krenn, Krenn-Pfundner, Pretal 89, 8353 Kapfenstein, Tel + Fax: 03157/2414, Mobil: 0664/7853292

Theresia Konrad, Schwoagabauer, Tollinggraben 56, 8792 Donawitz, Tel + Fax: 03842/26479, Mail: erhard.konrad@gmx.at, schwoagabauer.bio-austria.at

Johann Timmerer-Maier, Biohof Präthal, St. Veit i.d.G. 20, 8820 Neumarkt in Steiermark, Tel + Fax: 03586/2128, Mobil: 0664/4422967

Kärnten:

Robert und Leopoldine Ladinig, Biohof Straschuschnig, Grossenegg 10, 9103 Diex, Tel + Fax: 04231/8233, Mobil: 0664/1242440, Mail: biobauer.ladinig@aon.at

Leo und Astrid Brunner, Kollehof, Hohenfeld 6, 9201 Krumpendorf, Tel + Fax: 04229/2765, Mail: info@kollehof.at

Willi und Gerti Erian, Biohof Erian, Kraindorf 1, 9300 St.Veit an der Glan, Tel + Fax: 04212/5252, Mail: erian@kraindorf.com, www.kraindorf.com

Georg Auer, Biohof Stampfer, Teichl 30, 9363 Metnitz, Tel: 04267/281, Mobil: 0664/5839860, Fax: 04267/20051, Mail: stampfer.auer@kaernten-online.net

Johann Kreschischnig, Petritsch-Hof, Kleinsattelstraße 43, 9500 Mittewald ob Villach, Tel: 04242/33300, Mobil: 0664/3228422, Fax: 04242/333008, Mail: hansk@aon.at, www.petritschhof.at

Angelina und Hubert Pucher, Sturm-Archehof, Winkl 19, 9844 Aichhorn, Tel + Fax: 04824/2327, Mail: sturmarchehof@aon.at, www.sturm-archehof.at

Wichtige Adressen:

Arche-Höfe Österreich und Südtirol 2007

ARCHE-Hof Eckbauer's Naturparadies,
Alois u. Monika Zulehner, Robitzboden 4,
A-3264 Reinsberg, Tel. +43 (0)7487 2715,
mail: alois.zulehner@utanet.at

ARCHE-Hof Johannes u. Elisabeth Günthör,
Artneramt 25, A-3691 Nöchling, Tel. + 43 (0)7414 7132,
mail: johannes_guenther@gmx.at

ARCHE-Hof Hoidinger, Dominik Spitzbart,
Kranabeth 14, A-4663 Laakirchen,
Tel. +43 (0)7613 3138, + 43 (0)650 67 819 84,
mail: office@hoidinger.at, dominik_spitzbart@gmx.at

ARCHE-Hof Alois u. Maria Hamedinger,
Passauer Strasse 60, A-4786 Brunnenthal,
Tel. +43 (0)7712 7662, mail: aon.913414318@aon.at

ARCHE-Hof Christine u. Andreas Schnaitmann,
Gaissau 43, A-5421 Krispl, Tel. +43 (0)6240 530,
+ 43 (0)664 59 68 323, mail: sarah.julian@aon.a

ARCHE-Hof Auerbauer Thomas Strubreiter,
Scheffau 25a, A-5440 Golling,
Tel. +43 (0)664 38 19 446,
mail: michaela.dufter@gmx.at

ARCHE-Hof Vorderploin, Aichhorn Ambros u.
Koder Elisabeth, Weng 15, A-5622 Goldegg,
Tel. +43 (0)6415 20341, +43 (0)664 18 08 769,
mail: vorderploin@yahoo.de

ARCHE-Hof Unterhausreit Maria Hauser, Niederhof 2, A-5662 Gries i. Pinzgau, Tel. +43 (0)6545 6146,
+43 (0)664 50 51 142,
mail: heilkraeuter@aon.at, solar@nusurf.at

ARCHE-Hof Neuwirt, Karl Mair,
A-6082 Ellbögen Nr. 119, Tel. +43 (0)512 37 71 75

ARCHE-Hof Am Lindenhof, Wolfgang u. Christine Winterkorn, Kosaweg 29, A-6820 Frastanz-Vlbg.,
Tel. +43 (0)681 10 6264 19, +43 (0)681 10 42 90 58, +43 (0)699 100 24 427, mail: Bio.Lindenhof@gmx.at

ARCHE-Hof Joklas Michl, Josef u. Erika Glatz,
Stögersbach 2, A-8241-Dechantskirchen,
Tel. +43 (0)3339 23582, +43 (0)664 5984902,
mail: josef.glatz@gmx.at

ARCHE-Hof Grenzenlos-Brezmejen,
Dietmar Steininger, Remschnigg 86,
A-8463 Leutschach, Tel. +43 (0)664 46 73 164,
+43 (0)664 43 42 113,
mail: bernd.masser@kunstraumwelles.at

ARCHE-Hof Elisabeth u. Josef Seggl, Erlsberg 98,
A-8953 Donnersbach, Tel. +43 (0)36 83 31 137

ARCHE-Hof Gerhard Trinker, Preunegg 6, A-8973 Pichl,
Tel. +43 (0)6454 7311, mail: info@bankwirt.at

ARCHE-Hof Sturm Angelina und Hubert Pucher, Winkl 19, A-9844 HeiligenblutTel. +43 (0)4824 2327, mail: sturmarchehof@aon.at

ARCHE-Hof Alois Steiner, Feld 10, A-9971 Huben/Osttirol, Tel. +43 (0)4872 52 31,
+43 (0)650 45 29 165, mail: landgasthof.steiner@aon.at

ARCHE-Hof Innerroggen Astrid Summerer,
Roggenweg 7, I-39030 Sexten/Bozen ITALIEN,
Tel. +39(0)474 71 03 45, mail: info@innerroggen.it

ARCHE-Hof Bichler Frau Barbara Tötsch,
Tesselberg 10, I-39030 Gais/Bozen ITALIEN,
Tel. +39 (0)474/50 44 63,
mail: barbara.toetsch@rolmail.net

Arche-Höfe Deutschland 2007

Baden-Württemberg

11 – Bernd Niklas, Roter Rain 1, 74360 Wüstenhausen,
Tel. 07062-679595

40 – Gerhard Vogel, s`Bäuerles, Lanzenhaldenweg 7,
73642 Welzheim, Tel. 07182-7882

42 – Silvia und Hartmut Krammer, Kraichgauer Arche-Hof, Eichendorffstr. 32, 75031 Eppingen,
Tel. 07262-6249

45 – Jutta und Edzard Wilkens, Eppinger Str. 7,
75031 Eppingen, Tel. 07260-920106

58 – Rudolf Bühler, Sonnenhof, Hallerstr. 20,
74549 Wolpertshausen, Tel. 07904-97970

82 – Nathalie Ketterle, Bosslerstr. 1, 73119 Zell. u.A., Tel. 07164-12117

33 – Matthias Wagner, Karlshof, 73453 Abtsgmünd/Wilflingen, Tel. 07366-2956

Bayern

12 – Johann Georg Glossner, Ritter v. Gluck-Str. 14,
92334 Erasbach, Tel. 08462-339

16 – Lieselotte und Roland Helwig, Arche-Hof im Ilztal,
Allmunzen 17, 94104 Tittling, Tel. 08504-8483

21 – Sieglinde und Paulus Peck, Lichtenau 1 a, 94160 Ringelai, Tel. 08555-4389

36 – Anja und Georg Schlickenrieder, Markweg 50, 83624 Otterfing, Tel. 08024-92525

41 – Karl-Heinrich Weber, Schwalbenhof, Dammallee 40, 97618 Wülfershausen, Tel. 09762-6186

48 – Johann Simmet, Pausnhof, Goldener Steig 7, 94568 St. Oswald, Tel. 08552-408860

62 - Eric Beißwenger, Bergbauernhof "Hoiser", Steinebergweg 29, 87541 Hindelang, Tel. 08324-901699

54 – Tanja Dahlem, Wollhof Dahlem, Schömersdorf 12, 92552 Teunz, Tel. 09671-1273, handy: 0174-9852416

70 – Nicole und Josef Denk, Hof Fuchshuber, Fuchshub 1, 84573 Schönberg, Tel. 08637-7530

57 – Rita und Reinhold Sonderhauser, Höllthal 4, 84574 Taufkirchen, Tel. 08622-987405

13 – Josef Rebitzer, Am Laubenhard 2, 93155 Hemau, Tel. 09491-3489

Berlin

51 –Domäne Dahlem Veranstaltungsgesellschaft mbH, Königin-Luise-Str. 49, 14195 Berlin, Tel. 030-66630012

Brandenburg

35 – Silke Ertel und Steffen Schindel, Schafzucht- und Wollwerkstatt, Dorfstr. 20, 16845 Vichel, Tel. 033928-71191

43 – Detlev Wunsch, Gut Falkenhain, 17268 Hardenbeck, Tel. 039889-276

75 – Arne Broja, Wildpferdegehegeweg 1, 16559 Liebenthal, Tel. 033054-62411

83 – Soziale Grüne Landscheune, Dorfstr. 10, 16945 Rohlsdorf, Tel. 033989-40268

67 – Erlebnis- und Schulbauernhof, CVJM BliP e.V., Dorfstr. 19, 16909 Papenbruch, Tel. 03394-721322

Hessen

69 – Andrea und Karl-Wilhelm Becker, Karlshof, Hauptstr. 16, 36320 Kirtorf-Lehrbach, Tel. 06635-7243

50 - Wolfgang Düring, Zum Bildstock 3 a, 36132 Erterfeld-Leimbach, Tel. 06672-7153

3 – Neustart e.V., Arne Thielmann, Auf der Hub 6, 35767 Breitscheid, Tel. 02777-911730

Mecklenburg-Vorpommern

52 – Detlef Mohr, Schnuckenschäferei Schaalsee, Waldweg 1, 19205 Klein Salitz, Tel. 038876-20614

84 – Gabriele Heine-Meyer, Arche-Hof Liepe, Gritteler Str. 3, 19294 Liepe, Tel. 038755-33553

31 - Lebenshilfewerk Hagenow GmbH, K.-H. Finnern, Dorfstr. 9, 19205 Kneese, Tel. 03887-6310510

Niedersachsen

6 – Emsland Moormuseum, Geestmoor 6, 49744 Groß Hesepe, Tel. 05937-709990

10 – Beate und Siegbert Wulf, Arche Alfsee, Bootshafenstr. 1, 49597 Rieste, Tel. 05464-3513

28 – Antje und Jürgen Reincke, Hüttenbuscher Str. 52, 27726 Worpswede, Tel. 04794-1025

38 – Jan Teerling, Schmiedestr. 13, 27232 Sulingen, Tel. 04271-951251

56 – Helge Thoelen, Thoelen-Hof, Burenreege 5, 26936 Stadland-Süderschwei, Tel. 04737-436

61 – Heinrich Evers, Pohlstr. 3, 28857 Syke-Leerßen, Tel. 04242-70842

72 – Joachim Liebe-Freund, Arche-Hof im Hagen, Im Hagen 15, 49326 Melle, Tel. 05428-2280

77 – Helga und Lambertus Arends, Arendshof, Zur Grenze 6, 49824 Laar, Tel. 05947-534

80 – Woldenhof, Luno Landschaftspflege, Forlitzer Str. 121, 26624 Wieboldsbur, Tel. 04942-990394

55 – Wilhelm Bertram, Hof Luna, Im Siek 10, 31085 Everode, Tel. 05184-958958

4 - Wolfgang Beuse, Bergbauernhof Klein Tirol, Hindenburgstr. 8, 38709 Wildemann, Tel. 05323-6287

20 – Dietrich Mozen, Swinmark Spinnstube, An der Bahn 2, 29465 Schnega, Tel. 05842-275

Nordrhein-Westfalen

5 – Schulbauernhof Ummeln, Umlostr. 54, 33649 Bielefeld, Tel. 0521-488732

7 – Cornelia Kellinghusen-Schröder, Ommerhof, Zur Ommer 10, 51789 Lindlar, Tel. 02266-3047

8 – Maria und Martin Büning, Borghorster Str. 67, 48366 Laer, Tel. 02554-8620

15 – Julius von Heimendahl, Gut Heimendahl, 47906 Kempen, Tel. 02152-89890

17 – Ulla Habel und Thomas Hinze, Arche-Hof Wiesengrund, Im Grund 6, 32694 Dörentrup, Tel. 05265-7897

18 - Ortrun und Andreas Humpert, Löwendorf Haus Nr. 7, 37696 Marienmünster, Tel. 05277-282

24 – Dieter Müller-Haselhoff, Vellinghauser Str. 47, 44289 Dortmund, Tel. 0231-400137

63 – Sonja Gehlen-Bremer, Arche-Hof Ibing, Am Ibing 1, 58300 Wetter/Ruhr, Tel. 02335-801466

79 – Dr. Lothar Scholl, Rostinger Str. 46, 53639 Königswinter, Tel. 02244-902007

29 - Brigitte Böhns, Arche-Hof Heisterbusch, Katternberger Str. 133, 42655 Solingen, Tel. 0212-800900

65 – Lisa Anschütz und Karl Josef Groß, Eisenstr. 13, 51570 Windeck, Tel. 02292-951407

32 - Kerstin und Horst Benker, Mindener Straße 177, 32369 Rahden, Tel. 05771-4096

9 – Biologische Station Zwillbrock e.V., Schäferei Moorhof, Zwillbrock 10, 48691 Vreden, Tel. 02564-98600

30 – Friederike Wandmacher, Biohof Frenser GbR, Kapellenstr. 191, 33378 Rheda-Wiedenbrück, Tel. 0160-8937538

Rheinland-Pfalz

2 – Horst Backmann, Hof Hubertusblick, 54595 Hermespand, Tel. 06551-2033

23 – Karin und Dr. Jürgen Storrer, Lern- und Erlebnishof, Im Steineck 45, 67685 Eulenbis, Tel. 06374-6631, handy: 0171-8965673

37 – Beate Krechel, Antoniushof, 56753 Naunheim, Tel. 02654-7914

49 – Karlfried Simon, Schlosshof Simon, Schlossstr. 6, 55596 Waldböckelheim, Tel. 06785-6260

Sachsen

76 – Kinder- und Jugendfarm Hoyerswerda, Am Burgplatz 5, 02977 Hoyerswerda, Tel. 03571-979164

81 – IGB – Institut für Gesundheit und Bildung e.V., Alte Flugschule, Marienberger Str. 122, 09518 Großrückerswalde, Tel. 03735-660770

Saarland

64 – Jörg-Michael Fries, Hirzbachhof, Hirzbachstr. 24, 66557 Hirzweiler, Tel.06825-496336

Weitere wichtige Adressen:

SAVE Foundation, Paradiesstrasse 13,
D-78 462 Konstanz + 49 7531/455 940,
mail: office@save-foundation.net

Bewegliche Schweinehütten: A-HYTTEN,
Liliencronweg 1, D-24340 Eckernförde,
tel. +49 4351 812 70, mail: info@a-hytten.de

Schweizer Vereinigung für die Wollschweinzucht, Dorfstrasse 28, CH-8564 Wäldi ÖNGENE,
Austrasse 190, 4600 Wels, tel. 07242 47011, mail:franz.fischerleitner@bal.bmlfuw.gv.at

KT-FREILAND Verband für ökologisch-tiergerechte Nutztierhaltung und gesunde Ernährung ,
GF: DI Reinhard Geßl, Seidengasse 33/13,
A -1070 Wien, Tel.: +43(0)1/408 88 09,
Fax: +43(0)1/9076313-20,
E-Mail: office@freiland.or.at

Verein Interessensgemeinschaft Minischwein Österreich kurz IG Minischwein Österreich,
Wiltrud und Thomas Möstl
Vereinssitz: Atzelsdorf 15, A-3595 Brunn an der Wild

Deutsches Schweinemuseum Ruhlsdorf
Dorfstr. 1, Betreuung: Jochen Fritzsche
D-14513 Teltow / OT Ruhlsdorf
Telefon: 03 328 - 43 61 05

Schweinemuseum Bad Wimpfen
Kronengäßchen 2, D-74206 Bad Wimpfen
Tel: +49 07063 6689

Naturlandhof Büning, Borghorster Str. 67,
D-48366 Laer, Tel. 02554-8620, Fax 02554-902896
mariabuening@web.de
www.naturlandhof-buening.de

Tierische Vertreter.-Tobias Böckermann,
Tel. 049-5931-912185,

ProVieh - Verein gegen tierquälerische Massentierhaltung e.V., Bundesgeschäftsstelle:
Teichtor 10, D- 24226 Heikendorf
Tel. 0431. 24 82 8-0, Fax 0431. 24 82 8-29
eMail info@provieh.de, Büro in Brüssel:
68, Avenue Michel-Ange
1000 Bruxelles , Belgique , Tel. 0032. 2. 739 62 67,
Fax 0032. 2. 739 62 79

Bundesverband Deutscher Landwirte e.V.
Dresdner Straße 46, D- 09526 Dittmansdorf,
mail: info@deutsche-landwirte.de,
Fon 0 37360 63 44, Fax 0 37360 63 66

RAPUNZEL NATURKOST AG, Joseph Wilhelm
Rapunzelstraße 1, D - 87764 Legau
Telefon: +49 8330 / 529 – 0,
Telefax: +49 8330 / 529 – 1188
e-mail: info@rapunzel.de, www.rapunzel.de

ISN – Interessensgemeinschaft der Schweinehalter Deutschlands e.V., Postfach 11 17, Kirchplatz 2,
D – 49401 Damme, Tel. +49 (0)5491-9665-0,
Fax DW 19, e-mail: isn@schweine.net

Atlantic Nötzel & Steuer GmbH, Grüfter Str. 13a
D- 24896 Treia, Tel.: 04626-9122, Fax: 04626-9117
Email: info@atlantic-stallsysteme.de

Arche Warder, Zentrum für alte Haus- und Nutztierrassen e.V.
Langwedeler Weg 11, D-24646 Warder
Telefon: 0 43 29 / 91 34-0, Fax: 0 43 29 / 91 34-11
E-Mail: infoarche-warder.de

Geschäftsstelle: Gesellschaft zur Erhaltung alter und gefährdeter Haustierrassen e.V. (GEH),
Antje Feldmann und Juliane Kirna
Am Eschenbornrasen 11, D-37213 Witzenhausen
Tel.: 05542/18 64, Fax: -72560, e-mail: info@g-e-h.de

Schweinefreunde e.V., Sabine Duda
Königsweg 15, D - 26556 Eversmeer
+49 (0)4975 / 751003, sabine.duda@schweinefreunde.de
www.schweine-paradies.de, www.schweinefreunde.de

Verein der Schweinefreunde
Reckenbühlstr. 13, CH-6005 Luzern
info@schweine-freunde.ch

Verein Interessensgemeinschaft Minischwein Österreich
Gründung: Wiltrud und Thomas Möstl
Vereinssitz: Atzelsdorf 15, 3595 Brunn an der Wild
eMail: info@ig-minischwein.at

Peter Schwarz
Hauptstrasse 77
D-15295 Wiesenau
Tel. und Fax +49 (0)33609 352 59
www.minischweine.de

Elke Striowsky
Vorsitzende Menschen für Schweine e.V.
pigmama@gmx.de, 04495-921993

Verein der Schweinefreunde
Waldstätterstrasse 27 , CH-6003 Luzern
Tel 041 210 25 51, Säulifon: 061 701 73 0
info@schweine-freunde.ch, www.schweinefreunde.ch

ARCHE NOAH
Gesellschaft für die Erhaltung der Kulturpflanzenvielfalt & ihre Entwicklung
Obere Straße 40, A-3553 Schloß Schiltern
Tel +43 (0) 2734/8626, Fax +43 (0) 2734/8627
info@arche-noah.at, www.arche-noah.at

Greenpeace in Central and Eastern Europe
Fernkorngasse 10, A-1100 Wien
Tel: +43-1-545 45 80, Fax: +43-1-545 45 80 98
e-mail: service@greenpeace.at, www.greenpeace.at

Umweltschutzorganisation GLOBAL 2000/Friends of the Earth Austria
Neustiftgasse 36, A-1070 Wien, Tel: +43/1/812 57 30,
Fax: +43/1/812 57 28,
E-Mail: office@global2000.at, www.global2000.at

VIER PFOTEN International
Schönbrunner Straße 131, A-1050 Wien
Tel. +43 1 545 50 200
E-Mail: office@vier-pfoten.org
www.vierpfoten.org

Pressesprecher: Dylan Whiting
VIER PFOTEN Österreich
Johnstraße 4, A-1150 Wien
Tel: +43-1-545 50 20-67
Fax: +43-1-545 50 20-99
Mobil: +43-664-30 86 303
e-Mail: dylan.whiting@vier-pfoten.or

VIER PFOTEN, Stiftung für Tierschutz
Enzianweg 4, 8048 Zürich
Tel. +41 43 311 80 90
office@vier-pfoten.ch
www.vier-pfoten.ch

VIER PFOTEN - Stiftung für Tierschutz
Dorotheenstr. 48, 22301 Hamburg
E-Mail: office@vier-pfoten.de
www.vier-pfoten.de

Literaturverzeichnis

Soweit nicht vom Mitautor als Fußzeile angegeben!

2. Schweizerisches Landesforstinventar 1993-1995, Forschungsinstitut für Wald, Schnee und Landschaft WSL. 204-207

Anonymus 1882: Ausscheidungen von Wald und Weide. Schweizerische Zeitschrift für das Forstwesen (SZF), 31-33

Arbeitsgruppe "Schweine" der Nutztierkommission des Schweizer Tierschutz STS; unter dem Vorsitz von Beat Wechsler 1992: Tiergerechte Haltung von Schweinen: Leitfaden für die Wahl von zeitgemäßen Haltungssystemen

Äschbacher, A. 1978: Das Brunftverhalten des Alpensteinwildes: eine ethologische Beschreibung des Fortpflanzungsverhaltens des Alpensteinwildes. Rentsch, Erlenbach-Zürich

Bavier, B. 1945: Die Regelung von Wald und Weide in Graubünden. SZF 7/8: 158-170

Baumann, T. 2001: Kuhfladen und "Geisseböhnli" im Naturschutzgebiet? Umwelt Aargau 14: 46

Bebi, P. 2000: Erfassung von Strukturen im Gebirgswald als Beurteilungsgrundlage ausgewählter Waldwirkungen. Schweizerische Zeitschrift für Forstwesen, Beiheft Nr. 90: 59, 72-73

Beier, D., Müller, Th., Kramer, M. et al. 1996: Infektionen bei Wildtieren am Beispiel Brandenburgs

Teil 1: Untersuchungen auf virale Erreger. Forschungsreport - Ernährung - Landwirtschaft - Forsten

1: 24-27

Berchtold, v. S. & Baccini, P. (Hrsg.) 1990: Regionale Stoffbilanzierung von landwirtschaftlichen Böden mit messbarem Ein- und Austrag: Bedeutung der Stoffbilanzierung für der qualitativen Bodenschutz.

Nationales Forschungsprogramm "Boden", Liebefeld-Bern: NFP 22

Bessei, W. (Übers., Bearb.) 1978: Verhalten landwirtschaftlicher Nutztiere. Ulmer, Stuttgart

Beinlich, B., Hill, B.,Köstenmeyer, H. und van Rehmen, K. 2000: Weideschweine in der Landschaftspflege - ein Überblick

Bogner, H., Grauvogl, A. 1984: Verhalten landwirtschaftlicher Nutztiere. Ulmer, Stuttgart

Braun, J. P.: Modification of foraging, 174

Bühler 1889: Über Waldstreunutzung, Waldweide und Waldfeldbau. Landwirtschaftliches Jahrbuch der Schweiz, Band 3, Schweizerischer Landwirtschaftsdepartement, 192-195.

Bundesamt für Veterinärwesen (BVET) (2001): Eingriffe an Tieren – die wichtigsten Neuerungen in Art.

65 TschV, Internetseite des BVET:

Burger, H. 1927: Wytweiden und Studmatten. Schweizerische Zeitschrift für Forstwesen, 78. Jg., Nr. 11: 366-370.

Chaubert, C. 1995: Die Nebenprodukte der Lebensmittelherstellung. Agrarforschung 2 (2): 49-52

Dannenberg, H. D. 1987: Schweinekrankheiten. Deutscher Landwirtschaftsverlag, Berlin.

Dannenberg, H.-D. 1990: Schwein haben: Historisches und Histörchen vom Schwein. Fischer, Jena

Dewenter, J. 1997: Vermarktung gefährdeter Nutztierrassen. Universität Gesamthochschule Kassel, Fachbereich 11

Dieserens, E. 1919: Forêts et pâturages. Journal forestier suisse, Nr 5/6 et 7/8.

Conférences groupées dans le fascicule "La question sylvo-pastorale".

Driscoll, R. S.; dt. Übers.: Cech, P. 1995: Die Rolle der Beweidung in alpinen und bewaldeten Ökosystemen. Schmidt cop., Berlin

Driscoll, R. S.: Die Rolle der Beweidung in alpinen und bewaldeten Gebieten - Aus dem Untersuchungsgebiet Achenkirch. Deutsche Übersetzung von Cech, P. 1995: Alpine Umweltprobleme.

Beiträge zur Umweltgestaltung, Band A 133, Teile XXX-XXXII, p. 11-68.

Dubs, R. 1999: Mit dem Christbaumgeschäft kommt das Aus für die geruhsame Adventszeit. LID

Mediendienst, Nr. 2443 vom 9.12.1999 in:

http://www.lid.ch/archiv/mediendienst/1999/md2443/seite1.html, 5.11.2001. 1

Du Pasquier, M. 1919: La question sylvo-pastoral. Journal forestier suisse 5/6: 65-81

Dufey, P.-A. 1992: Vergleich unterschiedlicher Mastformen bei Schweinen. Teil 2: Fleischqualität.

Landwirtschaft Schweiz 5 (11-12): 581-586

Dufey, P.-A. 1995: Fleisch- und Fettqualität bei Schweinemast mit Weidegang.

Agrarforschung 2 (10): 453-456

Durst, L. and Willeke, H. 1994: Freilandhaltung von Zuchtsauen. Arbeitspapier 204,

Kuratorium für Technik und Bauwesen der Landwirtschaft KTBL, Darmstadt.

Eblin, B. 1896: Zur Regelung der Arealverteilung an Wald und Weide im Hochgebirge. AMG

Edwards, S. A. and Watson, C. A. 1997: An approach to investigating the environmental impact of an outdoor pig production system. In: Sorensen, J. T. (Hrsg.) Proceedings of the fourth international

symposium on livestock farming systems, Foulum, 1997, pp. 335-340. Wageningen Pers, Wageningen.

Eich, K. O. 1985: Handbuch Schweinekrankheiten. Verlagsunion Agrar, Münster-Hiltrup.

Eidgenössische Forschungsanstalt für Agrikulturchemie und Umwelthygiene (Hrsg.) 1988:

Stickstoff in der Landwirtschaft, Luft und Umwelt: FAC-

Oktobertagung 1988. Liebefeld-Bern
Ekkehard, E., Stamer, S. und Gertken, G. (1993): Tiergerechte Gruppenhaltung bei Zuchtsauen, KTBL Schrift 357, Darmstadt. 30
Etienne, M. 1996: Western European silvopastoral systems. Paris, Institut National de la Recherche.
FAO, 1952: Forêt et pâturage. Rome.
Fischbacher, G. 1956: Über das Waldweideproblem und die Bergbauernfrage.
Bayerisches landwirtschaftliches Jahrbuch, Nr. 2, München.
Flegler, Jürgen 1996: Diplomarbeit (über Wollschweine) Formen der Weidehaltung aus landwirtschaftlicher Sicht. Beiträge der Akademie für Naturund Umweltschutz Baden-Württemberg, Bd. 18, Tübingen, S.17-26
Frankhauser, F. 1881: Über die Trennung von Wald und Weide auf den bestockten Weiden des Hochgebirges. Schweizerische Zeitschrift für Forstwesen.
Frankhauser 1882: Die Wytweiden des Plateaus der Freibergen im Berner Jura. Aufsatz. SZF, 57-67
FRASER, A.F. (1978): Verhalten landwirtschaftlicher Nutztiere, 1.Aufl., Stuttgart, Ulmer UTB 728: 59
Gayl, A. 1951: Ordnung von Wald und Weide im Bereich der Almen. Wien.
GEH/Hörning, B. 1994: Gefährdete Nutztierrassen - Ihre Zuchtgeschichte, Nutzung und Bewahrung.
Eugen Ulmer Verlag.
Gillet, F., Murisier, B., Buttler, A., Gallandat, J.-D. and Gobat, J.-M. 1999: Influence of tree cover on the diversitiy of herbaceous communities in subalpine wooded pastures. Applied Vegetation Science 2: 53
Grossmann, H. 1927: Die Waldweide in der Schweiz. Dissertation an der ETH Zürich
Gugic, G. 1992: Schweinehut und Waldmast in Lonjsko Polje (Kroatien).
Diplomarbeit an der Forstwissenschaftl. Fakultät München
Guinier, Ph. 1954: Le problème de l'équilibre agro-sylvo-pastoral.
Revue Forestière Française 12: 717-724
Haxel, H., Preis, H. (Seminarleit.) 1982: Waldweide und Naturschutz: Fachseminar,
Kloster Irsee bei Kaufleuten, 7.-8. Juli 1982. Laufen/Salzach. Laufener Seminarbeiträge 9/82
Hentschel, B. 1995: Ferkel gemeinsam aufgezogen __Kooperation - eine Überlebenschance für südbrasilianische Kleinbauern.
Neue Landwirtschaft - Die Fachzeitschrift für das Agrarmanagement 7: 88-89
Herold, P. 1998: Auswirkungen einer Freiland-Schweinehaltung auf die Laufkäferfauna (Coleoptera,
Carabidae) von Auengrünland. - Tagungsband "Wenn der Bock zum Gärtner wird - Auswirkungen von Beweidung in der Landschaftspflege", Naturschutzzentrum Hessen, Wetzlar.
Hessisches Landesamt für Regionalentwicklung und Landwirtschaft 2000: Tiergerechte Freilandhaltung im Außenbereich: Richtwerte und Rechtsvorschriften. Bericht, Kassel.
Higgins, M. and Edwards, S. A. 1997 The effects on welfare and production of using individual or group paddocks for farrowing sows and litters in an outdoor system. In: Sorensen, J. T. (Hrsg.) Proceedings of the fourth international symposium on livestock farming systems, Foulum, 1997, pp. 273-276.
Wageningen Pers, Wageningen.
Himmler, H., Hünerfauth, K. 1996: Schweineweiden und Landespflege. Nutzt oder verpasst der Naturschutz eine Chance? - POLLICHIA-Kurier 12 (4): 150-154.
Höges, J. L., Ackermann, H.-H. 1998: Alternativen in der Schweinehaltung. Ulmer, Stuttgart
Holzer Christina, 1996: Wollschweinhaltung: ein Leitfaden für die Praxis, Schweizerische Vereinigung für die Wollschweinzucht und PRO SPECIE RARA.
Hörning, B. et al. 1993: Ökologische Schweinehaltung. Beratung artgerechte Tierhaltung, Witzenhausen.
Hörning, B., Raskopf, S. 1993: Artgemäße Schweinehaltung: Grundlagen und Beispiele aus der Praxis.
Stiftung Ökologie und Landbau. 2. Aufl. C. F. Müller, Karlsruhe
Horrell, I., A'Ness, P., Edwards, S. A. and Eddison, J. C. 2001: The use of nose-rings in pigs:
Consequences for rooting, other functional activities, and welfare. Animal Welfare, 10: 3-22.
Horstmeyer, A., Vallbracht, A. 1990: Artgerechte Schweinehaltung: ein Modell.
Birkhäuser Tierhaltung Band 20: 34
Jost, M. 1992: Weidehaltung von Schweinen 10: 521
Jost, M. 1995: Freilandschweine richtig füttern. Agrarforschung 2 (2): 68-69
Knuchel, H. 1914: Wald und Weide. Die Schweiz.
Koblet, R. 1954: Über die Probleme der Waldweide - Bericht über eine von der FAO organisierte Konferenz. Schweizerische Zeitschrift für Forstwesen, 105. Jg., Nr. 8: 468-472
Lachaussée, E. 1954: L'équilibre agro-sylvo-pastoral dans le Jura. Revue forestière français, Nr. 12.
de Luze, J.-J. 1919: Répartition des surfaces entre la forêt et le pâturage.
Journal forestier suisse, Nr. 5/6 und 7/8
Marx, A. 1990: Das wollhaarige Weideschwein in der Schweiz. Diplomarbeit an der Landwirtschaftlichen Fachhochschule Zollikofen.
Mayer, A.C. et al. 2001: Futterselektion durch Rindvieh auf subalpinen Waldweiden bei unterschiedlicher Beweidungsintensität
McGlone, J. J. 1996: Outdoor pig production, Diverse Artikel zur Freilandhaltung in den USA, Texas University.

Matthes, H.-D. et al.: Schweine als Naturschützer? - Freilandhaltung von Schweinen kann pflanzliche Artenvielfalt fördern. Dummerstorf, Lenzen

Maurer, R. 2000: Im Sinne der Alpenkonvention. Archiv CD-ROM 2000,
Neue Zürcher Zeitung, Nr. 232: 16.

Mediavilla, V., Stauffacher, W. und Siegenthaler, A. 1995:
Schweinegülle und Klärschlamm: Einfluss auf N-Gehalt im Boden. Agrarforschung 2 (7): 265-268

Menke, K.-H. und Huss, W. 1987: Tierernährung und Futtermittelkunde, 3. Aufl., Ulmer, Stuttgart. 82

Micklich, D., Matthes, H.-D., Möhring, H. 1996a: Einsatz verschiedener Schweinerassen in der Landschaftspflege und ihre Wirkung auf die natürliche Sukzession. - Auenreport. Beiträge aus dem
Naturpark "Brandenburgische Elbtalaue",
Rühstädt: 28-34.

Micklich, D., Matthes, H.-D., Möhring, H. 1996b: Einfluss verschiedener Schweinerassen auf die natürliche Sukzession. - 2. Lenzener Gespräche. Landschaftspflege mit Nutztieren und nachhaltige Landbewirtschaftung. Dummerstorf: 101-108.

Mul, M. F. and Spoolder, H. A. M. 2000: Nose-rings and possible alternatives to prevent pasture damage by rooting sows. P 1.250, Praktijkonderzoek, Rosmalen.

Müller, E. 1943: Über die Verjüngung von Weidewaldungen im Gebirge. SZF 5: 142-144

Nationalpark Berchtesgaden 1979: Forschungsberichte. Nationalparkverwaltung Berchtesgaden, Ramsau Nr. 1

Nold, A. 1955: Beispiel einer Regelung von Wald und Weide im Alpgebiet. Bündnerwald 4: 71-83

Peitz, B. & L. 2000: Schweine halten. 2. Aufl. Ulmer, Stuttgart

Petersen, V. 1994: The development of feeding and investigatory behaviour in free-ranging domestic pigs during their first 18 weeks of life. Applied Animal Behaviour Science 42: 87-98

Pfeffer, E. 1994: Phosphorbewertung beim Schwein.
Institut für Tierernährung, Bonn

Pig Welfare Advisory Group 1997: Outdoor sows.
Leaflet No 8, MAFF, London.

Pillichody, A. 1902: Le rajeunissement naturel dans les pâturages boisés. Journal forestier suisse.

Pillichody, A. 1919: Pâturages et forêts. Journal forestier suisse, Nr 5/6 und 7/8, conférence groupées dans le fascicule "La question sylvo-pastorale".

Pillichody, A. 1920: En faveur du pâturage boisé, culture mixte. Journal forestier suisse.

Plochmann, R. 1969: Waldweide im oberbayrischen Bergbauerngebiet: Lehren der Geschichte – Probleme der Zukunft. Der Almbauer 21, 163-173 und 193-198.

Plonait, H. und Bickhardt, K. 1988: Lehrbuch der Schweinekrankheiten.
Verlag Paul Parey, Hamburg: 326-329

Ragaz, C. 1952: Die waldbauliche Wirkung des Weideausschlusses. Bündnerwald, Nr. 5.

Rodaro, P., Stanislawek, T., Gillet, F., Havlicek, E. and Gallandat, J.-D. 1996: La végétation des pâturages boisés du Col du Lein (Valais, Suisse). Volume jubilaire J.-L. Richard, Diss. Bot. 258, J. Cramer,
Stuttgart: 125-164

Rösch, N. 1990: Der Einfluss der Beweidung auf die Verjüngung und die Vegetation des Bergwaldes und ein Vorschlag zu Ablösung der Waldweiderechte am Beispiel der Schappachalm im Alpennationalpark
Berchtesgaden. München

Sachteleben, J. 1995: Waldweide und Naturschutz - Vorschläge für die naturschutzfachliche Beurteilung der Trennung von Wald und Weide im bayerischen Alpenraum. Forstw. Cbl. 114: 375-387.

Sambraus, H. H. 1978: Nutztierethologie: Das Verhalten landwirtschaftlicher Nutztiere.
Parey, Berlin, Hamburg

Sambraus, H. H. 1994: Gefährdete Nutztierrassen: ihre Zuchtgeschichte, Nutzung und Bewahrung.
Ulmer, Stuttgart

Sambraus, H. H. 2001: Atlas der Nutztierrassen. Ulmer, Stuttgart

Scheibe, K. M. 1997: Tierschutz und Tierverhalten - eine Analyse aus Sicht der Ethologie.
Archiv für Tierzucht, Dummerstorf 40 (4): 381-398

Scheibe, K.-M. 1982: Nutztierverhalten: Rind - Schwein - Schaf. Fischer, Jena

Scheidegger, R. 1994: Hygienische Risiken bei der Sauenweide. Die Grüne, Nr. 28

Schmid, F. 1930: Die Waldweide - eine forstliche Nebennutzung oder beweideter Wald?,
österreichische Vierteljahreszeitschrift für Forstwesen

Schmitten, F. 1989: Handbuch Schweineproduktion: Züchtung - Ernährung - Produktionstechnik. 3. Aufl.
DLG-Verlag, Frankfurt am Main

Schneider, P. und Walter, J. 1996: Archiv für Tierzucht, Dummerstorf 39: 299-307

Schönenberger, E. 1943: Wald und Weide im Berner Jura. SZF 6: 169-183

Sciarra, C. 1995: Schweinemast in der Fruchtfolge: Sammlung erster Erfahrungen. Projektbericht, Schweizer Tierschutz STS

Sciarra, C. 1998: Anforderungen und Mindestmasse für Nutztiere im biologischen Landbau, Forschungsinstitut für biologischen Landbau FiBL, Frick, Version 27.2.98, Kapitel Schweine S. 2

Seemer, H. 1985: Doppelnutzung (Grünland-/Forstwirtschaft) und Ertragsbildung des Grünlandes, dargestellt am Beispiel der Ruraue. Bonn 3-5

Sommer H., Greuel E., Müller, W. 1991: Hygiene der Rinder- und Schweineproduktion, 2. Aufl.,

Ulmer, Stuttgart. Spiekers, H. 1995,1996: Nährstoffanfall aus der Tierhaltung. Landwirtschaftskammer Rheinland,
Mitteilungen für Beratung (MfB), 1996-50-01
Spiller 1907: Der Begriff der Wytweide. Schweizerische Zeitschrift für Forstwesen.
Spitschak, K. & Franke, W. 1997: Freilandhaltung von Sauen und Ferkeln - mehr als nur eine Alternative.
Archiv für Tierzucht, Dummerstorf Sonderheft 40: 35-40
Spitschak, K. 1997: Fruchtbarkeits- und Aufzuchtleistungen von Sauen mit Ferkeln in der Freilandhaltung. Archiv für Tierzucht, Dummerstorf 40 (2): 123-134
Stauffacher, W. und Menzi, H. 1999: Gefährden Freilandschweine das Grundwasser?
Agrarforschung 6 (7): 257-260
Steinmetz, D. 1987: Die Waldweideproblematik - geschichtliche Hintergründe, derzeitige Situation und Lösungsmöglichkeiten, dargestellt am Beispiel des Werdenfelser Landes.
Diplomarbeit TU München / Weihenstephan
Stoll, P. 1992: Vergleich unterschiedlicher Mastformen bei Schweinen. Teil 1: Weideverhalten, Mast- und Schlachtleistungen 10: 523-527
Stoll, P. & Hilfiker, J. 1995: Schweinemast mit Weidegang hat ihren Preis.
Agrarforschung 2 (10): 449-452
Strüby, A. 1906: Der freie Weidgang, ein Landesübel. Alpwirtschaftliche Monatsblätter ("Die Blaue").
Strüby, A. 1920: Wald und Weide, eine volkswirtschaftliche Landesfrage. Alpwirtschaftliche Monatsblätter ("Die Blaue").
Ten Cate, C. L. 1972: Wan god mast gift...- Bilder aus der Geschichte der Schweinezucht im Walde.
Centre Agricultural Publishing and Documentation, Wageningen.
Thornton, K. 1988: Outdoor pig production. Farming Press, Ipswich. 32-35
Treiber, R. 1997: Vegetationsdynamik unter dem Einfluss des Wildschweins am Beispiel bodensaurer Trockenrasen der elsässischen Hart. - Z. Ökologie u. Naturschutz 6: 83-95.
Trossbach, W. 1996: Gelichtete Wälder, verstümmelte Eichen - Bäuerliche Waldnutzungen und das Projekt von Waldabschließung und "Nachhaltigkeit" im 18. Jh. Der Tropenlandwirt, Witzenhausen,
Beiheft Nr. 56: 51-72
Wechsler, B. et al. 1992: Tiergerechte Haltung von Schweinen - Leitfaden für die Wahl von zeitgemäßen Haltungssystemen, Schweizer Tierschutz STS, Basel
Wechsler, B. 1994: Besonders tierfreundliche Haltungsformen für Schweine. In: Tagungsunterlagen "Freilandhaltung von Nutztieren", Olten, 1.9.1994, pp. 7-12. Schweizer Tierschutz STS, Basel.
Wechsler, B. 1994: Ist die Feilandhaltung von Schweinen tiergerecht? In: Tagungsunterlagen "Schweinehaltung 1994", Ins, 18.5.1994, Landwirtschaftliche Beratungszentrale LBL, Lindau.
Wild 1881: Ausscheidung von Wald und Weide. Schweizerische Zeitschrift für Forstwesen.
Zbinden, S. and Wieland, D. 1997: Suhle für die Mastschweine in der Freilandhaltung.
Semesterarbeit, SIL, Zollikofen.
Weiss, Hans 1993: Landschaftsschutz mit begrenzten Mitteln.
Archiv-CD-ROM der Neuen Zürcher Zeitung 1993, Montag, 24.5.1993, Nr. 117
Zihlmann, U. et al. 1997: Bodenbelastung durch Freilandschweine. Agrarforschung 4(11-12):459-462
Zihlmann, U., Weisskopf, P., Menzi, H. und Ingold, U. 1997: Bodenbelastung durch Freilandschweine.
Agrarforschung 4 (11-12): 459-462
Zimmermann, A. 1994: The effect of high ambient temperatures on the performance of outdoor housed sows. Master thesis, Universtity of Edingburgh.
Zorn, W. 1954: Schweinezucht, Schweinemast, Schweine - Stall- und -Weidehaltung.
Verlag Eugen Ulmer, Stuttgart

Pigs force rethink on human history
Hogs in The Cambridge World History of Food, ed. by Kenneth F. Kiple
Schwein in der Oeconomischen Enzyclopädie von Krünitz
Schweine in Meyers Konversationslexikon, ca. 1892
Sandra Nickels: Von der Domestikation der Schweine zur Entwicklung der heutigen Rassen in Deutschland
Zur Geschichte der deutschen Hausschweine
Genetic Resources, Genome Mapping and Evolutionary Genomics of the Pig
Marvin Harris: Wohlgeschmack und Widerwillen (1985). Klett-Cotta, Stuttgart 2005
Jared Diamond: Arm und Reich. Das Schicksal menschlicher Gesellschaften. S. Fischer Verlag, Frankfurt a. M. 1998
Brockhaus Enzyklopädie. F. A. Brockhaus, Mannheim 1992
Wikipedia, Rainer Zenz / Das Hausschwein

ÖNGENE – Österreichische Nationalvereinigung für Genreserven: Die gefährdeten Nutztierrassen Österreichs
Carl Monostori: Die Schweine Ungarns, Verlag Paul Parey
Erhard Henning: Dokumentation "Futterverpilzung durch Selbsterhitzung", Dokumentation
Hans Weyr-Rauch, Reg.Rat: Adams Materialienkunde, Österreichischer Bundesverlag für Unterricht, Wissenschaft und Kunst
Giancarlo Follador: Caro amico porco

Aristoteles: Tiergeschichte (griech. ____ __ ___ ________) 545a; 573a–b, 595a.
Athenaios: Gastmahl der Gelehrten (griech. ___π__________) 14,656f.
Lucius Iunius Moderatus Columella: Zwölf Bücher über Landwirtschaft (lat. Rei rusticae libri duodecim) 7,9–11 (online).
Homer: Ilias (griech. _____) 9,208; 19,196f.; 23,32.
Homer: Odyssee (griech. O_______) 8,474ff.; 10,237–243; 10,388–397; 14,5–20; 14,26ff.; 14,81; 14,410ff.; 14,414–438; 15,555.
Gaius Plinius Secundus Maior: Naturkunde (lat. Naturalis historia) 8,205–213 (online).
Plutarch: Moralia (griech. _____) 580e–f.
Polybios: Historien (griech. _________) 2,15 (online).
Marcus Terentius Varro: Über die Landwirtschaft (lat. Rerum rusticarum de agri cultura) 2,4 (online).
Alexander Demandt: Geschichte der Spätantike. Beck, München 1998, S. 294f., 357, ISBN 3-406-44107-6.
Joan N. Frayn: The Roman Meat Trade. In: John Wilkins (Hrsg.): Food in antiquity. University of Exeter Press, Exeter 1995, S. 107–114, ISBN 0-85989-418-5
Helmut Meyer, Peter Robert Franke, Johann Schäffer: Hausschweine in der griechisch-römischen Antike. Eine morphologische und kulturhistorische Studie. Isensee, Oldenburg 2004, ISBN 3-89995-083-6.
Joris Peters: Römische Tierhaltung und Tierzucht. Eine Synthese aus archäozoologischer Untersuchung und schriftlich-bildlicher Überlieferung. Leidorf, Rahden/Westfalen 1998, S. 107–134, ISBN 3-89646-172-9 (Passauer Universitätsschriften zur Archäologie 5; zugleich Habilitationsschrift, München 1996).
David S. Potter: The Roman Empire at Bay. Routledge, London/New York 2004, S. 13–15, ISBN 0-415-10057-7.
Helmuth Schneider: Schwein. Klassische Antike
Carl Monostori: Die Schweine Ungarns
Bernhard Höring: Ökologische Konzepte, SÖL – Stiftung Ökologie und Landbau, Artgemäße Schweinehaltung

BEINLICH, B. (1998): Schweinefreilandhaltung als dynamischer Faktor. Ein Überblick zum aktuellen Kenntnisstand. - Naturschutz und Landschaftsplanung 30 (8/9): 263-267.

BEINLICH, B. & H. PLACHTER (1995): Nutzungsorientierte Schutz- und Entwicklungsstrategien für die Kalkmagerrasen (Mesobromion) der Schwäbischen Alb. - Landschaftspfl. - Quo vadis II: 25 - 55, Karlsruhe.

HIMMLER, H. & K. HÜNERFAUTH (1996): Schweineweiden und Landespflege. Nutzt oder verpaßt der Naturschutz eine Chance? - Pollichia-Kurier 12(4): 150-154.

KLEIN, M., RIECKEN, U. & E. SCHRÖDER (Hrsg.)(1997): Alternative Konzepte des Naturschutzes für extensiv genutzte Kulturlandschaften. - Schr.R. f. Landschaftspflege und Naturschutz 54: 310 S.

LOSCH, S. & F. DOSCH, (1997): Erwartete freifallende Flächen in der Landwirtschaft - Chance für eine naturnähere Landnutzung? - Sch.-R. d. Deutschen Rates für Landespflege 67: 28-36.

PLARRE, W. (1996): Kombinierte In-situ-Konservierung pflanzen- und tiergenetischer Ressourcen im Museumsdorf Berlin-Düppel. In: BEGEMANN, F., EHLING, C. & R. FALGE (Hrsg.)(1996): Vergleichende Aspekte der Nutzung und Erhaltung pflanzen- und tiergenetischer Ressourcen. Tagungsband eines Symposiums vom 7. bis 9. Oktober 1996 in Mariensee, Band 5, Bonn.

Bildnachweis Seiten:

Agentur am Kunsthaus/Peter Steffen, Graz: 14, 17ob., 19, 20, 23, 24, 28, 29, 34, 35, 36, 37, 38, 39, 45/46, 58 re unt., 61/62, 63, 64, 65, 66 li., 71, 78, 91, 92, 95, 97, 106, 108, 114, 115/116, 118, 122, 126, 131, 147, 148, 158, 162, 164, 165/166, 173, 174, 175/176, 177 unt., 178, 179, 181/182, 183, 184 o., 185 o., 186, 192, 194, 196, 200, 202, 203, 204, 205 li., 207, 208, 211, 212 unt., 213, 214, 216, 217/218, 219, 220, 221, 222, 225, 227, 228, 229, 230, 231, 232 li., 233, 235, 236, 237, 238 li., 239, 240, 243, 244, 245, 246, 247, 251/252, 254, 258, 261, 266, 267 ob., 268, 269, 270, 272 ob., 273, 275, 276, 277/278, 279, 280, 282 ob., 284, 287 ob., 288 ob., 299 unt., 309, 319/320, 325, 326, 327, 328, 329/330, 332 unt., 336, 337/338, 339, 340, 341, 342, 343/344, 345, 346, 348, 349, 351, 357, 364, 365, 366, 369

Heimo Binder / Heinz Gerstner – Sonnhof: 57, 75 ob. u. unt., 82, 94, 112, 163 re ob., 168, 196, 279 unt., 281, 282 unt., 283

Werner Goach, Jagawirt, Reinischkogel: 11/12, 17 li unt., 27, 55, 59, 73/74, 154, 161, 163, 170 ob., 171, 177 unt., 199, 234, 271 li ob., 285/286, 287 unt., 289, 290, 291, 292, 293/294, 360, 372

Gabriele Moser, Groß Sierning, N.Ö.;25/26, 30, 51, 123/124, 156, 163 li. unt.

Theo und Marcus Dürr, Hotel Hohenlohe, Schwäbisch Hall: 261

Josef Göltl, Biobauernhof, Frauenkirchen: 48, 127, 128, 167, 169, 321, 322, 323

Norbert Hackl Sonnenschweine, Labonca Biohof, Burgau: 31, 40, 41, 170 unt., 201, 313/314, 315, 316, 317, 318, 371

Rudolf Bühler, Bäuerliche Erzeugergemeinschaft Schwäbisch Hall: 129/130, 134, 136, 255, 256, 257, 260,

Karl Schardax, Bio-Noah-Hof, Vöcklamarkt: 50, 67, 75 Mi., 96, 143, 144, 160, 172, 177 ob., 195, 212 ob., 238 re., 347, 350, 352, 367 unt., 386

Johann Rauch & Steirawirt, Trautmannsdorf, Werbeagentur PROMOTION: 53/54, 68, 295/296, 297, 298, 299 ob., 300

Helge Thoelen, Verein zur Erhaltung des Bunten Bentheimer Schweins e.V., Nordhorn, Grafschaft Bentheim, D.: 138, 139, 140

Cristian Petris, Wolf-Sauris, Südtirol: 56, 69

Axel Krampe, Husumer Schweine, Deutschland: 142

APA Picture Desk, Wien: 215

Otto Ehrmann, Deutschland: 98, 184 unt.

Ernestine Lüdeke, Hans-Gerd Neglein, Fundación Monte Mediterráneo, Spanien: 99, 100, 101, 102, 103, 104

Karl Ludwig Schweisfurth, Herrmannsdorfer Landwerkstätten, Glonn,/D: 274

August und Lorenz Pölsler, Lindenhof: 311, 312

Joseph Wilhelm, Rapunzel Naturkost AG, D: 249

Robert Scheck: 187/188, 190

Ferdinand Neumüller, Klagenfurt: 151/152, 367 ob.

Bildnachweis

Jürgen Radspieler/Kronenzeitung: 72, 197/198

Tobias Böckermann, Meppener Tagespost/Neue Osnabrücker Zeitung: 137

Dr. Ernst Jürgen Magnus, St. Georgen i.A: 209, 210

Anton und Jakob Primixl, Böheimkirchen: 307/308, 310

ProSpecieRara, Philippe Ammann, Aarau/CH: 358, 359

Gabriele Modlmair, Argerhof, Kranzberg/D: 49, 185 unt., 355, 356

Christoph Wiesner, Arche De Wiskentale, Göllersdorf: 119, 353, 354

Anton und Daniela Krispel, Hof bei Straden: 301/302, 303, 304, 305, 306

Martin Tragler, Schlierbach: 43, 44, 331, 332

Marianne Flucher, Kinderbauernhof Feldbach: 120

Urkornhof Adi Kammerleithner, Almtal: 15/16

Sepp Holzer, Ramingstein: 205 re., 206, 207 ob., 263/264, 265, 267, 271/272

Dr. Peter Ramsbacher, Graz: 223/224

Ing. Gernot Kürzl, Ligist: 232 re.

Fam. Zorn, Gudenhof, 178 ob.

Dr. Roland Pechlaner, Wien, 241

Peter Brauchl - Alpenlachs: 71 re. unt.

Walter Pestitschek, Graz 66 re.

Peter Philipp, Graz: 242

Jürgen Weller, Schwäbisch Hall: 262

Save Foundation: 113
Roman Thum Schinkenmanufaktur, Wien: 324

Manfred Krenn, Gurktal: 338 ob.

Gasthof Schröcker, Schlierbach: 333/334, 335